土木工程测量学

袁荣才　兰进京　胡圣武　张健雄　编著

西安地图出版社

内 容 简 介

本书系统、全面地介绍了土木工程测量的基本理论与应用。主要内容包括土木工程测量的定义以及相关的基础理论,高程测量,角度测量与距离测量,测量误差,控制测量基本理论,地形图及其应用,施工放样的基本工作,建筑施工测量,线路工程测量,隧道与桥梁施工测量,工程建设中变形监测等。作为土木建筑专业的基础课程,本书强调原理与方法相结合、理论与实际相结合、经典与现代相结合,内容具有可读性、客观性和便于自学等特点,为培养学生的抽象思维和视觉思维能力提供了一个平台。

本书可作为土木工程专业各方向和建筑学、城市规划、给排水、房地产经营与管理以及测绘工程等专业的本科和专科的测量学课程教材,亦可作为科研院所、生产单位科学技术人员的参考用书。

图书在版编目(CIP)数据

土木工程测量学/袁荣才等编著. —西安:西安地图出版社,2020.7

 ISBN 978-7-5556-0636-9

 Ⅰ.①土… Ⅱ.①袁… Ⅲ.①土木工程—工程测量 Ⅳ.①TU198

 中国版本图书馆 CIP 数据核字(2020)第 095417 号

著作人及著作方式: 袁荣才 兰进京 胡圣武 张健雄 编著
责任编辑:韩小武 李美乐

书 名:土木工程测量学

出版发行:西安地图出版社
地址邮编:西安市友谊东路 334 号 710054
印 刷:西安天马印刷公司
开 本:889mm×1194mm 1/16
印 张:17
字 数:333 千字
版 次:2020 年 7 月第 1 版 2020 年 7 月第 1 次印刷
书 号:ISBN 978-7-5556-0636-9
定 价:42.90 元

前言 Foreword

  "土木工程测量学"课程作为土木工程专业的一门重要的专业基础课,可为其他后续专业课的学习打下基础。本书是依据教育部颁布的《普通高等学校本科专业目录》中土木类专业课程设置的要求,按照新的课程实际标准和教学大纲,为适应新时期土木工程专业人才"宽口径、厚基础、强能力、高素质"的培养目标,以加强基础理论、注重基本方法和培养动手能力为出发点,在参考了各种土木测量学教程和十几年来的教学经验及科研成果的基础上,经过多次修改完成的。

  当前正处于新老测绘技术的转换时期,现代测绘科学的技术和理论正在积极地开发与应用,传统的测绘技术也仍在使用。如果在教材中只追求新技术的应用,只介绍新理论,而不介绍传统的测绘内容,那么,就会脱离当前教学和生产的实际,达不到教学的目的。因此,本书尽量充实测绘新技术在土木工程中的应用,也保留必要的传统内容,如对经纬仪的基本原理仍作介绍。

  进入 21 世纪以来,随着现代科学技术的发展,测绘科学又上了一个新台阶,涌现出许多新的测绘理论、技术、方法和设备。另外,土木建筑业已是国民经济的支柱产业,该专业面已经拓宽,如建筑工程、城镇建设、交通工程、矿井建设等都属于土建类专业的范畴,因此,对书中的基本部分尽量统一,专业部分尽量涉及面广,在教学中可根据专业需要选取相应内容讲授。

  本书是由西安科技大学袁荣才、河南省地质矿产勘查开发局第二地质矿产调查院的兰进京和河南理工大学胡圣武、张健雄等在基于多年的生产实践、教学和科研的基础上撰写的。全书由十一章组成。第一章介绍土木工程测量学的基本问题。重点论述了土木工程测量学的定义和内容,介绍了地球的形状和大小,阐述了土木工程测量所涉及的测量坐标系和高斯平面直角坐标系。第二章主要介绍高程测量。重点阐释了高程测量的基本原理,介绍高程测量的仪器,详细地介绍了水准测量仪器的使用方法、水准测量的实施与数据处理,分析水准测量误差的来源以及控制和消弱水准测量误差的方法。第三章主要介绍了角度测量和距离测量。重点分析了水平角和垂直角测量的基本原理和方法,介绍了一些角度测量的仪器,如经纬仪、电子经纬仪等,重点介绍了

I

全站仪测角的原理,详细地介绍了角度测量的具体方法和步骤、角度测量仪器的要求,分析了角度测量的误差来源,特别是全站仪测角的误差来源,介绍了钢尺量距的基本原理和方法,阐述了方位角和象限角的定义以及计算方法。第四章介绍了测量误差。主要介绍了一些基本概念,如权、中误差,重点阐述了误差传播律及其应用。第五章介绍了控制测量基本理论。简单介绍控制测量的基本原理、坐标计算的方法,重点阐述了导线控制测量的原理和方法,重点介绍了 GPS 控制测量的原理和要求,介绍了 GPS RTK 的应用。第六章介绍地形图及其应用。简单介绍了地形图的基本知识、地形图上地物地貌的表示方法,详细地阐述了地图的分幅与编号的基本原理以及其应用,分析了地形图的阅读以及实地使用地图,重点阐述了地形图的应用,如面积和体积计算等。第七章介绍施工放样的基本工作。在论述了施工放样的基本原理基础上,探讨了点的平面位置的放样方法、坡度直线的放样、铅垂线和水平面的测设。第八章介绍建筑施工测量。重点阐述了施工控制测量的方法,详细地阐述了建筑施工测量的具体方法,介绍了竣工测量的要求及其内容。第九章介绍线路施工测量。分析了线路施工测量的特点、主要工作内容,重点阐述了线路中线、圆曲线和缓和曲线的测设原理和方法,介绍了线路中桩坐标计算方法、纵横断面测量的方法,阐述了竖曲线的测设和管线施工测量。第十章介绍隧道与桥梁施工测量。重点阐述了隧道施工控制测量的方法及其内容、隧道施工测量的方法、隧道贯通误差,重点研究了桥梁控制测量的基本方法、桥梁施工测量的具体内容。第十一章阐述工程建设中变形观测。分析了变形监测的基本概念、内容、特点,阐述了沉降观测的基本要求、观测内容和方法,介绍了水平位移观测的要求及其内容,阐述了建筑物倾斜监测的原理、方法以及成果整理。

本书的特色和试图努力的方向如下:

(1)基础知识比较全面。本书前五章内容对土木类专业所涉及的测绘基础知识进行较为详细的叙述。

(2)本书按照国家最新测量规范编写,内容简明、扼要、实用,并较多地融入当前的测绘新技术。

(3)以现代测绘新技术为主导,突出测绘新技术,增强了教材的先进性。

本教材充实测绘新技术、新仪器、新方法的内容,如 GPS、GPS RTK、数字水准仪以及最新全站仪的使用及应用;删除和压缩了较陈旧的内容,如经纬仪的使用、钢尺量距。

（4）便于自学，通俗易懂。在处理难和易、重点与一般的关系方面，从便于自学入手，精选内容，通俗易懂，重视难点，突出重点，每章都附有习题。

（5）较好地处理了测量学传统知识与现代知识的衔接。

（6）本教材对土木类专业所涉及的内容尽量加以介绍，可满足多专业的教学需要。

本书的编写按照"突出原理、厚新薄旧、重视基础、强调应用"的原则，竭力为推动土木专业的发展打下基础。本书撰写时，参考了国内外有关土木工程测量学的著作，未能一一注明，请有关作者见谅，在写作过程中得到多方支持和帮助。

作者在书中阐述的某些观点，可能仅为一家之言，欢迎读者争鸣。书中疏漏与欠妥之处，恳请读者批评指正。

编　者

2020 年 1 月

目录 Contents

第一章 绪 论 ·· (1)

第一节 土木工程测量简介 ··· (1)

第二节 地球的形状与大小 ··· (4)

第三节 测量坐标系 ·· (7)

第四节 高斯平面直角坐标系 ····································· (10)

第五节 测量工作概述 ··· (12)

复习思考题 ··· (15)

第二章 高程测量 ··· (17)

第一节 高程测量概述 ··· (17)

第二节 高程 ··· (18)

第三节 水准测量原理 ··· (19)

第四节 水准测量仪器和工具 ····································· (21)

第五节 水准仪的使用 ··· (28)

第六节 水准测量的实施与数据处理 ························· (31)

第七节 三、四等水准测量 ··· (40)

第八节 水准测量的误差分析 ····································· (44)

复习思考题 ··· (46)

第三章 角度测量与距离测量 ····································· (49)

第一节 角度测量的原理 ·· (49)

第二节 水平角测角 ·· (50)

第三节 角度测量方法 ··· (56)

第四节 全站仪概述 ·· (62)

第五节 全站仪的操作与使用 ····································· (68)

第六节 全站仪的检定 ··· (73)

第七节　全站仪测量成果处理与误差分析 ……………………（76）

第八节　角度观测误差分析 …………………………………（78）

第九节　距离测量 ……………………………………………（81）

第十节　方位角与象限角 ……………………………………（84）

复习思考题 ……………………………………………………（89）

第四章　测量误差 …………………………………………（92）

第一节　测量误差概述 ………………………………………（92）

第二节　衡量精度的指标 ……………………………………（96）

第三节　误差传播定律及其应用 ……………………………（97）

第四节　等精度观测值的算数平均值及精度评定 ………（100）

第五节　非等精度观测值的加权平均值及精度评定 ……（103）

复习思考题 …………………………………………………（108）

第五章　控制测量基本理论 ……………………………（109）

第一节　控制测量概述 ……………………………………（109）

第二节　坐标计算的基本公式 ……………………………（110）

第三节　导线测量 …………………………………………（111）

第四节　三角高程测量 ……………………………………（121）

第五节　GPS 控制测量 ……………………………………（122）

第六节　GPS RTK 定位原理及其应用 ……………………（126）

复习思考题 …………………………………………………（128）

第六章　地形图及其应用 ………………………………（132）

第一节　地形图的基本知识 ………………………………（132）

第二节　地物地貌的表示方法 ……………………………（134）

第三节　地图分幅与编号 …………………………………（139）

第四节　地形图的阅读 ……………………………………（144）

第五节　实地使用地形图 …………………………………（149）

第六节　地形图应用的基本内容 …………………………（151）

第七节　面积量测 …………………………………………（160）

第八节　体积量测 …………………………………………（162）

复习思考题 ·· (165)

第七章 施工放样的基本工作 ·························· (167)

第一节 概述 ·· (167)

第二节 测设的基本工作 ···································· (169)

第三节 点的平面位置的测设 ······························ (173)

第四节 测设已知坡度的直线 ······························ (178)

第五节 铅垂线和水平面的测设 ···························· (179)

复习思考题 ·· (181)

第八章 建筑施工测量 ································ (182)

第一节 建筑施工测量概述 ·································· (182)

第二节 施工控制测量 ······································ (184)

第三节 建筑施工测量 ······································ (189)

第四节 竣工测量 ·· (192)

复习思考题 ·· (193)

第九章 线路工程测量 ································ (195)

第一节 线路工程测量概述 ·································· (195)

第二节 线路中线测量 ······································ (197)

第三节 线路圆曲线测设 ···································· (200)

第四节 缓和曲线测设 ······································ (202)

第五节 线路中桩坐标计算 ·································· (206)

第六节 线路纵横断面测量 ·································· (208)

第七节 竖曲线测设 ·· (213)

第八节 管道施工测量 ······································ (215)

复习思考题 ·· (217)

第十章 隧道与桥梁施工测量 ························ (219)

第一节 概述 ·· (219)

第二节 隧道控制测量 ······································ (220)

第三节 隧道施工测量 ······································ (227)

第四节 隧道贯通误差预计 ·································· (230)

第五节　桥梁控制测量　┈┈┈┈┈┈┈┈┈┈┈┈┈　(231)

第六节　桥梁施工测量　┈┈┈┈┈┈┈┈┈┈┈┈┈　(233)

复习思考题　┈┈┈┈┈┈┈┈┈┈┈┈┈┈┈┈┈┈　(237)

第十一章　工程建设中变形监测　┈┈┈┈┈┈┈┈┈　(240)

第一节　概述　┈┈┈┈┈┈┈┈┈┈┈┈┈┈┈┈┈┈　(240)

第二节　沉降观测　┈┈┈┈┈┈┈┈┈┈┈┈┈┈┈┈　(243)

第三节　水平位移观测　┈┈┈┈┈┈┈┈┈┈┈┈┈┈　(247)

第四节　建筑物的倾斜监测　┈┈┈┈┈┈┈┈┈┈┈┈　(251)

第五节　挠度监测　┈┈┈┈┈┈┈┈┈┈┈┈┈┈┈┈　(252)

第六节　测绘新技术在建筑物变形监测中的应用　┈┈┈　(253)

复习思考题　┈┈┈┈┈┈┈┈┈┈┈┈┈┈┈┈┈┈　(254)

参考文献　┈┈┈┈┈┈┈┈┈┈┈┈┈┈┈┈┈┈┈┈　(255)

第一章 绪 论

第一节 土木工程测量简介

一、测量学的定义及其分类

测量学是研究获取反映地球形状、地球重力场、地球上自然和社会要素的位置、形状、空间关系、区域空间结构的数据的科学和技术。它的主要任务有三个方面:一是研究确定地球的形状和大小,为地球科学提供必要的数据和资料;二是将地球表面的地物地貌测绘成图;三是将图纸上的设计成果测设至现场。根据研究的具体对象及任务的不同,传统上又将测量学分为以下几个主要分支学科。

(一) 大地测量学

大地测量学是研究地球形状、大小、重力场、整体与局部运动和地表面点的几何位置以及它们变化的理论和技术的学科。大地测量学是测绘学各分支学科的理论基础,基本任务是建立地面控制网、重力网,精确测定控制点的空间三维位置,为地形测图提供控制基础,为各类工程施工提供测量依据,为研究地球形状、大小、重力场及其变化、地壳形变及地震预报提供信息。

地球的形状以大地水准面为代表,是一个以南、北极的连线为旋转轴、两极略为扁平、赤道略为突出的旋转椭球体,通过极轴的剖面是一个椭圆;地球的大小以椭圆的长半径 a(赤道半径)和短半径 b(极轴半径)来表示。地面点的几何位置有两种表示方法:(1) 将地面点沿椭球法线方向投影到椭球面上,用该点的大地经纬度 (B,L) 表示该点的水平位置;用地面点至椭球面上投影点的法线距离表示该点的大地高程 (H)。(2) 用地面点在以地球质心为原点的空间直角坐标系中的三维坐标 (x,y,z) 表示。

大地测量的传统方法有几何法、物理法和卫星法。①几何法即通过观测几何量(长度、方向、角度、高差等);②物理法即通过观测重力等物理量;③卫星法即通过接受人造地球卫星信号,以研究和解决人地测量学科中的问题。

(二) 地形测量学

地形测量学是研究如何将地球表面局部区域内的地物、地貌及其他有关信息测绘成地形图的理论、方法和技术的学科。按成图方式的不同地形测图可分为模拟化测图和数字化测图。

（三）摄影测量与遥感学

摄影测量与遥感学是一门研究利用摄影或遥感的手段获取地面目标物的影像数据，来确定物体形状、大小及空间位置的学科。主要包括航空摄影测量、航天摄影测量和地面摄影测量等。航空摄影测量是根据航空飞行器拍摄的像片获取地面信息，测绘地形图；航天摄影测量是利用航天飞行器（卫星、宇宙飞船等）获取地球信息；地面摄影测量是利用安置在地面上的专用摄影机拍摄的立体像对目标物进行测绘。

（四）工程测量学

工程测量学是一门研究工程建设和自然资源开发中各个阶段进行控制测量、地形测量、施工放样和变形监测的理论和技术的学科。它包括规划设计阶段的测量、施工兴建阶段的测量和竣工后运营管理阶段测量。规划设计阶段的测量主要是提供地形资料；施工兴建阶段的测量主要是按照设计要求在实地准确地标定出建筑物各部位的平面和高程位置，作为施工和安装的依据；竣工后运营管理阶段测量是工程竣工后的测绘，为监视工程的状况而进行的重复测量，即变形观测。

（五）海洋测绘学

海洋测绘学是研究以海洋水体和海底为对象所进行的测量理论和方法的学科。包括海洋大地测量、海底地形测量、海道测量、海洋专题测量等。其主要成果为航海图、海底地形图、各种海洋专题图和海洋重力、磁力数据等。

（六）地图制图学

地图制图学是研究模拟和数字地图的基础理论、设计、编绘、复制的技术、方法以及应用的学科。它的基本任务是利用各种测量成果编制各类地图，其内容一般包括地图投影、地图编制、地图整饰和地图制印等分支。

（七）地理信息工程

地理信息工程是研究地理空间信息的获取、存储、处理、建模、分析、可视化及应用，以及研发地理信息系统理论与技术的学科。基本任务是地理信息采集和处理、输入与输出，开发基础软件平台及空间数据库管理系统，建立各种地理信息系统。

二、土木工程测量概述

本教材主要介绍土木工程在各个阶段所进行的测量工作。它与普通测量学、工程测量学等学科有着密切的关系，属于工程测量学范畴，主要有绘图、用图、放样和变形观测等多项内容。它主要面向房屋建筑、环境、道路、桥梁、水利等学科。

在土木工程施工测量中，测量技术的应用比较广泛。例如，铁路、公路在建造之前，为了确定一条最经济、最合理的路线，事先必须进行该地带的测量工作，由测量的成果绘制带状地形图，在地形图上进行线路设计，然后将设计路线的位置标定在地面上，以便进行施工；在路线跨越河流时，必须建造桥梁，在造桥之前，要绘制河流两岸的地形图，以及测定河流的水位、流速、流量和桥梁轴线长度等,为桥梁设计提供必备的资料,最后将设计的桥台、桥墩的位置用测量的方法在实地标定;路线穿过山地,需要开挖隧道,开挖之前,也必须在地形图上确定隧道的位置,并由测量数据计算隧道的长度和方向,在隧道施工期间,通常从隧道两端开挖,这就需要根据测量的成果指示开挖方向等,使之符合设计的要求。又如,在勘测设计各个阶段,需要勘测区的地形信息和地形图或电子地图,供工程规划、选址和设计使用。在施工阶段,要进行施工测量,把设计好的建筑物、构筑物的空间位置测设于实地,以便据此进行施工;伴随着施工的进展,不断地测设高程和轴线,以指导施工;并且根据需要还要进行设备的安装测量。在施工的同时,要根据建(构)筑物的要求,进行变形观测,直至建(构)筑物基本上停止变形为止,以监测施工的建(构)筑物变形的全过程,为保护建筑物提供资料。施工完成后,及时地进行竣工测量,编绘竣工图,为今后建筑物的扩建、改建、修建以及进一步发展提供依据。在建(构)筑物使用和工程的运营阶段,对于现代大型或重要的建筑物,还要继续进行变形观测和安全监测,为安全运营和生产提供资料。由此看出,测量工作在土木建筑工程专业中应用十分广泛,它贯穿着工程建设的全过程,特别是大型和重要的建筑工程,测量工作更加重要。

三、土木工程测量的主要任务

(一) 研究地形图测制的理论和方法

地形图是土木工程勘察、规划、设计的依据。土木工程测量是研究地球表面局部区域建筑物、构筑物、天然地物和地貌、地面高低起伏形态的空间三维坐标的原理和方法,是研究局部地区地图投影理论,以及将测量资料按比例绘制成地形图或制作电子地图的原理和方法。

(二) 研究地形图在土木工程中的应用

为工程建设的规划设计,从地形图中获取所需要的资料,例如,点的坐标和高程、两点间的距离、地块的面积、地面的坡度、土石体积的计算、地形的断面和进行地形分析、道路选线的基本原理和方法等,这些任务简称为地图的应用。

(三) 研究建(构)筑物施工放样、建筑质量检验的技术和方法

施工放样测量是工程施工的依据。土木工程测量研究将规划设计在图纸上的建筑物、构筑物、道路、管线等准确地标定和放样在地面上的技术和方法。研究施工过程及大型构件安装中的测量技术,以保证施工质量和安全。

(四) 对大型建筑物施工和运营安全进行变形监测

在大型建筑物施工过程中或竣工后,为确保工程施工和使用的安全,应对建筑物进行变形监测。

总之,测量工作将贯穿于土木工程建设的整个过程。从事土木工程的技术人员必须掌握土木工程测量的基本知识和技能。土木工程测量是土木工程建设技术人员的一门重要的技术基础课程。

第二节　地球的形状与大小

一、地球自然表面

关于大地是球体的早期认识,是由古希腊学者毕达格拉斯和亚里斯多德提出的,他们在两千多年前就确信地球是圆的。后因宗教迷信和封建统治,压制了对天体的自由研究。直到公元前 200 年,才由古希腊学者埃拉托色尼具体量算出地球的周长,17 世纪末,牛顿推断地球不是圆球而是呈椭圆球,并被以后的经纬度测量所证实。

地球近似一个球体,它的自然表面是一个极其复杂而又不规则的曲面。在大陆上,最高点珠穆朗玛峰 8 844.43 m,在海洋中,最深点为马利亚纳海沟-11 034 m,两点高差近两万米。由于地球表面的不规则,必须寻找一个形状和大小都很接近地球的球体或椭球体来代替它。

通过天文大地测量、地球重力测量、卫星大地测量等精密测量,发现地球不是一个正球体,而是一个极半径略短、赤道半径略长,北极略突出、南极略扁平,近于"梨"形的椭球体。

随着现代对地观测技术的迅猛发展,人们已经发现地球的形状也不是完全对称的,椭球子午面南北半径相差 42 m,北半径长了 10 m,南半径短了 32 m;椭球赤道面长短半径相差 72 m,长轴指向西经 31°。地球形状更接近于一个三轴扁"梨"形椭球,且南胀北缩,东西略扁,但是,这与地球表面起伏和地球极半径与赤道半径之差都在 20 km 相比,是十分微小的。

二、地球体的物理表面——大地水准面

由于地球表面高低起伏,且形态极为复杂,显然不能作为测量与制图的基准面,这就提出了用一个什么样的曲面来代替地球表面的问题。大地水准面——将一个与静止海水面相重合的水准面延伸至大陆,所形成的封闭曲面。大地水准面所包围的球体称为大地体。大地水准面作为测量的基准面,铅垂线作为测量的基准线,但是由于地球内部物质分布的不均匀性,因此,大地水准面也是一个不规则的曲面,它也不能作为测量计算和制图的基准面。

三、地球体的数学表面——地球椭球面

由于大地水准面的不规则性,不能用一个简单的数学模型来表示,因此,测量的成果也就不能在大地水准面上进行计算。所以必须寻找一个与大地体极其接近,又能用数学公式表示的规则形体来代替大地体——地球椭球体。它的表面称为地球椭球面,作为测量计算的基准面。它是一个纯数学表面,可以用简单的数学公式表达,有了这样一个椭球面,即可将其当作投影面,建立与投影面之间一一对应的函数关系。

地球自然表面、大地水准面和地球椭球面的关系如图 1-1 所示。

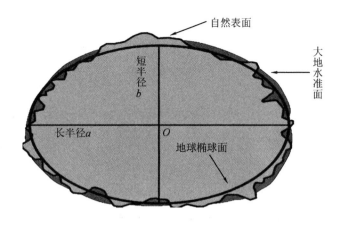

图 1-1　地球三面位置关系

地球椭球体的形状和大小常用下列符号表示:长半径 a(赤道半径)、短半径 b(极轴半径)、扁率 α,第一偏心率 e 和第二偏心率 e',这些数据又称为椭球体元素。它们的数学表达式为

扁率
$$\alpha = \frac{a-b}{a} \tag{1-1}$$

第一偏心率
$$e^2 = \frac{a^2-b^2}{a^2} \tag{1-2}$$

第二偏心率
$$e'^2 = \frac{a^2-b^2}{b^2} \tag{1-3}$$

决定地球椭球体的大小,只要知道其中两个元素就够了,但其中必须有一个是长度(a 或 b)。e、e' 和 α 除了与 a、b 有关系外,它们之间还存在着式(1-4)关系。

$$\left.\begin{array}{l} e^2 = \dfrac{e'^2}{1+e'^2} \\[2mm] e'^2 = \dfrac{e^2}{1-e^2} \\[2mm] e^2 \approx 2\alpha \end{array}\right\} \tag{1-4}$$

由于国际上在推求年代、方法及测定的地区不同,故地球椭球体的元素值有很多种,见表 1-1。

表 1-1　国际主要的椭球参数

椭球名称	年度	长半径 a/m	短半径 b/m	扁率 α
埃弗勒斯	1830	6 377 276	6 356 075	1:300 80
白塞尔	1841	6 377 397	6 356 079	1:299 15
克拉克 I	1866	6 378 206	6 356 534	1:294 98
克拉克 II	1880	6 378 249	6 356 515	1:293 47
海福特	1909	6 378 388	6 356 912	1:297 00

椭球名称	年度	长半径 a/m	短半径 b/m	扁率 α
克拉索夫斯基	1940	6 378 245	6 356 863	1:298 30
WGS-72	1972	6 378 135	6 356 750	1:298 26
GRS-75	1975	6 378 140	6 356 755	1:298 257
GRS-80	1979	6 378 137	6 356 752	1:298 257
WGS-84	1984	6 378 137	6 365 752	1:298 257
CGCS2000	2008	6 378 137	6 356 752	1:298 257

中国 1952 年前采用海福特(Hayford)椭球体。1953—1980 年采用克拉索夫斯基椭球体(坐标原点是苏联玻尔可夫天文台);我国在积累了 30 余年测绘资料的基础上,通过全国天文大地网整体平差建立了我国的大地坐标系,该坐标系采用 1975 年国际地球物理与大地测量联合会 IUGG/IAG 第 16 届大会推荐的地球椭球参数,并确定陕西泾阳县永乐镇北洪流村为"1980 西安坐标系"大地坐标的起算点。我国规定从 2008 年 7 月 1 日起采用 2000 坐标系,采用的是 CGCS2000 椭球。

由于参考椭球体的扁率很小,当测区面积不大时,在普通测量中可把地球近似地看作圆球体,其半径为

$$R = \frac{1}{3}(a + a + b) \approx 6\ 371\ \text{km} \qquad (1-5)$$

四、2000 国家大地坐标系

2000 国家大地坐标系的原点为包括海洋和大气的整个地球的质量中心。2000 国家大地坐标系的 Z 轴由原点指向历元 2000.0 的地球参考极的方向,该历元的指向由国际时间局给定的历元为 1984.0 作为初始指向来推算,定向的时间演化保证相对与地壳不产生残余的全球旋转;X 轴由原点指向格林尼治参考子午线与地球赤道面的交点;Y 轴与 Z 轴、X 轴构成右手正交坐标系。2000 国家大地坐标系的尺度为在引力相对论意义下的局部地球框架下的尺度。

2000 国家大地坐标系采用的地球椭球参数值为

长半轴:$a = 6\ 378\ 137$ m

扁率:$f = 1/298.257\ 222\ 101$

地心引力常数:$GM = 3.986\ 004\ 418 \times 10^{14}\ \text{m}^3 \text{s}^{-2}$

自转角速度:$\omega = 7.292\ 115 \times 10^{-5}\ \text{rad/s}$

我国北斗卫星导航定位系统采用的是 2000 国家大地坐标系。我国自 2018 年 7 月 1 日起必须采用 2000 国家大地坐标系。

第三节 测量坐标系

地面点的位置需用坐标和高程三维量来确定。坐标表示地面点投影到基准面上的位置，高程表示地面点沿投影方向到基准面的距离。根据不同的需要可以采用不同的坐标系和高程系。

一、地理坐标

当研究和测定整个地球的形状或进行大区域的测绘工作时，可用地理坐标来确定地面点的位置。地理坐标是一种球面坐标，依据球体的不同而分为天文坐标和大地坐标。

1. 天文坐标

以大地水准面为基准面，地面点沿铅垂线投影在该基准面上的位置，称为该点的天文坐标。该坐标用天文经度和天文纬度表示。如图 1-2 所示，将大地体看作地球，NS 即为地球的自转轴，N 为北极，S 为南极，O 为地球体中心。包含地面点 P 的铅垂线且平行于地球自转轴的平面称为 P 点的天文子午面。天文子午面与地球表面的交线称为天文子午线，也称经线。而将通过英国格林尼治天文台天顶子午面称为起始子午面，相应的子午线称为起始子午线或零子午线，并作为经度计量的起点。过点 P 的天文子午面与起始子午面所夹的二面角就称为 P 点的天文经度。用 λ 表示，其值为 $0° \sim 180°$，在本初子午线以东的叫东经，以西的叫西经。

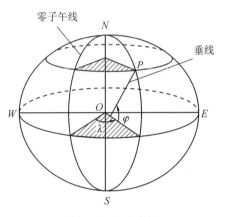

图 1-2 天文坐标

通过地球体中心 O 且垂直于地轴的平面称为赤道面。它是纬度计量的起始面。赤道面与地球表面的交线称为赤道。其他垂直于地轴的平面与地球表面的交线称为纬线。过点 P 的铅垂线与赤道面之间所夹的线面角就称为 P 点的天文纬度。用 φ 表示，其值为 $0° \sim 90°$，在赤道以北的叫北纬，以南的叫南纬。

天文坐标 (λ, φ) 是用天文测量的方法实测得到的。

2. 大地坐标

地面上一点的空间位置可用大地坐标 (B, L, H) 表示。大地坐标系是以参考椭球面为基准面，地面点沿椭球面的法线投影在该基准面上的位置，称为该点的大地坐标。该坐标用大地经度、大地纬度表示和大地高表示。

如图 1-3 所示，包含地面点 P 的法线且通

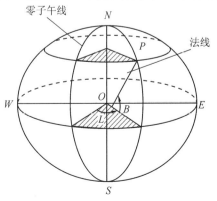

图 1-3 大地坐标

过椭球旋转轴的平面称为 P 的大地子午面。过 P 点的大地子午面与起始大地子午面所夹的两面角就称为 P 点的大地经度。用 L 表示,其值分为东经 $0°\sim180°$ 和西经 $0°\sim180°$。过点 P 的法线与椭球赤道面所夹的线面角就称为 P 点的大地纬度。用 B 表示,其值分为北纬 $0°\sim90°$ 和南纬 $0°\sim90°$。P 点沿椭球面法线到到椭球面的距离 H,称为大地高,从椭球面起算,向外为正,向内为负。

我国 1954 北京坐标系、1980 西安大地坐标系和 2000 国家大地坐标系就是分别依据不同的椭球建立的大地坐标系。

大地坐标 (L,B) 因所依据的椭球体不具有物理意义而不能直接测得,只可通过计算得到,它与天文坐标的关系为

$$\left.\begin{array}{l} L = \lambda - \dfrac{\eta}{\cos\varphi} \\ B = \varphi - \xi \end{array}\right\} \qquad (1-6)$$

式中,η 为过同一地面点的垂线与法线的夹角在东西方向上的垂线偏差分量;ξ 为在南北方向上的垂线偏差分量。在一般测量工作中,可以不考虑这种改化。

二、空间直角坐标系

以椭球体中心 O 为原点,起始子午面与赤道面交线为 X 轴,赤道面上 X 轴正交的方向为 Y 轴,椭球体的旋转轴为 Z 轴,构成右手直角坐标系 $O-XYZ$,在该坐标系中,P 点的点位用 OP 在这 3 个坐标轴上的投影 X、Y、Z 表示,如图 1-4 所示。

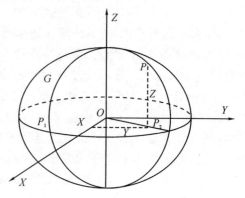

图 1-4 空间直角坐标系

地面上同一点的大地坐标和空间直角坐标之间可以进行坐标转换。由大地坐标转换为空间直角坐标的转换方程为

$$\left.\begin{array}{l} X_P = (N+H)\cos B\cos L \\ Y_P = (N+H)\cos B\sin L \\ Z_P = [N(1-e^2)+H]\sin B \end{array}\right\} \qquad (1-7)$$

式中,H 为大地高(在第二章讲述);$N = \dfrac{a}{\sqrt{1-e^2\sin^2 B}}$。

由空间直角坐标系转换为大地坐标的转换方程为

$$\left.\begin{array}{l} L = \arctan\dfrac{Y}{X} \\ B = \arctan\dfrac{Z+Ne^2\sin B}{\sqrt{X^2+Y^2}} \\ H = \dfrac{\sqrt{X^2+Y^2}}{\cos B} - N \end{array}\right\} \qquad (1-8)$$

用式(1-8)计算大地纬度 B 时,通常采用迭代法。迭代时,取 $\tan B_1 = \dfrac{Z}{\sqrt{X^2+Y^2}}$,用

B 的初值 B_1 计算 $\sin B_1$,然后按式(1-8)进行第二次迭代,直至最后两次 B 值之差小于允许值为此。

三、平面直角坐标系

在实际测量工作中,若用以角度为度量单位的球面坐标来表示地面点的位置是不方便的,通常是采用平面直角坐标。测量工作中所用的平面直角坐标与数学上的直角坐标基本相同,只是测量工作以 x 轴为纵轴,一般表示南北方向,以 y 轴为横轴一般表示东西方向,象限为顺时针编号,直线的方向都是从纵轴北端按顺时针方向度量的,如图1-5所示。这样的规定,使数学中的三角公式在测量坐标系中完全适用。

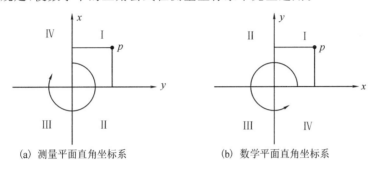

(a) 测量平面直角坐标系   (b) 数学平面直角坐标系

图1-5 两种平面直角坐标系的比较

测量中采用的平面直角坐标系有独立测区的平面直角坐标、高斯平面直角坐标系和建筑施工坐标系。

一般情况下应采用高斯平面直角坐标系。将球面坐标和曲面图形转换成相应的平面坐标和图形必须采用适当的投影方法。投影方法有多种,我国测绘工作中通常采用高斯-克吕格投影,根据高斯-克吕格投影建立的平面直角坐标系称为高斯平面直角坐标系。建立高斯平面直角坐标系的方法在第四节中阐述。

当测区的范围较小,能够忽略该区地球曲率的影响而将其当作平面看待时,可在此平面上建立独立的直角坐标系。一般选定子午线方向为纵轴,即 x 轴,原点设在测区的西南角,以避免坐标出现负值。测区内任一地面点用坐标(x,y)来表示,它们与本地区统一坐标系没有必然的联系而为独立的平面直角坐标系。如有必要可通过与国家坐标系联测而纳入统一坐标系。经过估算,在面积为 $300\ \text{km}^2$ 的多边形范围内,可以忽略地球曲率影响而建立独立的平面直角坐标系,当测量精度要求较低时,这个范围还可以扩大数倍。

四、建筑施工坐标系

在房屋建筑或其他工程工地,为了对其平面位置进行施工放样的方便,使采用的平面直角坐标系与建筑设计的轴线相平行或垂直,对于左右、前后对称的建筑物,甚至可以把坐标原点设置于其对称中心,以简化计算。因为是为建筑物施工放样而设立的,故称建筑坐标系或施工坐标系。施工坐标系与测量坐标系往往不一致,在计算测设数据时需进行坐标换算。

第四节　高斯平面直角坐标系

一、高斯-克吕格投影的条件和公式

高斯-克吕格(Gauss-Krüger)投影是等角横切椭圆柱投影。从几何意义上来看,就是假想用一个椭圆柱套在地球椭球体外面,并与某一子午线相切(此子午线称中央子午线或中央经线),椭圆柱的中心轴位于椭球的赤道上,如图 1-6 所示,再按高斯-克吕格投影所规定的条件,将中央经线东、西各一定的经差范围内的经纬线交点投影到椭圆柱面上,并将此圆柱面展为平面,即得本投影。

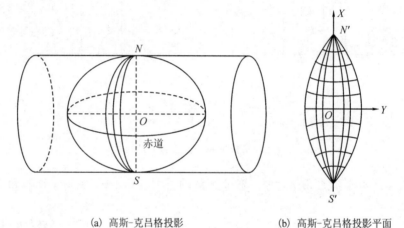

(a) 高斯-克吕格投影　　　　　　　(b) 高斯-克吕格投影平面

图 1-6　高斯-克吕格投影示意

这个投影可由下述 3 个条件确定。

(1) 中央经线和赤道投影后为互相垂直的直线,且为投影的对称轴。

(2) 投影具有等角性质。

(3) 中央经线投影后保持长度不变。

根据以上 3 个投影条件可得高斯-克吕格投影的直角坐标公式为

$$x = s + \frac{L^2 N}{2}\sin B\cos B + \frac{L^4 N}{24}\sin B\cos^3 B(5 - \tan^2 B + 9\eta^2 + 4\eta^4) + \cdots$$

$$y = LN\cos B + \frac{L^3 N}{6}\cos^3 B(1 - \tan^2 B + \eta^2)$$

$$+ \frac{L^5 N}{120}\cos^5 B(5 - 18\tan^2 B + \tan^4 B) + \cdots \tag{1-9}$$

在这些公式中略去 L 六次以上各项的原因,是因为这些值不超过 0.005 m,这样在测量和制图上是能满足精度要求的。实用上将 L 化为弧度,并以秒为单位,得

$$x = s + \frac{L''^2 N}{2\rho''^2}\sin B\cos B + \frac{L''^4 N}{24\rho''^4}\sin B\cos^3 B(5 - \tan^2 B + 9\eta^2 + 4\eta^4) + \cdots$$

$$y = \frac{L''}{\rho''}N\cos B + \frac{L''^3 N}{6\rho''^3}\cos^3 B(1 - \tan^2 B + \eta^2)$$

$$+ \frac{L''^5 N}{120\rho''^5}\cos^5 B(5 - 18\tan^2 B + \tan^4 B) + \cdots \qquad (1-10)$$

式中，s 为由赤道至纬度 B 的经线弧长，$s = \int_0^B MdB$；$\eta = e'\cos B$。

二、高斯投影分带

因高斯投影的最大变形在赤道上，并随经差的增大而增大，故限制了投影的精度范围，就能将变形大小控制在所需要的范围内，以满足地图所需精度的要求，因此，确定对该投影采取分带单独进行投影。根据 0.138% 的长度变形所产生的误差小于 1:25 000 比例尺地形图的绘图误差，决定我国 1:25 000 至 1:500 000 地形图采用 6° 分带投影，考虑到1:10 000 和更大比例尺地形图对制图精度有更高的要求，需要进一步限制投影带的精度范围，故采用 3° 分带投影。分带后，各带分别投影，各自建立坐标网。

1. 6° 分带法

6° 分带投影是从零子午线起，由西向东，每 6° 为一带，全球共分为 60 带，用阿拉伯数字 1、2、…、60 标记，凡是 6° 的整数倍的经线皆为分带子午线，如图 1-7 所示。每带的中央经线度数 L_0 和代号 n 的公式为

$$\left. \begin{array}{l} L_0 = 6° \cdot n - 3° \\ n = \left[\dfrac{L}{6°}\right] + 1 \end{array} \right\} \qquad (1-11)$$

式中，[ ] 表示商取整；L 为某地点的经度。

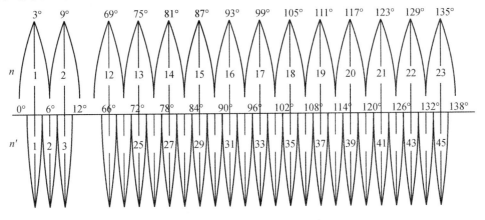

图 1-7 高斯-克吕格投影分带

2. 3° 分带法

从东经 1°30′ 起算，每 3° 为一个投影带，将全球分为 120 带，用阿拉伯数字 1、2、…、120 标记，如图 1-7 所示。这样分带的目的在于使 6° 带的中央经线全部为 3° 带的中央经线，即 3° 带中有半数的中央经线同 6° 带的中央经线重合，以便在由 3° 带转换为 6° 带时，不需任何计算，而直接转用。带号 n 与相应的中央子午线经度 L_0 的关系为

$$L_0 = 3° \cdot n$$
$$n = \left[\frac{L + 1°30'}{3°} \right] \tag{1-12}$$

我国领土位于东经72°至136°，共含11个6°投影带，即13至23带；共含22个3°投影带，即24至45带。

分带投影的优越性，除了控制变形，提高精度外，还可以减轻坐标值的计算工作量，提高工作效率。鉴于高斯投影的带与带之间的同一性，每个带内上下、左右的对称性，全球60个带或120个带，只需要计算各自的四分之一各带各经纬线交点的坐标值，通过坐标值变负和冠以相应的带号，就可以得到全球每个投影带的经纬网坐标值，但分带投影亦带来邻带互不联系，邻带间相邻图幅不便拼接的缺陷。

三、坐标规定

高斯投影平面直角网，它是由高斯投影每一个投影带构成一个单独的坐标系。投影带的中央经线投影后的直线为 x 轴（纵轴），赤道投影后的直线为 y 轴（横轴），它们的交点为原点。

我国位于北半球，全部 x 值都是正值，在每个投影带中则有一半的 y 值为负。为了使计算中避免横坐标 y 值出现负值，规定每带的中央经线西移 500 km（图 1-8）。由于，高斯投影每一个投影带的坐标都是对本带坐标原点的相对值，所以，各带的坐标完全相同。为了指出投影带是哪一带，规定要在横坐标（通用值）之前加上带号。这种坐标称为国家统一坐标系。

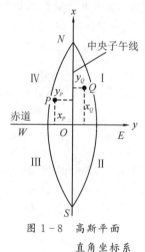

图 1-8　高斯平面
直角坐标系

例如，在 6°投影带第 19 带内有 P 点，按投影公式计算得到的横坐标分别为 $x_P = 3\,467\,668.998$ m；$y_P = -131\,466.835$ m。

纵坐标轴西移 500 km 后，其横坐标分别为 $y_P' = 368\,533.165$ m。

加上带号，位于第 19 带，其通用坐标为 $x_P = 3\,467\,668.998$ m；$y_P'' = 19\,368\,533.165$ m。

1949 年中华人民共和国成立后，就确定该投影为我国地形图系列中 1:50 0000、1:200 000（1:250 000）、1:100 000、1:50 000、1:25 000、1:10 000 和 1:5 000 比例尺的数学基础，一些其他的国家（朝鲜、蒙古、苏联等国）亦采用它作为地形图数学基础。美国、英国、加拿大、法国等国家也有局部地区采用该投影作为大比例尺地图的数学基础。

第五节　测量工作概述

地球表面是复杂多样的，在测量工作中将其分为地物和地貌两大类。地面上固定性物体，如河流、房屋、道路、湖泊等称为地物；地面的高低起伏的形态，如山岭、谷地和陡崖等称为地貌,地物和地貌称为地形。

测量工作的主要任务是测绘地形图和施工放样,本节简要介绍测图和放样的大概过程,为后面学习建立初步的概念。

一、测量工作的基本原则

测绘地形图时,要在某一个测站上用仪器测绘该测区所有的地物和地貌是不可能的。同样,某一厂区或住宅区在建筑施工中的放样工作也不可能在一个测站上完成。如图 1-9(a)所示,在 A 点设站,只能测绘附近的地物和地貌,对位于山后面的部分以及较远的地区就观测不到,因此,需要在若干点上分别测量,最后才能拼接完成一幅完整的地

(a) 控制测量

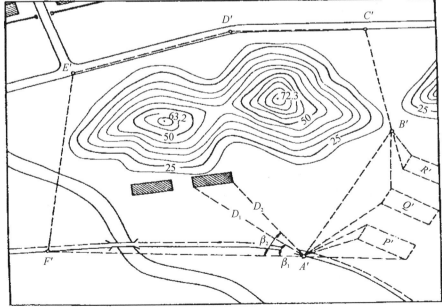

(b) 碎部测量

图 1-9 控制测量与碎部测量组图

形图。如图 1-9(b)所示,图中 P、Q、R 为设计的房屋位置,也需要在实地从 A、F 两点进行施工放样。因此,进行某一个测区的测量工作时,首先要用较严密的方法和较精密的仪器,测定分布在全区的少量控制点,如图 1-9 中的 A、B、…、F 的点位,作为测图或施工放样的框架和依据,以保证测区的整体精度,称为控制测量。其次在每个控制点上,以较低的(当然也需保证必要的)精度施测其周围的局部地形细部或放样需要施工的点位,称为碎部测量。

另外,任何测量工作都不可避免地会产生误差,故每点(站)上的测量都应采取一定的程序和方法,以便检查错误或防止误差的积累,保证测绘成果的质量。

因此,在实际测量工作中应遵循以下两个基本原则:一是在测量程序上,应遵循"先控制后碎部"的原则;二是在测量过程中,应遵循"逐步检查"的原则。

二、施工放样的概念

施工放样(测设)是把设计图上建(构)筑物位置在实地上标定出来,作为施工的依据。为了使地面定出的建筑物位置成为一个有机联系的整体,施工放样同样需要遵循"先控制后碎部"的基本原则。

如图 1-9(b)所示,在控制点 A、F 附近设计了建筑物 P(图中用虚线表示),现要求把它在实地标定下来。根据控制点 A、F 及建筑物的设计坐标,计算水平角 β_1、β_2 和水平距离 D_1、D_2 等放样数据,然后控制点 A 上,用仪器测设出水平角 β_1、β_2 所指的方向,并沿这些方向测设水平距离 D_1、D_2,即在实地上定出 1、2 等点,这就是该建筑物的实地位置。上述所介绍的方法是施工放样中常用的极坐标法,此外还有直角坐标法、方向(角度)交会法和距离交会法等。

由于施工放样中施工控制网是一个整体,并具有相应的精度和密度,因此,无论建(构)筑物的范围多大,由各个控制点放样出的建(构)筑物各个点位位置,也必将联系为一个整体。

同样,根据施工控制网点的已知高程和建(构)筑物的图上设计高程,可用水准测量方法测设出建(构)筑物的实地设计高程。

三、测量的基本工作

土木工程测量的主要任务包括测绘地形图和施工放样,其实质都是为了确定点的位置。可见,所有要测定的点位都离不开距离、角度及高差这三个基本观测量。如图 1-10 所示,A、B、C、D、E 为地面上高低不同的一系列点,构成空间多边形 $ABCDE$,图下方为水平面。从 A、B、C、D、E 分别向水平面作铅垂线,这些垂线的垂足在水平面上构成多边形 $abcde$,水平面上各点就是空间相应各点的正射投影;水平面上多边形

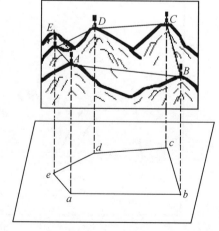

图 1-10　测量的基本工作

的各边就是各空间斜边的正射投影;水平面上的角就是包含空间两斜边的两面角在水平面上的投影。地形图就是将地面点正射投影到水平面上后再按一定的比例尺缩绘至图纸上而成的。由此看出,地形图上各点之间的相对位置是由水平距离 D、水平角 β 和高差 h 决定的,若已知其中一点的坐标 (x,y) 和过该点的标准方向及该点高程 H,则可借助 D、β 和 h 将其他点的坐标和高程算出。

因此,距离测量、角度测量和高差测量是测量的三项基本工作。土木工程技术人员应当掌握这三项基本功。

四、测量工作的基本步骤

测量工作的基本步骤如下:

1. 技术设计

技术设计是从技术上的可行、实践上的可能和经济上的合理三方面对测绘工作进行总体策划,选定出优化方案,安排好实施计划。

2. 控制测量

基本任务是先在全国范围布设高等级平面控制网和高程控制网,测定控制点的平面坐标和高程,作为全国的控制骨架,而后根据国民经济建设的需要,分区、分期进行加密控制测量,作为测量工作的控制基础。

3. 碎部测量

测定地貌、地物特征点的平面坐标和高程。特征点的平面坐标和高程是由邻近的控制点确定的,用多个特征点的空间位置就可真实地描述地物、地貌的空间形态和分布。

4. 检查与验收测绘成果

测绘成果必须验收完全合格后才能交付使用。

以上步骤中,有些工作必须在野外进行,称为外业,主要任务是信息(数据、图像等)采集。有些工作可在室内进行,称为内业,主要任务是信息加工(数据处理和绘图等)。现代测绘技术发展总趋势是逐步实现外业和内业的一体化和自动化,提高效率并确保测绘成果的可靠性。

复习思考题

(1) 土木工程测量学的基本任务是什么?对你所学专业起什么作用?

(2) 测定与测设有何区别?

(3) 何谓水准面?何谓大地水准面?它在测量工作中的作用是什么?

(4) 高斯平面直角坐标系是怎样建立的?

(5) 表示地面点位有哪几种坐标系统?各有什么用途?

(6) 平面直角坐标系与数学中的平面直角坐标系有何不同?为何这样规定?

(7) 从控制点坐标成果表中抄录某点在高斯平面直角坐标系中的纵坐标

$X=3\ 456.780\ \text{m}$,横坐标 $Y=21\ 386\ 435.260\ \text{m}$,试问该点在该投影带高斯平面直角坐标系中的真正纵、横坐标 x,y 为多少? 该点位于第几象限内?

(8) 测量工作的原则是什么?

(9) 确定地面点位的三项基本测量工作是什么?

(10) 某点的经度为 $118°45'$,试计算它所在 6°带及 3°带的带号,以及中央子午线的经度是多少?

第二章 高程测量

第一节　高程测量概述

高程是确定地面点位置的基本要素之一,所以高程测量是三种基本测量工作之一。高程测量的目的是要获得点的高程,但一般只能直接测得两点间的高差,然后根据其中一点的已知高程推算出另一点的高程。

高程测量按使用的仪器和施测的方法分为水准测量、三角高程测量和 GPS 高程测量。

水准测量是利用水平视线来测量两点间的高差。由于水准测量的精度较高,所以是高程测量中最主要的方法。从青岛水准原点出发,采用一、二、三、四等水准测量在全国范围内测定一系列不同等级的水准点(代号为 BM)的高程。根据这些高程,为地形测量而进行的水准测量称为图根水准测量;为某一工程建设而进行的水准测量称为工程水准测量。它们均为普通水准测量。

三角高程测量是测量两点间的水平距离或斜距和竖直角(即倾斜角),然后利用三角公式计算出两点间的高差。三角高程测量一般精度较低,只是在适当的条件下才被采用。

高程测量的任务是求出点的高程,即求出该点到某一基准面的垂直距离。为了建立一个全国统一的高程系统,必须确定一个统一的高程基准面,通常采用大地水准面即平均海水面作为高程基准面。中华人民共和国成立后,我国采用青岛验潮站 1950—1956 年观测结果求得的黄海平均海水面作为高程基准面。根据这个基准面得出的高程称为"1956 年黄海高程系"。为了确定高程基准面的位置,在青岛建立了一个与验潮站相联系的水准原点,并测得其高程为 72.289 m。水准原点作为全国高程测量的基准点。从 1988 年 1 月 1 日起,国家规定采用青岛验潮站 1952—1979 年的观测资料,计算得出的平均海水面作为新的高程基准面,称为"1985 国家高程基准"。根据新的高程基准面,得出青岛水准原点的高程为 72.260 m。所以在使用已有的高程资料时,应注意到其采用的高程基准面。

高程测量也是按照"从整体到局部"的原则来进行。就是先在测区内设立一些高程控制点,并精确测出它们的高程,然后根据这些高程控制点测量附近其他点的高程。这些高程控制点称水准点,工程上常用 BM 来标记。水准点是埋设稳固并通过水准测量方法测定其高程的控制点。作为测定未知点高程的依据。水准测量一般是在两个水准点之间进行,从已知高程的水准点出发,测定待定水准点的高程。

第二节 高 程

大地坐标和平面直角坐标只能反映地面点在投影面上的位置,不能反映地面点的高低起伏状况,在测量中采用高程来反映地面点的高低。高程是指地面点沿其投影线到投影面的距离。由于基准面选择的不同,其高程系统也是不同的。

一、大地高

在大区域的测量成果计算时,一般采用参考椭球体面作为基准面,这时通常采用的高程是地面点沿法线到参考椭球体面的距离,称其为大地高。

二、绝对高程

在野外测量工作中,由于水准面和铅垂线可以很方便地获得,故野外工作的基准面为水准面,基准线为铅垂线。为统一起见,我国统一以大地水准面作为高程基准面。因此,这时地面点的高程是铅垂线方向到大地水准面的距离,通常称为正高、绝对高程或海拔,简称高程。如图 2-1 所示,地面上 A、B 两点的高程分别计为 H_A、H_B。

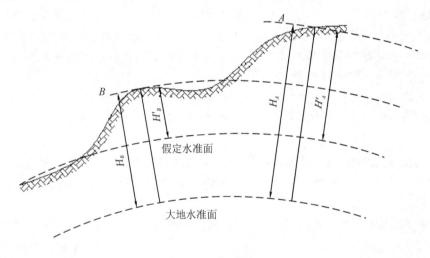

图 2-1 高程系统

三、相对高程

当有些地区暂时无法获得绝对高程时,可以采用假定高程系统。也就是说,在该测区内选择一个适当的水准面作为高程基准面,该区域内所有的点到该假定水准面的垂直距离称为相对高程或假定高程。如图 2-1 中,H'_A、H'_B 为 A、B 两点的假定高程或相对高程。

四、高差

地面上两点高程之差,称为该两点的高差或比高。A 点到 B 点的高差记为 h_{AB},定义式为

$$h_{AB} = H_B - H_A \qquad (2-1)$$

反之,B 点对 A 点的高差记为 h_{BA},定义式为

$$h_{BA} = H_A - H_B \qquad (2-2)$$

由高差定义可知,高差是相对的,其值可正可负。图 2-1 中,B 点对 A 点的高差,其值为正;反之,A 点到 B 点的高差值为负。两点的高差不会因基准面的不同而不同,但点的高程则会因基准面的不同而会有改变。

第三节　水准测量原理

一、水准测量原理

水准测量的原理就是利用水准仪提供的水平视线,读取竖立于两点上水准尺的读数,以测定两点间的高差,从而由已知点高程计算待定点高程。

如图 2-2 所示,为了求出 A、B 两点的高差 h_{AB},在 A、B 两点上竖立带有分划的标尺——水准尺,在 A、B 两点之间安置可提供水平视线的仪器——水准仪。当视线水平时,在 A、B 两点的标尺上分别读得读数 a 和 b,则 A、B 两点的高差等于两个标尺读数之差。即

$$h_{AB} = a - b \qquad (2-3)$$

读数 a 是在已知高程点上的水准尺读数,称为"后视读数";b 是在待求高程点上的水准尺读数,称为"前视读数"。高差必须是后视读数减去前视读数。高差 h_{AB} 的值可能是正,也可能是负,正值表示待求点 B 高于已知点 A,负值表示待求点 B 低于已知点 A。此外,高差的正负号又与测量进行的方向有关,例如,图 2-3 中测量由 A 向 B 进行,高差用 h_{AB} 表示,其值为正;反之由 B 向 A 进行,则高差用 h_{BA} 表示,其值为负。所以说明高差时必须标明高差的正负号,同时要说明测量进行的方向。

如果 A 为已知高程的点,B 为待求高程的点,则 B 点的高程为

$$H_B = H_A + h_{AD} = H_A + (a - b) \qquad (2-4)$$

B 点的高程也可以用水准仪的视线高程 H_i(仪器高程)计算,即

$$\left. \begin{aligned} H_i &= H_A + a \\ H_B &= H_i - b \end{aligned} \right\} \qquad (2-5)$$

一般情况下,式(2-4)是直接利用高差 h_{AB} 计算 B 点高程的,称为高差法;式(2-5)

是利用仪器视高 H_i 计算 B 点高程的,称为视线高法。当安置一次水准仪需要测定若干前视点的高程时,视线高法比高差法方便。

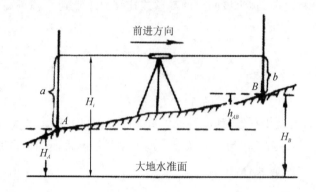

图 2-2　水准测量原理

二、连续水准测量

如图 2-3 所示,欲求 A 点和 B 点的高差 h_{AB},由于两点相距较远或高差太大时,则可分段连续进行,需要在 A、B 两点之间选择若干个临时立尺点,这些点起传递高程的作用,称为转点,用 TP_1,TP_2,$\cdots$,TP_n 表示。转点把路线全长分为成若干个小段,依次测定相邻点间的高差,再将各段高差求和,就可以获得 A、B 之间的高差。

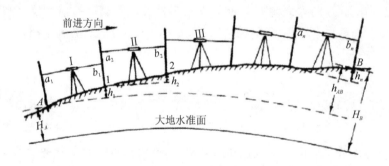

图 2-3　连续水准测量

观测步骤如下:

(1) 先在 A、TP_1 之间安置仪器,分别在 A、TP_1 点上立尺,读取 A 点上的后视读数 a_1,在 TP_1 点上的前视读数 b_1,并计算 A、TP_1 间的高差,即完成了一个测站的工作。

(2) 将水准仪搬至 TP_1 与 TP_2 之间,A 点的水准尺搬至 TP_2 点,TP_1 点上的水准尺保持不动,再分别读取出 TP_1 与 TP_2 点的尺上读数 a_2、b_2,同样可求得 TP_1 与 TP_2 之间的高差。

(3) 依次顺序一直测到 B 点。

若完成 n 个测站的观测,可分别求得各站的高差,即

$$\left.\begin{array}{l} h_{A1} = h_1 = a_1 - b_1 \\ h_{12} = h_2 = a_2 - b_2 \\ \cdots \\ h_{(n-1)B} = h_n = a_n - b_n \end{array}\right\} \qquad (2-6)$$

则 A、B 之间的高差为

$$h_{AB} = h_1 + h_2 + \cdots + h_n = \sum_{i=1}^{n} a_i - \sum_{i=1}^{n} b_i \qquad (2-7)$$

若已知 A 点的高程为 H_A,则 B 点的高程为

$$H_B = H_A + h_{AB} \qquad (2-8)$$

图 2-3 中置仪器的点 Ⅰ、Ⅱ、… 称为测站。

第四节　水准测量仪器和工具

水准仪是进行水准测量的主要仪器,它可以提供水准测量所必需的水平视线。目前通用的水准仪从构造上可分为两大类:一类是利用水准管来获得水平视线的水准管水准仪,其主要形式称"微倾式水准仪";另一类是利用补偿器来获得水平视线的"自动安平水准仪"。此外,尚有一种新型水准仪——电子水准仪,它配合条纹编码尺,利用数字化图像处理的方法,可自动显示高程和距离,使水准测量实现自动化。

我国的水准仪系列标准分为 DS05、DS1、DS3 和 DS20 等四个等级。D 是大地测量仪器的代号,S 是水准仪的代号,均取大和水两个字汉语拼音的首字母。角码的数字表示仪器的精度。其中 DS05 和 DS1 用于精密水准测量,DS3 用于一般水准测量,DS20 则用于简易水准测量。

水准测量所使用的仪器为水准仪,与其配套的工具为水准尺和尺垫。

一、水准尺和尺垫

(一) 水准尺

水准尺是用干燥优质木材、铝材或玻璃钢制成,长度有 2 m、3 m 和 5 m,根据它们的构造分为整尺、折尺和塔尺。尺面每格印刷有黑白或红白相间的分划,每分米处注有数字,数字有正写和倒写两种,分别与水准仪的正像望远镜或倒像望远镜相配合。

整尺中常用的为双面尺,如图 2-4 所示,用于三、四等水准测量,两根尺为一对,其中黑白分划的一面,称黑面尺,尺底从零开始。红白分划的一面称红面尺,尺底从某一数值开始(4.687 m 或 4.787 m),称零点差。水准仪的水平视线在同一根水准尺上的红黑面读数差应为零点差,以此作为读数的检查。

折尺一般两折或三折,携带方便,如图 2-5 所示。

塔尺一般由三节尺身套接而成,不用时,缩在最下一节之内,长度不超过 2 m,但连接处常会产生误差,一般用于精度较低的水准测量,如图 2-6 所示。

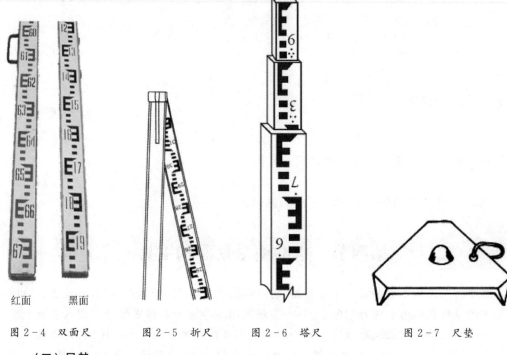

红面　　黑面

图 2-4　双面尺　　　　图 2-5　折尺　　　　图 2-6　塔尺　　　　图 2-7　尺垫

(二) 尺垫

如图 2-7 所示,尺垫为一三角铸铁,下有三尖脚,以便踩入土中,使之稳定;上有凸起半球形,水准尺立于球顶,当转动方向时,使尺底高程不变。

二、微倾式水准仪的构造和使用

(一) DS3 微倾式水准仪的构造

图 2-8 为在一般水准测量中使用较广的 DS3 型微倾式水准仪,它由下列三个主要部分组成。

望远镜:它可以提供视线,并可读出远处水准尺上的读数。

水准器:用于指示仪器或视线是否处于水平位置。

基座:用于置平仪器,它支承仪器的上部并能使仪器的上部在水平方向转动。

水准仪各部分的名称如图 2-8 所示。基座上有三个脚螺旋,调节脚螺旋可使圆水准器的气泡移至中央,使仪器粗略整平。望远镜和管水准器与仪器的竖轴联结成一体,竖轴插入基座的轴套内,可使望远镜和管水准器在基座上绕竖轴旋转。制动螺旋和微动螺旋用来控制望远镜在水平方向的转动。制动螺旋松开时,望远镜能自由旋转;旋紧时望远镜则固定不动。旋转微动螺旋可使望远镜在水平方向作缓慢的转动,但只有在制动螺旋旋紧时,微动螺旋才能起作用。旋转微倾螺旋可使望远镜连同管水准器作俯仰微量的倾斜,从而可使视线精确整平。因此,这种水准仪称为微倾式水准仪。

下面先说明微倾式水准仪上主要的部件——望远镜和水准器的构造和性能。

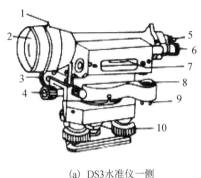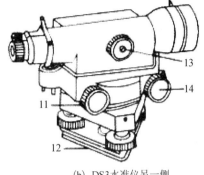

(a) DS3水准仪一侧　　　　　　(b) DS3水准仪另一侧

图 2-8　DS3 水准仪组图

1—准星；2—物镜；3—微动螺旋；4—制动螺旋；5—目镜；6—符合水准器放大器；

7—水准管；8—圆水准器；9—圆水准器校正螺旋；10—脚螺旋；

11—微倾螺旋；12—三角形底板；13—对光螺旋；14—微动螺旋

1. 望远镜

望远镜是用于瞄准远处目标并读数，其构造如图 2-9 所示。它主要由物镜、物镜调焦螺旋、物镜调焦透镜、十字丝分划板、目镜和目镜调焦螺旋所组成。

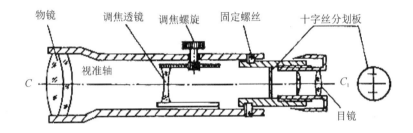

图 2-9　望远镜构造

物镜是使目标形成一个倒立缩小的实像。调焦透镜是使目标在不同位置上成像。十字丝分划板如放大图，其中，中丝用于截取水准尺上读数，上、下丝又叫视距丝，用于测定水准仪至水准尺的距离，目镜是将十字丝和物镜中成像同时放大。物镜调焦螺旋可使目标准确成像在十字丝平面上，目镜调焦螺旋用于调十字丝像清晰。视准轴即为物镜光心与十字丝交点的连线，即 CC_1。DS3 的放大率约为 28 倍。

望远镜的成像原理如图 2-10 所示，即远处目标 AB 发出的光线经过物镜 1 及调焦透镜 3 的折射后，在十字丝平面 4 上成一倒立的实像 ab；经过目镜 2 的放大，成 a_1b_1，十字丝也同时放大。虚像 a_1b_1 对观测者眼睛的视角 β 比原目标 AB 的视角 α 扩大了若干倍，使观测者感到远处的目标移近了，这样，就可以提高瞄准和读数精度。望远镜的放大倍率为

$$V = \frac{\beta}{\alpha} \tag{2-9}$$

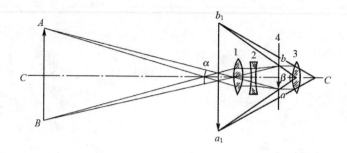

图 2-10 望远镜的成像原理

当目标成像与十字丝平面不重合时,则会产生视差现象,如图 2-11 所示,即当观测者眼睛上下移动(如图中 1,2,3 位置),目标影像与十字丝有相对移动(如 $1',2',3'$),影响精确瞄准和读数,因此,必须消除视差。消除的方法是反复调目镜、物镜调焦螺旋,使十字丝与目标分别均十分清晰。

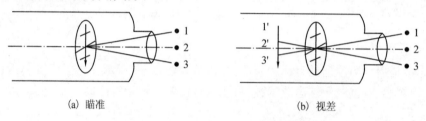

(a) 瞄准   (b) 视差

图 2-11 测量望远镜的瞄准与视差组图

2. 水准器

为了置平仪器,须用水准器。水准器分为水准管和圆水准器两种。前者精度较高,用于精确置平仪器,称为"精平";后者精度较低,用于粗略置平仪器,称为"粗平"。

(1)水准管。水准管是一纵向内壁磨成圆弧的玻璃管,管内注满酒精或乙醚,加热融封冷却后留有一个气泡,如图 2-12 所示,因气泡较轻,故恒处于管内最高位置。其作用是用于仪器的精确整平。水准管圆弧中点为水准管零点(O'),过零点所作圆弧的切线称为水准管轴(LL),气泡中点与水准管零点重合称为气泡居中。

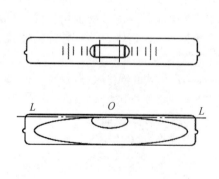

图 2-12 管水准器

水准管圆弧 2 mm 所对的圆心角称为"水准管分划值",又称"灵敏度"。水准管分划值的实际意义可以理解为当气泡移动 2 mm 时水准管轴所倾斜的角度。如图 2-13 所示,设水准管内壁圆弧的曲率半径为 R(单位:mm),则水准管分划值为

$$\tau = \frac{2}{R}\rho'',\rho'' = 206\ 265'' \tag{2-10}$$

水准管的分划值越小,则灵敏度越高,置平仪器的精度也越高,因此,它是水准仪等级的一个重要指标。DS3 水准仪水准管分划值一般 $\leqslant 20''/2$ mm。

为了提高判断水准管气泡居中的精度,微倾式水准仪一般在水准管的上方安装一组符合棱镜,如图 2-14 所示,通过棱镜的反射作用,使水准管气泡两端的像反映在望远镜旁的符合气泡观察窗中。当气泡两端的像重合时,则表示气泡居中。

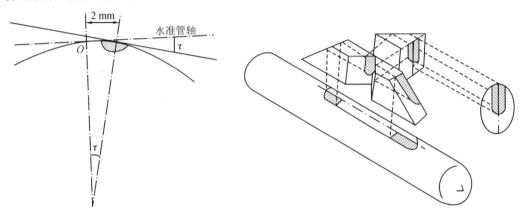

图 2-13　水准管分划值　　　　　　图 2-14　水准管与符合棱镜

(2)圆水准器。圆水准器是将一圆柱形的玻璃盒装嵌在金属框内,盒顶内壁是球面,盒内装有酒精或乙醚,并形成气泡,如图 2-15 所示。其作用是用于水准仪的粗略整平。圆水准器顶面外部中央刻有一个小圆圈,球面中圆圈的中心称为"圆水准器零点",过零点作球面的法线称为"圆水准器轴"(LL')。由于重力作用,当气泡居中时,圆水准器轴处于铅垂位置。圆水准器分划值一般为 $5'/2$ mm～$10'/2$ mm。

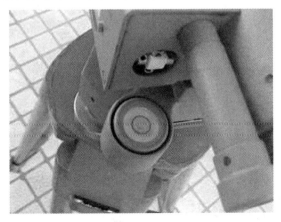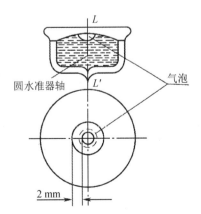

图 2-15　圆水准器

三、自动安平水准仪的构造

(一) 自动安平水准仪的特点

自动安平水准仪与普通水准仪相比,其特点是没有水准管和微倾螺旋,望远镜和支架连成一体;观测时,只需根据圆水准器将仪器粗平,尽管望远镜的视准轴还有微小的倾斜,但可借助一种补偿装置使十字丝读出相当于视准轴水平时的水准尺读数。因此,自动安平水准仪的操作比较方便,有利于提高观测的速度和精度。

(二) 自动安平水准仪的基本原理

自动安平水准仪的望远镜光路系统中,设置利用地球重力作用的补偿器,改变光路,使视准轴倾斜时在十字丝中心仍能接受到水平光线,如图 2-16 所示。

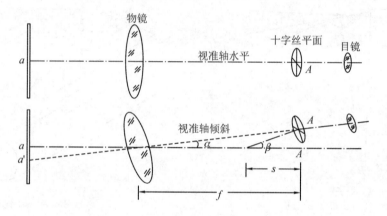

图 2-16　自动安平水准仪的基本原理

自动安平水准仪的基本原理是设计补偿器,使其满足下列条件:

$$f\alpha = s\beta \qquad\qquad (2-11)$$

式中,f 为物镜焦距;s 为补偿器中心至十字丝的距离。

因此,自动安平水准仪的工作原理是通过圆水准气泡居中,使视准轴大致水平。通过补偿器,使瞄准水准尺的视线严格水平。

四、精密水准仪和电子水准仪

(一) 精密水准仪和精密水准尺

精密水准仪和精密水准尺主要用于高精度的国家或城市一、二等水准测量以及精密工程测量,例如大桥的施工测量、大型精密工程的变形测量等。DS05 和 DS1 级水准仪属于精密水准仪,精密水准仪必须与精密水准尺配套使用。

(1) 精密水准尺。精密水准尺的分划线条是印制在因瓦钢带上的,由于这种合金钢的温度膨胀系数很小,因此,尺的长度分划不受气温变化的影响。水准尺的分划为线条式,其分划值有 10 mm 和 5 mm 两种,如图 2-17 所示。10 mm 分划的水准尺有两排分划

（图2-17(a)），右边一排注记为 0～300 cm，称为基本分划；左边一排注记为 300～600 cm，称为辅助分划。同一高度线的基本分划与辅助分划的读数差为常数 301.55 cm，称为基辅差，在水准测量时用以检查读数中可能存在的错误。5 mm 分划的水准尺只有一排分划，左边是单数分划，右边是双数分划；右边注记是米数，左边注记是分米数；分划注记值比实际长度大 1 倍，因此，用这种水准尺读数应除以 2 才代表实际的视线高度。

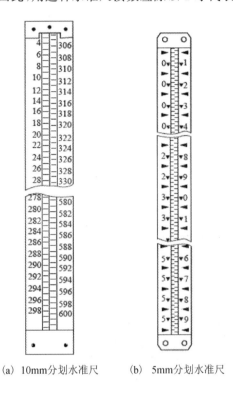

(a) 10mm分划水准尺   (b) 5mm分划水准尺

图 2-17 精密水准尺组图

（2）精密水准仪。精密水准仪的望远镜放大倍率和水准管灵敏度要求较高，如 DS05 型精密水准仪的望远镜放大倍率不小于 42 倍，水准管分划值为 10″/2 mm；DS1 型精密水准仪的望远镜放大倍率不小于 38 倍，水准管分划值为 10″/2 mm。

图 2-18 所示为 DS1 型精密水准仪，望远镜放大倍率为 40 倍，水准管分划值为 10″/2 mm；配合使用的为基本分划 5 mm 的精密水准尺。转动测微螺旋，可以使水平视线在上下 5 mm 范围内作平行移动。从测微器的读数目镜中可以看到测微尺有 100 个分格，实际分格值为 0.05 mm。为了使精密水准仪的十字丝能精确地对准水准尺上某一分划，横丝的一侧刻成楔形的双丝，用它去"夹住"分划线。

（二）电子水准仪和条码水准尺

电子水准仪又称"数字水准仪"，如图 2-19 所示。与光学水准仪相比较，如图 2-20 所示，它具有自动对条码水准尺读数、自动记录和计算、数据通信等功能，因此，有测量速度快、精度高、易于实现水准测量内外业工作的一体化等优点。

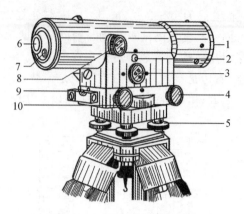

图 2-18 DS1 型精密水准仪

1—望远镜目镜;2—测微器读数目镜;3—粗平水准管;4—基座;5—脚螺旋;
6—底板;7—望远镜物镜;8—平行玻璃旋转轴;9—物镜调焦螺旋;10—测微螺旋;
11—水平方向微动螺旋;12—微倾螺旋

图 2-19 电子水准仪　　　　图 2-20 条码水准尺

　　电子水准仪与一般水准仪的主要不同之点是在望远镜中安装了 CCD 线阵传感器的数字图像识别处理系统,配合使用条码水准尺,进行水准测量的自动读数。

　　电子水准仪的操作步骤基本同自动安平水准仪,分为安置、粗平、瞄准、读数。

第五节　水准仪的使用

一、一般水准仪的使用

　　水准测量时,如使用微倾式水准仪,则其基本操作步骤包括水准仪的安置、粗略整平、瞄准水准尺、精平和读数。

（一）安置水准仪

打开三脚架并使高度适中,用目估的方法使架头大致水平,稳固地架设在地面上。然后打开仪器箱取出仪器,用连接螺旋将水准仪固连在三脚架头上。

（二）粗略整平

粗平是利用圆水准器使气泡居中,使仪器竖轴大致铅垂,从而使视准轴粗略水平,如图 2-21 所示,气泡没有居中。先按图上箭头所指方向相对转动脚螺旋①和②,使气泡移到①②方向的中间,再转动脚螺旋③,使气泡居中。

注意:整平时气泡移动的方向与左手大拇指转动的方向一致。

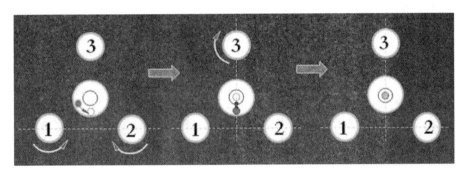

图 2-21　圆水准器气泡居中

（三）瞄准水准尺

瞄准前,先将望远镜对向明亮的背景,转动目镜对光螺旋,使十字丝清晰。再用望远镜筒上的缺口和准星瞄准水准尺,拧紧制动螺旋。然后从望远镜中观察,若物像不清楚,则转动物镜对光螺旋进行对光,使目标影像清晰。当眼睛在目镜端上下微微移动时,若发现十字丝与目标影像有相对运动,如图 2-22(a)所示,说明存在视差现象。产生视差的原因是目标成像的平面与十字丝平面不重合。由于视差的存在会影响正确读数,故应加以消除。消除的方法是交替调节目镜和物镜的对光螺旋仔细对光,直到眼睛上下移动,读数不变为止,如图 2-22(b)所示。

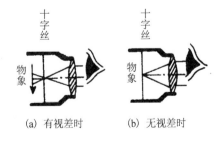

(a) 有视差时	(b) 无视差时

图 2-22　瞄准水准尺望远镜瞄准中的视差组图

(四) 精平与读数

精平是转动微倾螺旋使水准管气泡居中,亦即使水准仪的视准轴精密水平。如果用符合水准器,则可通过目镜左方符合气泡观察窗观察气泡影像,右手旋转微倾螺旋,使气泡两端的像吻合。此时可用十字丝的中丝在尺上读数。读数时应自小向大进行,先估读出毫米数,然后读出全部读数。如图 2-23 所示,读数分别为 1.622 和 0.995,但习惯上只读 1622、0995 四位数,而不读小数点,即以毫米为单位。

精平和读数虽是两项不同的操作步骤,但在水准测量施测过程中却把这两项操作视为一个整体,即精平后再读数,读数后还需检查水准管气泡影像是否完全符合。只有这样,才能保证读出的读数是视线水平时的读数。

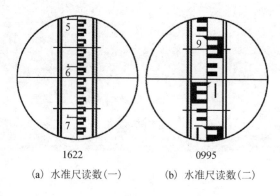

(a) 水准尺读数(一)　　　　(b) 水准尺读数(二)

图 2-23　水准尺瞄准与读数组图

二、精密水准仪的使用

精密水准仪的使用方法与一般水准仪基本相同,其操作同样分为 4 个步骤,即粗略整平、瞄准标尺、精确整平和读数。不同之处是需用光学测微器测出不足一个分划的数值,即在仪器精确整平(旋转微倾螺旋,使目镜视场场左面符合水准气泡的两个半像吻合)后,十字丝横丝往往不恰好对准水准尺上某一整分划线,此时需要转动测微轮使视线上、下平移,让十字丝的楔形正好夹住一条(仅能夹住一条)整分划线。

现已分划值为 5 mm 分划、注记为 1 cm 的水准尺为例说明读数方法。如图 2-24(a)所示,先直接读出锲形丝夹住的分划注记读数 1.94 m,再在望远镜旁测微读数镜中读出不足 1 cm 的微小读数 1.54 mm,水准尺的全读数为 1.94 m+1.54 mm=1.941 54 m,实际读数应为 1.941 54 m/2=0.970 77 m。对于 1 cm 分划的精密水准尺,读数即为实际读数,无须除以 2,如图 2-24(b)所示读数为 1.496 321 m。

三、自动安平水准仪的使用

自动安平水准仪的使用与一般水准仪的不同之处为不需要"精平"这项操作。这种水准仪的圆水准器的灵敏度为 $8'\sim10'/2$ mm,其补偿器的作用范围约为 $\pm15'$,因此,整平圆水准器气泡后,补偿器能自动将视线导致水平,即可对水准尺进行读数。

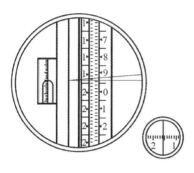
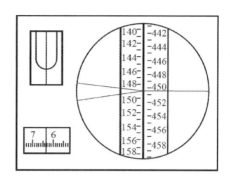

（a）5 mm分划水准尺的读数方法　　　　（b）10 mm水准尺的读数方法

图 2 - 24 精密水准尺读数方法组图

如图 2 - 25 所示为 DSZ 型自动安平水准仪。使用时,转动脚螺旋,使圆水准的气泡居中;用瞄准器将仪器对准水准尺;转动目镜调焦螺旋,使十字丝最清晰;转动物镜调焦螺旋,使水准尺分划像最清晰,检查视差;用水平微动螺旋使十字丝纵丝靠近尺上读数分划;轻按补偿器检查按钮,验证其功能正常,然后根据横丝在水准尺上读数。

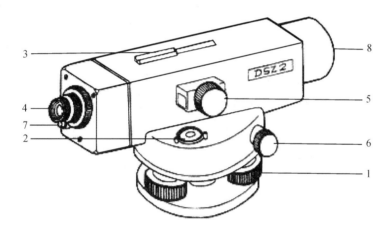

图 2 - 25 DSZ 型自动安平水准仪

1—脚螺旋;2—圆水准器;3—瞄准器;4—目镜调焦螺旋;5—物镜调焦螺旋;
6—微动螺旋;7—补偿器检查按钮;8—物镜

第六节　水准测量的实施与数据处理

一、水准测量的外业

(一) 水准点

水准测量通常是从水准点开始,引测其他点的高程。水准点是国家测绘部门为了统一全国的高程系统和满足各种需要,在全国各地埋设且测定了其高程的固定点,这些已知高程的固定点称为水准点(Bench Mark),简记为 BM。水准点有永久性和临时性两种。国家等级水准点如图 2-26(a)所示,一般用整块的坚硬石料或混凝土制成,深埋到地面冻结线以下,在标石顶面设有用不锈钢或其他不易锈蚀的材料制成的半球状标志。有些水准点也可设置在稳定的墙脚上,称为墙上水准点,如图 2-26(b)所示。

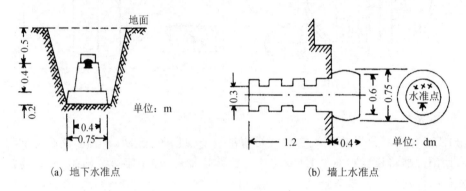

(a) 地下水准点　　　　　　　　　　(b) 墙上水准点

图 2-26　二、三等永久性水准点标石埋设组图

在地形测量或建筑工程的施工中,常采用临时性水准点,如图 2-27 所示。可用道钉或木桩打入地面,也可在地表突出的坚硬岩石或房屋四周水泥面上用红油漆作为标志。

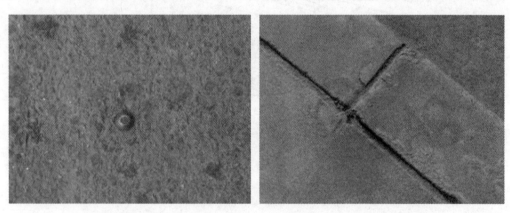

(a) 道钉临时水准点　　　　　　　　(b) 木桩临时水准点

图 2-27　临时性水准点组图

无论是永久性水准点,还是临时性水准点,均应埋设在便于引测和寻找的地方。埋设水准点后,应绘出水准点附近的草图,在图上还要写明水准点的编号和高程,称为点之记,便于日后寻找和使用。

(二) 水准路线

在水准测量中,通常沿某一水准路线进行施测。进行水准测量的路线称为水准路线。根据测区实际情况和需要,可布置成单一水准路线和水准网。

1. 单一水准路线

单一水准路线又分为附合水准路线、闭合水准路线和支水准路线。

（1）附合水准路线。附合水准路线是从已知高程的水准点 BM1 出发，测定 1、2、3 等待定点的高程，最后附合到另一已知水准点 BM2 上，如图 2-28(a)所示。

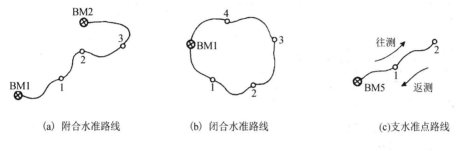

(a) 附合水准路线　　　(b) 闭合水准路线　　　(c)支水准点路线

图 2-28　单一水准路线组图

（2）闭合水准路线。闭合水准路线是由已知高程的水准点 BM1 出发，沿环线进行水准测量，以测定出 1、2、3 等待定点的高程，最后回到原水准点 BM1 上，如图 2-28(b)所示。

（3）支水准路线。支水准路线是从一已知高程的水准点 BM5 出发，既不附合到其他水准点上，也不自行闭合，如图 2-28(c)所示。

2. 水准网

若干条单一水准路线相互连接构成图 2-29 所示的形状，称为水准网。

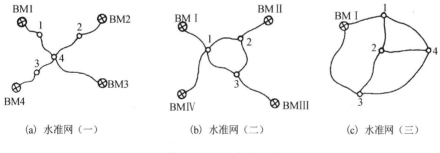

(a) 水准网（一）　　　(b) 水准网（二）　　　(c) 水准网（三）

图 2-29　水准网组图

（1）附合水准网。如图 2-29(a)、(b)所示，从多个已知高程的水准点出发，由若干条单一水准路线相互连接而构成的网状图形。

（2）独立水准网。如图 2-29(c)所示，从一个已知高程的水准点出发，由若干条单一水准路线相互连接而构成的网状图形。

水准网中单一水准路线相互连接的点称为结点。如图 2-29(a)中的点 4 和图2-29(b)中的点 1、2、3 和图 2-29(c)中的点 1、2、3、4。

（三）等外水准测量的实施方法

等外水准测量常用于一般工程的高程测量和地形图测绘的图根控制点高程测量。

本节介绍等外水准测量的实施方法。

1. **实施的一般要求**

等外水准测量的主要技术要求见表2-1。

表2-1 等外水准测量的主要技术要求

等级	路线长度	水准仪	水准尺	视线长度	观测次数		往返较差或闭合差容许值	
					支水准路线	附合或闭合路线	平地/mm	山地/mm
等外	≤5 km	不低于 DS10	单、双面	100 m	往返各一次	往一次	$40\sqrt{L}$	$12\sqrt{n}$

注:L 为水准路线长度(km);n 为测站数。

2. **观测、记录和计算**

按所选定的水准路线依次测量各测站的后视读数和前视读数,将观测数据准确及时地记入普通水准测量观测记录(表2-2),并及时计算高差、高程等数据。表2-2是图2-4的单面尺一次仪器高水准测量的结果。

表2-2 水准测量手簿

日期 _____ 仪器 _____ 观测 _____ 天气 _____ 地点 _____ 记录 _____

测站	测点	后视读数	前视读数	高差/m		高程/m	备注
				+	−		
I	A Z_1	2.073	1.526	0.547		50.118	已知 A 点高程=50.118
II	Z_1 Z_2	1.624	1.407	0.217			
III	Z_2 Z_3	1.678	1.392	0.286			
IV	Z_3 Z_4	1.595	1.402	0.193			
V	Z_4 B	0.921	1.503		0.582	50.779	
Σ		7.891	7.230	1.243	0.582		
计算检核	$\sum a - \sum b = +0.661$ $\sum h = +0.661$ $H_B - H_A = +0.661$						

3. **水准测量的检核**

(1)计算检核。由式(2-7)可知 B 点对 A 点的高差等于各转点之间高差的代数和,也等于后视读数之和减去前视读数之和,故此式可作为计算的检核。

计算检核只能检查计算是否正确,并不能检核观测和记录的错误。

(2)测站检核。如上所述,B 点的高程是根据 A 点的已知高程和转点之间的高差计算出来的。其中若测错或记错任何一个高差,测 B 点高程就不正确。因此,对每一站的高差均须进行检核,这种检核称为测站检核,测站检核常采用变动仪器高法或双面尺法。

①变动仪器高法。此法是在同一个测站上变换仪器高度(一般将仪器升高或降低

0.1 m左右)进行测量,用测得的两次高差进行检核。如果两次测得的高差之差不超过容许值(例如,等外水准容许值为 6 mm),则取其平均值作为最后结果,否则须重测。

②双面尺法。这种方法是使此仪器高度不变,而用水准尺的黑红面两次测量高差进行检核,两次高差之差的容许值和变动仪器高法相同。

(3)成果检核。测站检核只能检核一个测站上是否存在错误或误差超限。对于整条水准路线来讲,还不足以说明所求水准点的高程精度符合要求。例如,由于温度、风力、大气折光及立尺点变动等外界条件引起的误差和尺子倾斜、估读误差及水准仪本身的误差等,虽然在一个测站上反映不很明显,但整条水准路线累积的结果将可能超过容许的限差。因此,还须进行整条水准路线的成果检核。成果检核的方法随着水准路线布设形式的不同而不同。

4. 附合水准路线的成果检核

在附合水准路线中,各待定高程点间高差的代数和应等于两个水准点间的高差,如果不相等,两者之差称为高差闭合差 f_h,其值不应超过容许值,其值为

$$f_h = \sum h_测 - (H_终 - H_始) \tag{2-12}$$

式中,$H_终$ 表示终点水准点的高程;$H_始$ 表示始点水准点的高程;f_h 的大小反映了观测成果的质量,限差如表 2-1 所示。

5. 闭合水准路线的成果检核

在闭合水准路线中,各待定高程点之间的高差的代数和应等于 0。即

$$\sum h_理 = 0 \tag{2-13}$$

由于测量误差的影响,实测高差总和 $\sum h_测$ 不等于 0,它与理论高差总和的差数即为高差闭合差,为

$$f_h = \sum h_测 - \sum h_理 = \sum h_测 \tag{2-14}$$

其高差闭合差亦不应超过容许值。

6. 支水准路线的成果检核

在支水准路线中,理论上往测与返测高差的绝对值应相等,即

$$\left| \sum h_返 \right| = \left| \sum h_往 \right| \tag{2-15}$$

两者如不相等,其差值即为高差闭合差。故可通过往返测进行成果检核。

二、水准测量的内业

水准测量外业结束之后即可进行内业计算,计算之前应首先重新复查外业手簿中各项观测数据是否符合要求,高差计算是否正确。水准测量内业计算的目的是调整整条水准路线的高差闭合差及计算各待定点的高程。

当实测高差闭合差小于容许值时,表示观测成果满足要求,可以把闭合差分配到各测段的高差上。水准测量误差与水准路线长度或测站数成正比,因此,闭合差的分配原则是把闭合差以相反的符号、与各测段路线的长度或测站数成正比分配到各测段的高差上。各测段高差的改正数为

$$v_i = -\frac{f_h}{\sum L} \cdot L_i \qquad (2-16)$$

或

$$v_i = -\frac{f_h}{\sum n} \cdot n_i \qquad (2-17)$$

式中，L_i 和 n_i 分别为第 i 测段路线长度或测站数；$\sum L$ 和 $\sum n$ 分别为水准路线总长度或测站总数。

（一）附合水准路线的计算

如图 2-30 所示为某附合水准路线，各侧段的路线长、实测高差和起点高程均注于图中，求该附合水准路线的各点的高差。

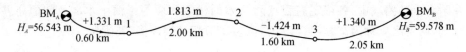

图 2-30　附合水准路线计算略图

计算步骤如下。

(1) 将观测数据和已知数据填入计算表格表 2-3 中。

(2) 计算高差闭合差。根据式(2-12)计算出附合水准路线高差闭合差 f_h，即

$$f_h = \sum h_{测} - (H_终 - H_始)$$
$$= 1.331 + 1.813 - 1.424 + 1.340 - 59.578 + 56.543$$
$$= 0.025 \text{ m} = 25 \text{ mm}$$

(3) 判别成果是否合格。水准路线的高差闭合差容许值 $f_{h允}$ 可按下式计算

$$f_{h允} = 40\sqrt{L} = 40\sqrt{0.6 + 2.0 + 1.6 + 2.05}$$
$$= 40\sqrt{6.25} = 100 \text{ mm}$$

$|f_h| < f_{h允}$，所以观测成果合格。

(4) 高差闭合差的调整。按式(2-16)分配闭合差，本例中 $\sum L = 6.25$ km，故每千米的改正数为

$$-\frac{f_h}{\sum L} = -\frac{25}{6.25} = -4$$

则第一段至第四段高差改正数分别为

$$v_1 = -4 \times 0.6 = -2 \text{ mm}$$
$$v_2 = -4 \times 2 = -8 \text{ mm}$$
$$v_3 = -4 \times 1.6 = -7 \text{ mm}$$
$$v_4 = -4 \times 2.05 = 8 \text{ mm}$$

(5) 计算改正后的高差。各段实测高差加上相应的改正数，得改正后的高差，填入改

正后高差栏内。改正后高差的代数和应等于0,以此作为计算检核。

(6) 计算待定点的高程。由BM_A点的已知高程开始,根据改正后的高差,逐点推算1、2、3点的高程。算出3点的高程后,应再推算BM_B点,其推算高程应等于已知BM_B点高程。如不等,则说明推算有误。

表 2 - 3 附合水准路线成果计算

点号	测段 距离/km	实测 高差/m	高差改 正数/mm	改正后 高差/m	高程/m	点号
BM_A					<u>56.543</u>	BM_A
	0.60	+1.331	−2	+1.329		
1					57.872	1
	2.00	+1.813	−8	+1.805		
2					59.677	2
	1.60	−1.424	−7	−1.431		
3					58.246	3
	2.05	+1.340	=8	+1.332		
BM_B					<u>59.578</u>	BM_B
$\sum$	6.25	+3.060	−25	+3.035		
辅助 计算	$f_h = \sum h - (H_B - H_A) = 25 \text{ mm}, f_{h允} = 40\sqrt{6.25} = 100 \text{ mm}$ $\|f_h\| < f_{h允}$ 成果合格					

(二)闭合水准路线的计算

如图 2 - 31 所示,水准点 A 和待定高程点1、2、3组成闭合水准路线。各测段高差及测站数如图2 - 31上所示,求各点的高差。

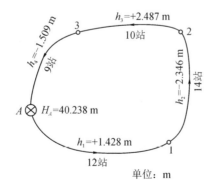

图 2 - 31 闭合水准路线计算略图

计算步骤如下:

(1) 将观测数据和已知数据填入计算表格,见表2 - 4。

表 2-4 闭合水准路线成果计算

点号	测段的测站数	实测高差/m	高差改正数/mm	改正后高差/m	高程/m	点号
A					40.238	A
	12	+1.428	-16	+1.412		
1					41.650	1
	14	-2.346	-19	-2.365		
2					39.285	2
	10	+2.487	-13	+2.474		
3					41.759	3
	9	-1.509	-12	-1.521		
A					40.238	A
$\sum$	45	0.06	-60	0.000		
辅助计算	$f_h = +0.06 \text{ m} = +60 \text{ mm}, f_{h允} = 12\sqrt{45} = 80 \text{ mm}$ $\|f_h\| < f_{h允}$ 成果合格					

将图 2-31 中的点号、测站数、观测高差与水准点 $f_h = \sum h = +0.060 \text{ m}$ 的已知高程填入有关栏内。

(2) 计算高差闭合差。根据式(2-14)计算出此闭合水准路线的高差闭合差,即

$$f_h = \sum h = +0.060 \text{ m}$$

(3) 计算高差容许闭合差。闭合水准路线的高差闭合差容许值 $f_{h允}$ 可按下式计算

$$f_{h允} = 12\sqrt{n} \text{ mm} = 12\sqrt{45} \text{ mm} = 80 \text{ mm}$$

$|f_h| < f_{h允}$,说明观测成果合格。

(4) 高差闭合差的调整。按式(2-17)分配闭合差,本例中,测站数 $n=45$,故每一站的改正数为

$$-\frac{f_h}{n} = -\frac{60}{45} = -\frac{4}{3}$$

则第一段至第四段高差改正数分别为

$$v_1 = -\frac{4}{3} \times 12 = -16 \text{ mm}$$

$$v_2 = -\frac{4}{3} \times 14 = -19 \text{ mm}$$

$$v_3 = -\frac{4}{3} \times 10 = -13 \text{ mm}$$

$$v_4 = -\frac{4}{3} \times 9 = -12 \text{ mm}$$

把改正数填入改正数栏中,改正数总和应与闭合差大小相等、符号相反,并以此作为计算检核。

(5) 计算改正后的高差。各段实测高差加上相应的改正数,得改正后的高差,填入改正后高差栏内。改正后高差的代数和应等于零,以此作为计算检核。

(6) 计算待定点的高程。由 A 点的已知高程开始,根据改正后的高差,逐点推算1、2、3 点的高程。算出 3 点的高程后,应再推回 A 点,其推算高程应等于已知 A 点高程。如不等,则说明推算有误。

(三) 支水准路线的计算

对支水准路线,高差闭合差按式(2-15)计算。

当 f_h 在允许范围内,成果符合精度要求。否则,应查明原因,返工重测。

设 A 点为已知点,高程 68.200 m,从 A 点测到 B 点,高差为 +4.385 m,若再从 B 点到 A 点,高差为 -4.373 m,此时 B 点高程的计算方法如下。

高差闭合差为

$$f_h = h_{往} + h_{返} = 4.385 - 4.373 = +0.012 \text{ m} = 12 \text{ mm}$$

高差闭合差允许值为

$$f_{h允} = 12 \sqrt{(4+6)/2} = 27 \text{ mm}$$

$|f_h| < f_{h允}$,说明观测结果符合精度要求。

$$h_{AB} = (h_{往} - h_{返})/2 = (4.583 + 4.373)/2 = 4.379 \text{ m}$$

则 B 点的高程为

$$H_B = H_A + h_{AB} = 68.200 + 4.379 = 72.579 \text{ m}$$

三、水准测量注意事项

(1) 观测前应认真按要求检验和校正水准仪和水准尺。

(2) 三脚架应架设在平坦、坚固的地面上,架设高度应适中,架头应大致水平,架腿制动螺旋应旋紧,整个三角架应稳定。

(3) 安放仪器时应将仪器连接螺旋旋紧,防止仪器脱落。

(4) 水准仪至前、后视水准仪的视距尽可能相等,每次读数前必须注意消除视差,习惯用瞄准器寻找和瞄准,操作时细心认真,做到"人不离开仪器"。

(5) 立尺时应双手扶尺,以使水准尺保持竖直,并注意保持尺上圆气泡居中。

(6) 读数时不要忘记精平,读数应迅速、准确,特别应认真估读毫米数。

(7) 做到边观测、边记录、边计算,记录时使用铅笔。字体要端正、清楚、不准连环涂改,不准用橡皮擦改,如按规定可以改正时,应在原数字上划线后再在上方重写。

(8) 每站应当场计算,检查符合要求后才能搬站。搬站时先检查仪器连接螺旋是否旋紧,一手扶托仪器,一手握住三角架稳步前进。

(9) 搬站时,应注意保护好原视点尺垫位置不被碰动。

(10) 发现异常问题应及时向相关的工作人员汇报,不得自行处理。

第七节 三、四等水准测量

在地形测图和施工测量中,多采用三、四等水准测量作为首级高程控制。在进行高程控制测量以前,必须事先根据精度和需要在测区布置一定密度的水准点。水准点标志及标石的埋设应符合有关规范要求。

一、采用三、四等水准测量的技术要求

三、四等水准网作为测区的首级控制网,一般应布设成闭合环线,然后用附合水准路线和结点网进行加密。只有在山区等特殊情况下,才允许布设支线水准。

水准路线一般尽可能沿铁路、公路以及其他坡度较小、施测方便的路线布设。尽可能避免穿越湖泊、沼泽和江河地段。水准点应选在土质坚实、地下水位低、易于观测的位置。凡易受淹没、潮湿、震动和沉陷的地方,均不宜作水准点位置。水准点位置选定后,应埋设水准标石和水准标志,并绘制点之记,以便日后查寻。

水准路线长度和水准点的间距,可参照表2-5的规定。对于工矿区,水准点的距离还可适当的减小。一个测区至少应埋设三个水准点。

表 2-5 三、四等水准测量技术指标

等级	水准仪	水准尺	视线高度/m	视线长度/m	前后视距差/m	前后视距累积差/m	红黑面读数差/mm
三	DS3	双面	≥0.3	≤75	≤3.0	≤6.0	≤2
四	DS3	双面	≥0.2	≤100	≤5.0	≤10.0	≤3

等级	红黑面高差之差/mm	观测次数		往返较差、符合或闭合路线闭合差	
		与已知点连测	符合或闭合路线	平地/mm	山地/mm
三	≤3	往返各一次	往返各一次	$12\sqrt{L}$	$4\sqrt{n}$
四	≤5	往返各一次	往一次	$20\sqrt{L}$	$6\sqrt{n}$

注:计算往返较差时,L 为单程路线长,以 km 计;n 为单程测站数。

二、采用三、四等水准测量的方法

三、四等水准测量的观测应在通视良好、望远镜成像清晰、稳定的情况下进行。使用双面尺法在一个测站的观测程序:三等水准测量采用"后→前→前→后",其优点是可以有效地减弱仪器下沉误差的影响。四等水准测量每站观测顺序也可为"后→后→前→前"以提高工作效率。

① 在已知高程点上立水准尺(即后视尺),同时在距后视尺适当距离架设水准仪,并使圆水准器气泡居中,整平水准仪。再立另一水准尺(即前视尺),使前后视距满足技术要求。

② 照准后视水准尺黑面,读取下、上丝读数(1)和(2)(表2-6中相应位置),转动微螺旋,使符合水准气泡居中(自动安平水准仪不需要此步骤),读取中丝读数(3)。

表 2－6　三、四等水准测量记录、计算(双面尺法)

测站编号	后尺 下丝 上丝	前尺 下丝 上丝	方向及尺号	标尺读数		K＋黑－红	高差中数	备注
	后视距	前视距		黑面	红面			
	视距差 d	∑d						
	(1)	(4)	后	(3)	(8)	(14)		
	(2)	(5)	前	(6)	(7)	(13)		
	(9)	(10)	后－前	(15)	(16)	(17)	(18)	
	(11)	(12)						
1	1.571	0.739	后 105	1.384	6.171	0		
	1.197	0.363	前 106	0.551	5.239	－1		
	37.4	37.6	后－前	＋0.833	＋0.932	＋1		
	－0.2	－0.2						
2	2.121	2.196	后 105	1.934	6.621	0		K 为水准尺常数,如 $K_{105}=4.787$,$K_{106}=4.687$
	1.747	1.821	前 106	2.008	6.796	－1		
	37.4	37.5	后－前	－0.074	－0.175	＋1		
	－0.1	－0.3						
3	1.914	2.055	后 105	1.726	6.513	0		
	1.539	1.678	前 106	1.866	6.554	－1		
	37.5	37.7	后－前	－0.140	－0.041	＋1		
	－0.2	－0.5						
4	1.965	2.141	后 106	1.832	6.519	0		
	1.700	1.874	前 105	2.007	6.793	＋1		
	26.5	26.7	后－前	－0.175	－0.274	－1		
	－0.2	－0.7						
5	1.540	2.813	后 105	1.304	6.091	0		
	1.069	2.357	前 106	2.585	7.272	0		
	47.1	45.6	后－前	－1.281	－1.181	0	－1.2810	
	＋1.5	＋0.8						
每页检核								

③ 照准前视水准尺黑面,读取下、上丝读数(4)和(5),转动微倾螺旋,使符合水准气泡居中,读取中丝读数(6)。

④ 照准前视水准尺红面,转动微倾螺旋,使符合水准气泡居中,读取中丝读数(7)。

⑤ 照准后视水准尺红面,转动微倾螺旋,使符合水准气泡居中,读取中丝读数(8)。

以上①②③④⑤⑥⑦⑧表示观测与顺序,各步骤观测结果要填入记录表格的相应位置(表 2−6),并立即进行相应的计算,如不满足技术要求,需要立即重新观测,如满足技术要求则可以进行下一个测站的观测工作。进行下一个测站的观测工作时,首先移动水准仪,然后移动后视水准尺,而前视水准尺不移动,即将后视水准尺变为前视水准尺,前视水准尺变为后视水准尺,依次重复进行整个水准测量工作。

由于目前水准测量观测主要是利用双面尺法,对于变更仪器法在此就不作介绍,可参阅相关的书籍。

三、计算与校核

(一) 视距计算

后视距离:$(9)=100[(1)-(2)]$

前视距离:$(10)=100[(4)-(5)]$

前后视距差值$(11)=(9)-(10)$,视距差累积值$(12)=$前站$(12)+$本站(11),其值应符合表 2−6 的要求。

(二) 读数检核

同一水准尺红、黑面中丝读数之差,应等于红、黑面的常数差 K(4 687 mm 或 4 787 mm)。红、黑读数差计算式为

前视黑、红读数差:$(13)=K_前+(6)-(7)$

后视黑、红读数差:$(14)=K_后+(3)-(8)$

$(13)(14)$ 应等于零,不符值应满足要求。对于三等水准测量,$(13)(14)$ 的值不超过 2 mm;对于四等水准测量,不得超过 3 mm。否则应重新观测。

(三) 高差的计算与检核

按前、后视水准尺红、黑面中丝读数分别计算该测站高差为

黑面高差:$(15)=(3)-(6)$

红面高差:$(16)=(8)-(7)$

红、黑面高差之差$(17)=(15)-(16)\pm100$ mm$=(14)-(13)$,三等水准测量,此项不得超过 3 mm;四等水准测量不得超过 5 mm。

红、黑面高差之差在允许范围内时取二者平均值,作为该站的观测高差,即

$$(18)=\frac{1}{2}\{(15)+(16)\pm100 \text{ mm}\}$$

(四) 每页水准测量记录计算与检核

高差检核:

$$\sum(3)-\sum(6)=\sum(15)$$

$$\sum(8) - \sum(7) = \sum(16)$$

$$\sum(15) + \sum(16) = 2\sum(18)\,(偶数站)$$

或

$$\sum(15) + \sum(16) = 2\sum(18) \pm 100\,\text{mm}(奇数站)$$

视距检核：

$$\sum(9) - \sum(10) = 末站(12) - 前页末站(12)$$

$$本页总视距 = \sum(9) + \sum(10)$$

四、成果计算

在完成一测段单程测量后，须立即计算其高差总和。完成一测段往、返观测后，应立即计算高差闭合差，进行成果检核。首先其高差闭合差应符合表规定，其次对闭合差进行调整，最后按调整后的高差计算各水准点的高程。

五、测量中的实施要点说明

现就测量中的实施要点作进一步的说明：

（1）三等水准测量必须进行往返观测。当使用 DS1 和因瓦标尺时，可采用单程双转点观测，观测程序仍按后-前-前-后，即黑-黑-红-红。

（2）四等水准测量除支线水准必须进行往返和单程双转点观测外，对于闭合水准和附合水准路线，均可单程观测。每个上观测程序也可为后-后-前-前，即黑-红-黑-红。采用单面尺，用后-前-前-后的读数程序时，在两次前视之间必须重新整置仪器，用双仪高法进行测站检查。

（3）三、四等水准测量每一测段的往测和返测，测站数均应为偶数，否则应加入标尺点误差改正。由往测转向返测时，两根标尺必须互换位置，并应重新安置仪器。

（4）在每一测站上，三等水准测量不得两次对光。四等水准测量尽量少作两次对光。

（5）工作间歇时，最好能在水准点上结束观测。否则应选择两个坚固可靠、便于放置标尺的固定点作为间歇点，并做出标记。间歇后，应进行检查。如检查两点间歇点高差不符值，三等水准小于 3 mm，四等小于 5 mm，则可继续观测。否则须从前一水准点起重新观测。

（6）在一个测站上，只有当各项检核符合限差要求时，才能迁站。如其中有一项超限，可以在本站立即重测，但须变更仪器高。如果仪器已迁站后才发现超限，则应前一水准点或间歇点重测。

（7）当每千米测站数小于 15 时，闭合差按平地限差公式计算；如超过 15 站，则按山地限差公式计算。

（8）当成像清晰、稳定时，三、四等水准的视线长度，可容许按规定长度放大 20%。

（9）水准网中，结点与结点之间或结点与高级点之间的附合水准路线长度，应为规定的 70%。

（10）当采用单面标尺进行三、四等水准观测时，变更仪器高前后所测两尺垫高差之差的限制,与红黑面所测高差之差的限差相同。

六、水准测量的内业

三、四等水准测量的内业与等外水准测量的内业处理基本一样,只不过是允许的误差不同,就不再介绍。

第八节 水准测量的误差分析

水准测量误差包括仪器误差、观测误差和外界条件的影响三个方面。

一、仪器误差

(一) 仪器校正后的残余误差

仪器校正后的残余误差主要是指水准管轴与视准轴不平行,虽经校正但仍然存在残余误差。这种误差大多是系统性的,若观测时,使前后视距离相等,便可消除或减弱此项误差的影响。

(二) 水准尺误差

由于水准尺刻划不准确,尺长变化、弯曲等原因,都会影响水准测量的精度。因此,水准尺要经过检验才能使用。

二、观测误差

(一) 水准管气泡的居中误差

设水准管分划值为 τ'',居中误差一般为 $0.15\tau''$,采用附合式水准器时,气泡居中精度可提高一倍,故居中误差为

$$m_\tau = \frac{0.15\tau''}{2\rho''} \cdot D \qquad (2-18)$$

式中,D 为水准仪到水准尺的距离;$\rho'' = 206\ 265''$。

(二) 估读水准尺的误差

在水准尺上估读毫米数的误差与人眼的分辨能力、望远镜的放大倍率以及视距长度有关。通过望远镜在尺上读数的误差可以按式(2-19)计算。

$$m_v = \frac{60''}{V} \cdot \frac{D}{\rho''} \qquad (2-19)$$

式中,V 为望远镜的放大率;$60''$ 为人眼的极限分辨能力。

(三) 视差的影响

当存在视差时,由于十字丝平面与水准尺影像不重合,若眼睛的位置不同,便读出不同的读数,而产生读数误差。

(四) 水准尺倾斜的影响

水准尺倾斜将使尺上读数增大。如水准尺倾斜 $3°30'$,在水准尺上 1 m 处读数时,将

产生 2 mm 的误差;若读数大于 1 m,误差将超过 2 mm。

三、外界条件的影响

(一) 仪器下沉

由于仪器下沉,使视线降低,而引起高差误差。若采用"后、前、前、后"的观测程序,则可减弱其影响。

(二) 尺垫下沉

如果在转站时尺垫发生下沉,将使下一站后视读数增加,也将引起高差误差。采用往返观测的方法,取成果的中数,可以减弱其影响。

(三) 地球曲率及大气折光的影响

如图 2-32 所示,用水平视线代替大地水准面在尺上读数产生的影响为

$$C = \frac{D^2}{2R} \qquad\qquad (2-20)$$

式中,D 为仪器到水准尺的距离;R 为地球的平均半径 6 371 km。

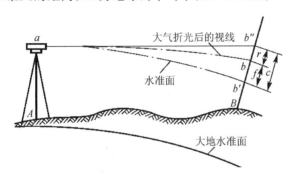

图 2-32　地球曲率及大气折光的影响

实际上,由于大气折光,视线并不是水平线,而是一条曲线,如图 2-32 所示,曲线的半径大致为地球半径的 6~7 倍,其折光量的大小对水准尺读数产生的影响为

$$r = \frac{D^2}{14R} \qquad\qquad (2-21)$$

折光影响与地球曲率影响之和为

$$f = C - r = \frac{D^2}{2R} - \frac{D^2}{14R} = 0.43\frac{D^2}{R} \qquad\qquad (2-22)$$

如果使前后视距离 D 相等,由式(2-22)计算出前后视的 f 则相等,所以地球曲率和大气折光的影响将得到消除或大大减弱。

(四) 温度的影响

温度的变化不仅引起大气折光的变化,而且当烈日照射水准管时,由于水准管本身和管内液体温度的升高,气泡向着温度高的方向移动,从而影响仪器水平,产生气泡居中误差。因此,在测量时应随时注意撑伞以遮太阳。

复习思考题

(1) 何谓 1985 国家高程基准？水准测量分哪些等级？

(2) 进行水准测量时，为何要求前、后视距离大致相等？

(3) 进行水准测量时，设 A 为后视点，B 为前视点，后视水准尺读数 $a=1\,124$，前视水准尺读数 $b=1\,428$，则 A，B 两点的高差 $h_{AB}=$？设已知 A 点的高程 $H_A=20.016$ m，则 B 点的高程 H_B？

(4) 试述使用水准仪时的操作步骤。

(5) 何谓水准路线？何谓高差闭合差？如何计算容许的高差闭合差？

(6) 三、四等水准测量与等外水准相比，在应用范围、观测方法、技术指标及所用仪器方面有哪些差别？

(7) 自动安平水准仪有什么特点？如何使用？

(8) 精密水准仪有什么特点？如何使用？

(9) 电子水准仪有什么特点？如何使用？

(10) 水准测量有哪些误差来源？如何防止？

(11) 高程测量的目的是什么？

(12) 高程测量的主要方法有哪几种？一般的说，何种测量方法的精度最高？

(13) 什么叫水准点？它有什么作用？

(14) 水准测量的基本原理是什么？

(15) 什么叫后视点、后视读数？什么叫前视点、前视读数？高差的正负号是怎样确定的？

(16) 什么叫转点？转点的作用是什么？

(17) 在进行水准测量时，观测者应注意哪些事项？为什么？

(18) 在一个测站上的水准记录、计算及检验工作应如何进行？

(19) 水准测量的成果整理中，其闭合差如何计算？当闭合差不超过规定要求时，应如何进行分配？

(20) 为什么支水准路线必须要实行往返测？

(21) 计算并调整如图 2-33 所示的线路附合水准成果。已知水准点 14 到水准点 15 的单程水准路线长度为 3.2 km。

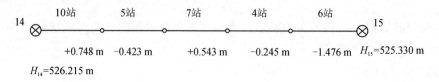

图 2-33　水准线路

(22) 计算并调整如图 2-34 所示的某线路闭合水准成果,并求出各(水准)点的高程。已知水准点 19 的高程为 50.330 m,闭合水准线路的总长为 5.0 km。

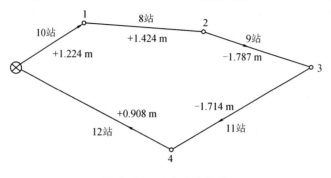

图 2-34　闭合水准路线

(23) 要求在线路基本水准点 BM_1 与 BM_2 间增设 3 个临时水准点,如图 2-35 所示,已知 BM_1 点的高程为 1 214.216 m,BM_2 点的高程为 1 222.450 m,测得各项已知数据如下:

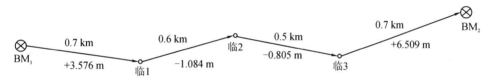

图 2-35　水准路线

问题:①该铁路附合水准成果是否符合精度要求? ②若符合精度要求,调整其闭合差,并求出各临时水准点的正确高程。

(24) 某测区布设一条四等闭合水准路线,已知水准点 BM_0 的高程为 500.310 m,各测段的高差(m)及单程水准路线长度(km)如图 2-36 所示,试计算 1、2、3 点的待定水准点的高程。

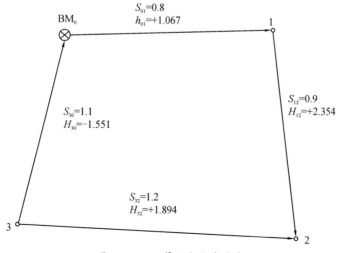

图 2-36　四等闭合水准路线

(25) A、B 两点相距 60 m,水准仪置于等间距处时,得 A 点尺读数 $a=1.33$ m,B 点尺读数 $b=0.806$ m,将仪器移至 AB 的延长线 C 点时,得 A 点的尺读数 1.944 m,B 尺读数 1.438 m,已知 $BC=30$ m,试问该仪器的 i 角为多少? 若在 C 点校正其 i 角,问 A 点尺的正确读数应为多少?

第三章 角度测量与距离测量

第一节 角度测量的原理

角度是确定地面点位的三要素之一。角度测量是测量工作的基本内容,它包括水平角测量和竖直角测量。

一、水平角测量原理

(一) 水平角定义

水平角是指地面上一点到两个目标点的连线在水平面上投影的夹角,或者说水平角是过两条方向线的铅垂面所夹的两面角。如图 3 - 1 所示,A、B、C 为地面上任意 3 点,将 3 点沿铅垂线方向投影到水平面上得到相应的 A_1、B_1、C_1 点,则水平线 B_1A_1 与 B_1C_1 的夹角即为地面 BA 与 BC 两方向线间的水平角,用 β 表示。

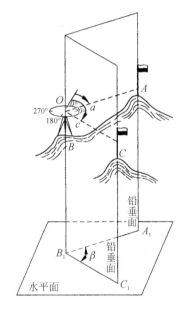

图 3 - 1 水平角测量原理

(二) 水平角测量原理

为了测定水平角的大小,设想在角顶的铅垂线上水平放置一个带有顺时针均匀刻划的水平度盘,通过左方向 BA 和右方向 BC 各作一竖直面与水平度盘相交,在水平度盘上截取相应的左方向读数 a 和右方向读数 b。则水平角 β 即为 2 个读数之差。即

$$\beta = b - a \qquad (3-1)$$

二、竖直角测量原理

(一) 竖直角定义

竖直角是指在同一竖直面内,视线方向与水平线之间的夹角,又称倾斜角,用"α"表示。竖直角有仰角和俯角之分,当视线在水平线以上时称为仰角,取"+"号,角值为 $0° \sim 90°$;当视线在水平线以下时称为俯角,取"-"号,角值为 $-90° \sim 0°$。在同一竖直平面内,视线与铅垂线的天顶方向之间的夹角称为天顶角,也叫天顶距,用 z 表示,其角值大小由 $0° \sim 180°$,没有负值。显然,同一方向线的天顶距与仰(或俯)角之和等于 $90°$,即

$$\alpha = 90 - z \qquad (3-2)$$

(二) 竖直角测量原理

为了测定竖直角,在铅垂面内放置一个带有顺时针均匀刻划的竖直度盘,如图 3-2 所示。竖直角与水平角一样,其角值为度盘上两个方向的读数之差,不同的是,竖直角的其中一个方向是水平方向,对某种经纬仪来说,视线水平时,竖盘的读数为 0° 或 90° 的倍数,所以,在竖直角测量时,只要瞄准目标,读出竖盘读数,即可计算出竖直角。

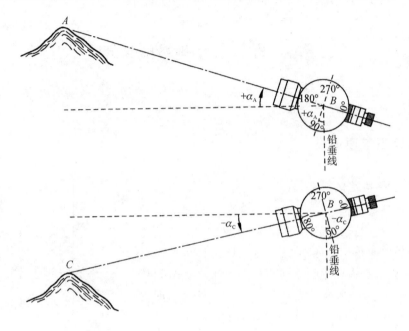

图 3-2 竖直角测量原理

第二节 水平角测角

一、水平角测角仪器

经纬仪按精度分为 DJ1、DJ2、DJ6 等,D、J 分别为"大地测量"和"经纬仪"的汉语拼音的第一个字母,1、2、6 分别代表该经纬仪一测回方向观测中误差的秒数。

从总体来说,经纬仪的构造分为三部分:基座、水平度盘和照准部。基座部分有脚螺旋,用于置平仪器;水平度盘部分有纵轴套及套在其外围的水平度盘;照准部部分有仪器的纵轴、平盘水准管,据此置平仪器,两侧有支架,支承仪器的横轴、望远镜、垂直度盘和横轴固定在一起。

(一) DJ2 级光学经纬仪

图 3-3 所示为国产 DJ2 型光学经纬仪的外形及各外部构件名称。

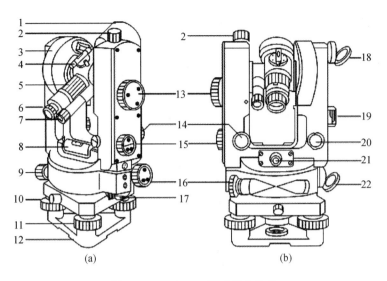

(a)　　　　　　　　　　(b)

图 3 - 3　国产 DJ2 型光学经纬仪

1—望远镜物镜；2—垂直制动螺旋；3—竖直度盘；4—光学照准器；5—物镜调焦螺旋；6—望远镜目镜；

7—读数显微镜；8—照准部水准管；9—水平制动螺旋；10—轴座锁定螺丝；11—脚螺旋；12—连接板；

13—测微手轮；14—竖直微动螺旋；15—换像手轮；16—水平微动螺旋；17—拨盘手轮；

18—竖直度盘进光反光镜；19—指标水准管符合棱镜组；20—指标水准管微动螺旋；21—光学对中器；

22—水平度盘进光反光镜

如图 3 - 4 为 DJ2 型光学经纬仪的度盘读数镜中的视场，中间窗口为度盘对径分划线的像，已通过旋转测微轮带动测微器使其上下重合；上窗口为度盘的"度"数及"十分"数注记（142°40′），在左窗口可以按测微器横线指标读出"分、秒"数（7′15.7″），故整个读数为 142°47′15.7″。

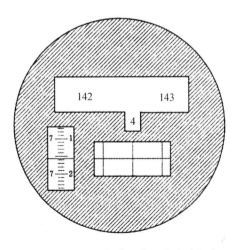

图 3 - 4　DJ2 型光学经纬仪度盘读数窗

(二) 电子经纬仪

电子经纬仪利用光电转换原理和微处理器对编码度盘自动进行读数,显示于屏幕,并可进行观测数据的自动记录和传输。

图 3-5 所示为 DJD5 型(DJ6 级)电子经纬仪的外形及各外部构件名称。

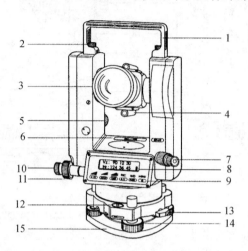

图 3-5 DJD5 型电子经纬仪

1—提柄;2—提柄固定螺旋;3—望远镜;4—瞄准器;5—垂直微动螺旋;6—平盘水准管;
7—光学对中器;8—度盘读数显示屏;9—操作按钮;10—水平制动螺旋;11—水平微动螺旋;
12—基座圆水准器;13—基座制动钮;14—脚螺旋;15—基座底板

电子经纬仪具有下列一些不同于光学经纬仪的性能。

1. 操作面板和显示屏

经纬仪的照准部有双面的操作面板和显示屏,便于盘左、盘右观测时进行仪器操作和度盘读数。显示屏位于面板上部,同时显示水平度盘读数和垂直度盘读数。面板下部有一排操作按钮,包括电源开关。

2. 度盘读数显示

显示屏同时显示水平度盘读数和垂直度盘读数,"Vz"为垂直度盘读数,"Hr"为水平度盘读数,最小读数可以选择为 $1''$ 或 $5''$,其右下角有电池的容量显示。

3. 度盘读数设置

在瞄准某一方向的目标后,可以将水平度盘读数设置为 $0°00'00''$,称为"置零";也可以设置为某一角值,称为"水平度盘定向";垂直度盘读数可以设置为:垂直角(V)、天顶距(Z)或坡度(为高差与平距的百分比)。

4. 与测距仪的配置

在经纬仪的上部,卸去提柄后,可以配置电子测距仪;通过连接电缆,能与测距仪进行数据通信。

5. 观测数据的存储与传输

可以将观测数据存储于仪器中,并通过数据接口将储存数据传输至电子记录手簿或微机。

（三）激光经纬仪

加装激光器的经纬仪称为"激光准直经纬仪"，简称"激光经纬仪"。准直测量是要在空间定出一条标准的直线，作为土建工程施工放样或机械安装的基准线。由于光线在均匀的介质中是严格成直线传播的，因此，可以利用经纬仪的视准线作为准直工具。可是视准线在仪器外是看不见的，必须有测量人员在仪器中观测，再指挥施工人员操作。为了使经纬仪具有方便的准直功能，可在望远镜上加装激光器。如图 3-6 所示，在电子经纬仪上加装激光器。

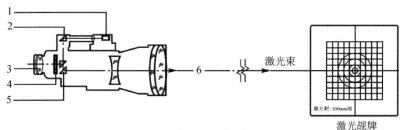

（a）望远镜及激光束

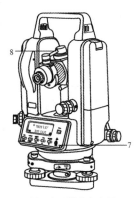

（b）电子激光仪主体

图 3-6　电子激光经纬仪组图

1—激光发射器；2—转向棱镜；3—目镜；4—十字丝分划板；

5—分光棱镜；6—激光束；7—激光开关按钮；8—激光装置

激光是一束可见光，可以射得很远，光斑清晰、定位精度高。在经纬仪的望远镜上安装半导体激光发射装置，并将激光导入望远镜的视准轴方向而向目标投射，测设一条基准线。

二、测角步骤

在进行角度测量时，首先应将经纬仪安置在测站（角顶点）上，然后再进行观测。安置包括对中、整平，观测包括瞄准和读数，即经纬仪的使用步骤可简述为对中、整平、瞄准、读数等 4 个部分，现分述如下。

（一）对中

对中的目的是使仪器纵轴与测站点位于同一铅垂线上。操作方法：按观测者的身高

调整好三脚架腿的长度,张开三脚架,使三个脚尖的着地点大致与地面的测站点等距离,并使三脚架头大致水平,取出经纬仪,一手握住经纬仪支架,一手将三脚架上的连接螺旋转入经纬仪基座中心螺孔,然后用垂球或光学对中器对中。

1. 用垂球对中

把垂球挂连接螺旋中心的挂钩上,使垂球尖离地 1～2 mm,若偏差大,则平移三脚架;若偏差小,则旋松连接螺旋,在架头上移动仪器,直至对准测站点。垂球对中误差一般应小于 2 mm。

2. 用光学对中器对中

光学对中器是装在照准部的一个小望远镜,光路中装有直角棱镜,使通过仪器纵轴中心的光轴由铅垂方向转折成水平方向,便于从对中器目镜中观测,光学对中的操作步骤如下。

(1) 使三脚架头大致水平,目估初步对中。

(2) 转对中器目镜调焦螺旋,使对中标志(小圆圈)清晰,转物镜调焦螺旋(伸缩目镜),使地面点清晰。

(3) 转脚螺旋,使地面点位于标志中心。

(4) 伸缩相应架脚,使圆水准器气泡居中。

(5) 架头上平移仪器,使之对中。

(二) 整平

整平的目的是使仪器竖轴处于铅直和水平度盘处于水平位置。具体操作步骤:首先转动照准部,使水管与基座上任意两个脚螺旋的连线平行,相向转动这两个脚螺旋使水准起泡居中,如图 3-7 所示。将照准部旋转 90°,再转动另一个脚螺旋,使气泡居中。按上述方法反复操作,直到仪器转至任意位置,气泡均居中为止。在旋转脚螺旋时,气泡移动的方向始终与左手拇指运动的方向一致。

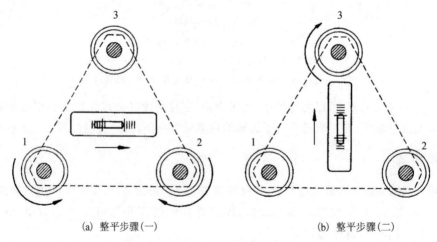

(a) 整平步骤(一)   (b) 整平步骤(二)

图 3-7　整平方法组图

（三）瞄准

角度观测时,地面的目标点上必须设立照准标志后才能进行瞄准。瞄准标志一般是竖立于地面上的标杆,如图 3-8 所示;测钎或架设于三脚架上的觇牌,如图 3-9 所示。测钎适用于离测站较近的目标;标杆适用于较远的目标;觇牌远近皆适用,是较理想的标志。

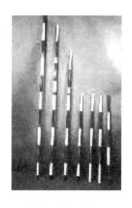

图 3-8　标杆

图 3-9　觇牌

用望远镜瞄准目标的方法和步骤如下。

①目镜调焦:转目镜调焦螺旋使十字丝清晰。

②粗瞄目标:使用望远镜上的瞄准器,对准目标,如图 3-10 所示。

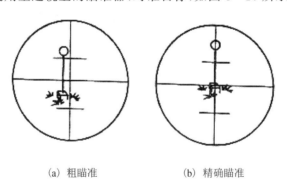

（a）粗瞄准　　　　　　　（b）精确瞄准

图 3-10　瞄准目标组图

③物镜调焦:转物镜调焦螺旋使目标清晰。

④消除视差:若存在,重新对物镜调焦,直至消除。

⑤精确瞄准:转望远镜微动螺旋和水平微动螺旋,使十字丝交点对准目标根部。

（四）读数

读数时,首先调节反光镜,使得读数窗明亮,旋转显微镜调焦螺旋,使刻划数字清晰。认清度盘刻划形式和读数方法后,读取正确读数。注意若分微尺最小分划为 $1'$,则估读的秒数应为 $0.1'$ 的倍数,即 $6''$ 的倍数。若观测竖直角,读数前应调节竖盘指标水准管微动螺旋,使指标水准管气泡居中。

第三节　角度测量方法

一、水平角测量

水平角测量的方法,一般根据目标的多少和精度要求而定,常用的水平角测量方法有测回法和方向观测法。测回法常用于测量两个方向之间的单角,是测角的基本方法。方向观测法用于在一个测站上观测两个以上方向的多角。

(一) 测回法

当所测的角度只有两个方向时,通常都用测回法观测。如图 3-11 所示,欲测 OA、OB 两方向之间的水平角∠AOB 时,观测步骤如下。

图 3-11　测回法观测水平角

(1) 在 O 点安置仪器(即整平、对中),纵转望远镜使竖盘位于望远镜左边(盘左),照准目标 A 并读取水平度盘读数为 $a_左$,记入观测手簿。

(2) 松开照准部及望远镜的制动螺旋,顺时针方向转动照准部,照准目标 B,并读取水平度盘读数 $b_左$,记入观测手簿。

以上(1)(2)两步骤称为上半测回,得角值:$\beta_左 = b_左 - a_左$。

(3) 将望远镜纵转180°,改为盘右。重新照准目标 B,并读取水平度盘读数 $b_右$,记入手簿。

(4) 逆时针方向转动照准部,照准目标 A。读取水平度盘读数 $a_右$,记入手簿。

以上(3)(4)两步骤称为下半测回,角值:$\beta_右 = b_右 - a_右$。

(5) 上、下两个半个测回合称为一个测回,当两个半个测回角值之差不超过规定限值时(通常要求≤30″),取其平均值作为该测回的观测成果,即∠AOB 的值为 $\beta = \dfrac{\beta_左 + \beta_右}{2}$。

为了提高角度观测精度,通常需要观测多个测回。为了减弱度盘分划误差的影响,各测回起始方向应均匀分布在度盘上,例如,若要观测 n 个测回,每测回盘左起始方向读数应递增180°/n,当某角需要观测三个测回,每测回起始方向读数应为 0°、60°、120°或稍大。各测回观测值之差称为测回差,当测回差满足限差要求(通常要求≤30″)时,取各测回观测值的平均值作为该角度的观测成果。表3-1为测回法观测时两个测回的记录、计算格式。

表 3-1　测回法观测手簿

日期：　　　　仪器型号：　　　　观测者：
天气：　　　　仪器编号：　　　　记录者：

测站	测回	竖盘位置	目标	水平度盘读数	半测回角值	一测回角值	各测回平均角值
O	1	左	A	0°01′06″	78°48′48″	78°48′39″	78°48′44″
			B	78°49′54″			
		右	A	180°01′36″	78°48′30″		
			B	258°50′06″			
O	2	左	A	90°08′12″	78°48′54″	78°48′48″	
			B	168°57′06″			
		右	A	270°08′30″	78°48′42″		
			B	348°57′12″			

(二) 方向观测法(全圆方向法)测水平角

方向观测法又称为全圆方向法。

当在一个测站上需观测多个方向时,宜采用这种方法,因为可以简化外业工作。它的直接观测结果是各个方向相对于起始方向的水平角值,也称为方向值。相邻方向的方向值之差,就是它的水平角值。

如图3-12所示,设在O点有OA、OB、OC、OD四个方向,其观测步骤如下。

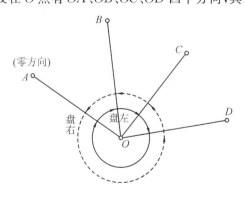

图 3-12　方向观测法观测水平角

(1) 在O点安置仪器,对中、整平,选定一个最清晰的目标作为起始方向(假设A)。

(2) 盘左:以盘左镜位顺时针转动照准部,一次瞄准A、B、C、D、A,分别读取水平度盘数,并记入观测手簿见表3-2;这称为上半测回。这里观测两次目标A并读数,称为归

57

零,A 目标两次读数之差称为半测回归零差,其限差见表 3-3。

表 3-2 方向法观测手簿

日期: 　　仪器型号: 　　观测者:
天气: 　　仪器编号: 　　记录者:

测站	测回数	目标	水平度盘读数		2C	平均读数	一测回归零方向值	各测回平均方向值
			盘左	盘右				
O	1	A	0°02′06″	180°02′00″	+6″	(0°02′06″) 0°02′03″	0°00′00″	0°00′00″
		B	51°15′42″	231°15′30″	+12″	51°15′36″	51°13′30″	51°13′28″
		C	131°54′12″	311°54′00″	+12″	131°54′06″	131°52′00″	131°52′02″
		D	182°02′24″	2°02′24″	0	182°02′24″	182°00′18″	182°00′22″
		A	0°02′12″	180°02′06″	+6″	0°02′09″		
O	2	A	90°03′30″	270°03′24″	+6″	(90°03′32″) 90°03′27″	0°00′00″	
		B	141°17′00″	321°16′54″	+6″	141°16′57″	51°13′25″	
		C	221°55′42″	41°55′54″	+12″	221°55′36″	131°52′04″	
		D	272°04′00″	92°03′54″	+6″	272°03′57″	182°00′25″	
		A	90°03′36″	270°03′36″	0	90°03′36″		

表 3-3 方向观测法的限差

仪器型号	半测回归零差	2C 变化范围	各测回同一方向值互差
DJ2	12″	18″	12″
DJ6	18″	不作要求	24″

(3)盘右:倒转望远镜改为盘右,以逆时针方向依次瞄准并读取 A、D、C、B、A 各目标的读数,记入观测手簿。这称为下半个测回,上下两个半测回构成一个测回。

以上为一个测回的方向观测法观测工作,如需观测多个测回时,为了消减度盘刻度不匀的误差,每个测回都要改变度盘的位置,即在照准起始方向时,改变度盘的安置读数。

每次读数后,应及时记入手簿。

(4)计算:计算两倍照准差:2C=盘左读数-盘右读数+180°;在同一测回中,各方向 2C 值的变化大小,在一定程度上反映了观测精度。

各方向的平均读数:平均读数=$\dfrac{盘左读数+盘右读数-180°}{2}$;由于起始方向 A 有两个平均读数,故应再取其平均值作为 A 方向的最终平均值,并记入平均数一栏的上方括号内。

归零方向值:先将起始方向 A 的平均数化为 $0°00'00''$,其他各方向的平均读数都减去起始方向 A 的最终平均值,即得各方向的归零方向值。

各测回归零方向值的平均值:先检验各测回同一方向归零方向值之间的互差,其限差值见表 $3-3$。如符合要求,则取各测回归零方向值的平均值作为最后的观测结果。

各水平角值:将相邻各测回平均方向值相减,即得相邻两方向之间的水平角值。

(三) 水平角观测注意事项

(1) 水平度盘刻划是按顺时针方向注,因此,计算水平角值时,总是以右边方向的读数减去左边方向的读数。若不够减时,则在右边方向上加 $360°$,再减左边方向的读数,决不可倒过来减。

(2) 要精确对中,特别是对短边测角,对中要求应更加严格。

(3) 当观测目标间高低相差较大时,更须注意仪器整平。

(4) 照准标志要竖直,尽量瞄准标志的底部。

(5) 在水平角观测过程中,若水准管气泡偏离中央 2 格时,须重新整平仪器,重新观测。

二、竖直角测量

竖直角是照准目标的视线与其在水平面投影之间的夹角。可见,要测定竖直角,需要读取视线及相应水平线在竖直度盘上的读数。

(一) 竖直角计算方法

根据竖直角定义和竖盘及其读数系统的构造可以知道,竖直角是望远镜视线倾斜和视线水平时竖盘读数之差求得。由于视线水平时竖盘读数为一定值,称始读数。因此,只要瞄准目标读取竖盘读数,即可计算竖直角。由于竖盘刻划的方式不同,应用竖盘的读数计算竖直角的公式也不同。

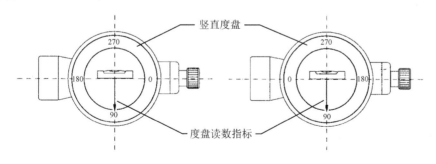

(a) 顺时针竖盘刻度注记　　　　　　(b) 逆时针竖盘刻度注记

图 $3-13$　竖盘刻度注记组图

在观测竖直角之前,将望远镜转到大致水平位置,确定竖盘始读数,然后将望远镜慢慢向上倾斜,观察其读数是增大还是减少。在盘左位置若读数增大,则瞄准目标时的读数减去视线水平时的读数(即始读数),就得出竖直角;若读数减少则视线水平时的始读

数减去瞄准目标时的读数，即为竖直角。设盘左时竖盘读数为 L，盘右时竖盘读数为 R，对竖盘为顺时针，如图 3-13(a)所示刻划的竖直角计算公式为

盘左位置：$\alpha_左 = 90° - L$

盘右位置：$\alpha_右 = R - 270°$

即

$$\alpha = \frac{1}{2}\left[(R-L) - 180°\right] \tag{3-3}$$

同理可得出如图 3-13(b)所示，竖盘的竖直角计算公式为

$$\alpha_左 = L - 90°$$

$$\alpha_右 = 270° - R$$

即

$$\alpha = \frac{1}{2}\left[(L-R) + 180°\right] \tag{3-4}$$

计算出的角值为"＋"时，α 为仰角；"－"时 α 为俯角。

(二) 指标差的计算

上面讲的竖直角计算公式(3-3)及式(3-4)都认为当视线水平时，其盘左读数为90°，盘右读数为270°。在实际中，由于仪器安装的精度和搬动过程中的震动等因素影响，竖盘指标不一定在正确位置，如图 3-14 所示，换句话说，当望远镜视线水平，竖盘指标水准管气泡居中时，竖盘读数不是此读数，它与正确的读数之差，称为指标差，用符号 x 表示。当指标偏移方向与竖盘注记方向一致时，则使竖盘读数增大了一个 x 值，故 x 为正；反之指标偏移方向与竖盘注记方向相反时，则使竖盘读数减少了一个 x 值，故 x 为负。

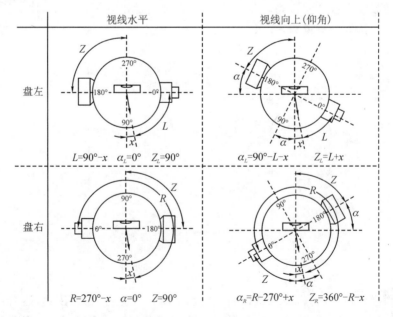

图 3-14　竖盘指标差计算

由于指标差的存在,计算垂直角的式(3-3)在盘左时应改为

$$\alpha_L = 90° - L - x \qquad (3-5)$$

在盘右时应该为

$$\alpha_右 = R - 270° + x \qquad (3-6)$$

将式(3-5)与式(3-6)两式相加得

$$\alpha = \frac{1}{2}\left[(R-L) - 180°\right]$$

上式与式(3-3)完全相同,故用盘左、盘右竖直角的平均值,可以消除指标差的误差,得到正确的竖直角。若将式(3-5)、式(3-6)两式相减得

$$x = \frac{1}{2}\left[360° - (R+L)\right] \qquad (3-7)$$

式(3-7)就是求算指标差的计算公式。

三、竖直角观测步骤

(1) 在测站上安置仪器(对中、整平)。

(2) 盘左:照准目标,使十字丝中丝切目标的某一位置(如瞄准标尺,则应读出中丝读数;若瞄准觇牌或觇标上的某个位置,则应量取觇标高度),然后调节竖盘指标水准管气泡居中,读取竖盘读数 L,并记于表3-4中,即完成上半测回。

(3) 盘右:照准目标,并使十字丝中部横丝切于目标标志,用指标水准管微动螺旋居中气泡,读取竖盘读数 R,并记于表3-4中,即完成下半测回。

(4) 计算:以图3-13(a)所示的竖盘注记形式,根据仰角为正的原则,可知:

$$\left.\begin{array}{l} 盘左竖直角 \quad \alpha_L = 90° - L \\ 盘右竖直角 \quad \alpha_R = R - 270° \\ 一测回竖直角 \quad \alpha = \dfrac{\alpha_L + \alpha_R}{2} \end{array}\right\} \qquad (3-8)$$

以上是竖直角一个测回的观测方法,记录和计算见表3-4。

由于竖盘指标差对每台仪器在同一段时间内应该变化很小,故可视为固定角。但由于仪器误差、观测误差和外界条件的影响,使指标差有所变化,通常规定指标差变化的容许范围,如果超限,则应重测。

表3-4 竖直角观测手簿

名 称_____ 观测者_____ 记 录 者_____

___年___月___日 天 气_____ 仪器型号_____

测站	目标	竖盘位置	竖盘读数 L	竖直角	平均竖直角	指标差	备注
A	M	左	59°29′48″	+30°30′12″	+30°30′00″	−12″	竖直角计算式:$\alpha_左 = 90° - L$ $\alpha_右 = R - 270°$
		右	300°29′48″	+30°29′48″			
	F	左	93°18′30″	−3°18′30″	−3°18′48″	−18″	
		右	266°40′54″	−3°19′06″			

当需要较精确的竖直角时,应测多个测回,最后观测成果取多个测回的平均值。此外,如果在一个测站上需要观测多个目标的竖直角时,通常在盘左顺时针依次照准各目标,而在盘右则沿逆时针方向依次照准各目标,读数、记录及计算方法同上。

三、经纬仪应满足的主要条件

如图 3-15 所示,经纬仪各部件主要轴线有纵轴 VV_1、横轴 HH_1、望远镜视准轴 CC_1、照准部水准管轴 LL_1、圆水准器轴 $L'L'_1$。根据角度观测原理和保证角度观测的精度,经纬仪的主要轴线之间应满足以下条件:

(1) 水准管轴应垂直于纵轴,$LL_1 \perp VV_1$(∵水平度盘应水平);

(2) 圆水准器轴应平行于纵轴,$L'L'_1 // VV_1$(∵纵轴应铅垂);

(3) 视准轴应垂直于横轴,$CC_1 \perp HH_1$;

(4) 横轴应垂直于纵轴,$HH_1 \perp VV_1$(∵望远镜上下移动,视准轴应扫出一个铅垂面);

(5) 十字丝纵丝应垂直于横轴(测角时便于检查目标是否竖直);

(6) 竖盘指标差应小于规定数值(以保证测竖直角准确);

(7) 光学对中器的视准轴应与纵轴相重合。

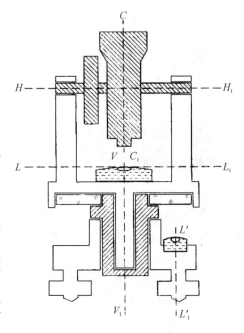

图 3-15 经纬仪的轴线

经纬仪只有满足上述这些条件,才能得到正确的角度观测值或便于操作。因此,在使用经纬仪前,应进行检验,必要时,要进行校正。可参阅仪器的使用说明书,在此就不进行讲述。

第四节 全站仪概述

全站型电子速测仪简称全站仪,它是一种可以同时进行角度(水平角、竖直角)测量、距离(斜距、平距、高差)测量和数据处理,由机械、光学、电子元件组合而成的测量仪器。由于只需一次安置,仪器便可以完成测站上所有的测量工作,故被称为"全站仪"。

全站仪是指能自动地测量角度和距离,并能按一定程序和格式将测量数据传送给相应的数据采集器。全站仪自动化程度高、功能多、精度好,通过配置适当的接口,可使野外采集的测量数据直接进入计算机进行数据处理或进入自动化绘图系统。与传统的方法相比,省去了大量的中间人工操作环节,使劳动效率和经济效益明显提高,同时也避免了人工操作、记录等过程中差错率较高的缺陷。

对于基本性能相同的各种类型的全站仪,其外部可视部件基本相同。全站仪主要由五个系统组成:控制系统、测角系统、测距系统、记录系统和通信系统。全站仪组成及各系统间关系如图 3-16 所示。

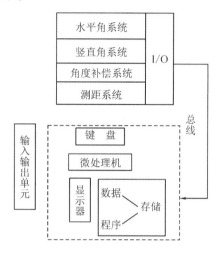

图 3-16　全站仪的组成部分

控制系统是全站仪的核心,主要由微处理机、键盘、显示器、存储卡、制动和微动旋钮、控制模块和通信接口等软硬件组成。根据要求,通过键盘(面板)可以进行各种控制操作。如参数预置,选择显示和记录模式,进行存贮卡格式化,建立或选择工作文件,数据输入输出,确定测量模式等。

全站仪的记录系统又称为电子数据记录器,它是一种存储测量资料的具有特定软件的硬件设备。数据记录器也有许多类型,但基本功能都一样,起着全站仪与电子计算机之间的桥梁作用,它使野外记录工作实现了自动化,减少了记录计算的差错,大大提高了野外作业的效率。目前,全站仪记录系统主要有三种形式:接口式、磁卡式和内存式。

全站仪的通信系统是野外数据采集到计算机和绘图仪自动成图的桥梁。所涉及的仪器设备有全站仪、计算机、存储卡和读卡器、电子手簿、接口电缆等。根据全站仪记录系统的不同,有三种不同的的通信方案。

(1)全站仪→电子手簿→计算机(接口式全站仪)。

(2)全站仪→存贮卡→读卡器→计算机(磁卡式全站仪)。

(3)全站仪→计算机(内存式全站仪)。

全站仪以控制系统为核心,由控制系统进行测前准备,选择测量模式,控制数据记录,保证数据通信。控制系统是中枢系统,其他系统均需与其进行信息互访而完成自身使命。

在数字测图系统中,全站仪主要用于外业数据的采集,包括控制测量和碎部点测量。用于数字测图外业数据采集的全站仪的测距精度一般根据情况而定,测角精度一般为 $2''\sim5''$。在规划数字测图系统时,应该将仪器的技术指标综合考虑,根据本单位的实际情况选择合适的全站仪。

全站仪通过自身微处理器的控制可以自动完成距离、水平方向、竖直方向、坐标的观

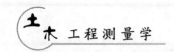

测和显示、存贮,是数字测图外业数据采集中最常用的一种设备。

一、全站仪的技术指标

全站仪的技术指标主要用全站仪的测距标称精度和测角精度来表示。

全站仪的测距标称精度表达式为

$$m_D = a + b \cdot D \tag{3-9}$$

式中,m_D 为测距中误差,mm;a 为标称精度中的固定误差,mm;b 为标称精度中的比例误差系数,mm/km,即 ppm;D 为测距长度,km。

工程中常用全站仪的测角精度一般为 $2''\sim5''$。

全站仪的主要技术指标有测角精度、测距精度和测程。目前测角精度最高为 $0.5''$,如徕卡的 TCA2003,测距精度最高的为 $1\ mm + D\ ppm$。

此外,全站仪的重要技术指标还有内存大小、电池使用时间、倾斜补偿的范围和类型(单轴还是双轴)、是否有免棱镜功能、自动调焦功能,仪器内置的软件丰富程度,仪器是否可升级,防水、防尘性能等。

二、全站仪分类

(一) 全站仪按其外观结构可分为两类

1. 积木型(又称组合型)

早期的全站仪,大都是积木型结构,即电子速测仪、电子经纬仪、电子记录器各是一个整体,可以分离使用,也可以通过电缆或接口把它们组合起来,形成完整的全站仪。

2. 整体性

随着电子测距仪进一步的轻巧化,现代的全站仪大都把测距、测角和记录单元在光学、机械等方面设计成一个不可分割的整体,其中测距仪的发射轴、接收轴和望远镜的视准轴为同轴结构。这对保证较大垂直角条件下的距离测量精度非常有利。

(二) 全站仪按测量功能分类,可分成四类

1. 经典型全站仪

经典型全站仪也称为常规全站仪,它具备全站仪电子测角、电子测距和数据自动记录等基本功能,有的还可以运行厂家或用户自主开发的机载测量程序。其经典代表为徕卡公司的 TC 系列全站仪,如图 3-17 所示。

2. 机动型全站仪

机动型全站仪在经典全站仪的基础上安装轴系步进电机,可自动驱动全站仪照准部和望远镜的旋转。在计算机的在线控制下,机动型系列全站仪可按计算机给定的方向值自动照准目标,并可实现自动正、倒镜测量。徕卡 TCM 系列全站仪就是典型的机动型全站仪。

3. 无合作目标型全站仪

无合作目标型全站仪是指在无反射棱镜的条件下,可对一般的目标直接测距的全站仪。因此,对不便安置反射棱镜的目标进行测量,无合作目标型全站仪具有明显优势。

如徕卡 TCR 系列全站仪,无合作目标距离测程可达 1 000 m,可广泛用于地籍测量,房产测量和施工测量等,如图 3-18 所示。

4. 智能型全站仪

在机动化全站仪的基础上,仪器安装自动目标识别与照准的新功能,因此,在自动化的进程中,全站仪进一步克服了需要人工照准目标的重大缺陷,实现了全站仪的智能化。在相关软件的控制下,智能型全站仪在无人干预的条件下可自动完成多个目标的识别、照准与测量,因此,智能型全站仪又称为"测量机器人",典型的代表有徕卡的 TCA 型全站仪等,如图 3-19 所示。

图 3-17 TCRP 全站仪　　图 3-18 免棱镜全站仪　　图 3-19 全站仪 TCA2003

(三) 全站仪按测距仪测距分类,还可以分为三类

1. 短距离测距全站仪

测程小于 3 km,一般精度为 5 mm+5D ppm,主要用于普通测量和城市测量。

2. 中测程全站仪

测程为 3~15 km,一般精度为 5 mm+2D ppm,通常用于一般等级的控制测量。

3. 长测程全站仪

测程大于 15 km,一般精度为 5 mm+D ppm,通常用于国家三角网及特级导线的测量。

三、全站仪的主要特点及各部件的名称

(一) 全站仪的主要特点

目前工程中所使用的全站仪基本都具备以下主要特点:

(1) 采用同轴双速制、微动机构,使照准更加快捷、准确。全站仪的望远镜实现了视准轴、测距光波的发射、接收光轴同轴化,如图 3-20 所示。同轴化的基本原理:在望远物镜与调焦透镜间设置分光棱镜系统,通过该系统实现望远镜的多功能,即既可瞄准目标,使之成像于十字丝分划板,进行角度测量。同时其测距部分的外光路系统又能使测距部分的光敏二极管发射的调制红外光在经物镜向反光棱镜后,经同一路径反射回来,再经分光棱镜作用使回光被光电二极管接收;为测距需要在仪器内部另设一内光路系统,通过分光棱镜系统中的光导纤维将由光敏二极管发射的调制红外光也传送给光电二级管接收,进而由内、外光路调制光的相位差间接计算光的传播时间,计算实测距离。同轴性使得望远镜一次瞄准即可实现同时测定水平角、垂直角和斜距等全部基本测量要素的测定功能。加之全站仪强大、便捷的数据处理功能,使全站仪使用极其方便。

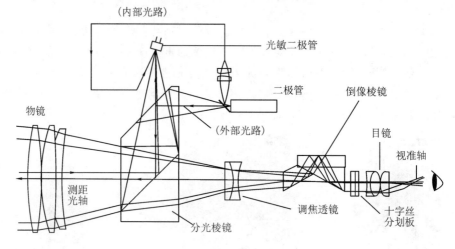

图 3-20　全站仪望远镜光路

(2) 控制面板具有人机对话功能。控制面板由键盘和显示屏组成,除照准以外的各种测量功能和参数均可通过键盘来实现。仪器的两侧均有控制面板,操作十分方便。

(3) 设有双向倾斜补偿器,可以自动对水平和竖直方向进行修正,以消除竖轴倾斜误差的影响。

在仪器的检验校正中已介绍了双轴自动补偿原理,作业时若全站仪纵轴倾斜,会引起角度观测的误差,盘左、盘右观测值取中不能使之抵消。而全站仪特有的双轴(或单轴)倾斜自动补偿系统,可对纵轴的倾斜进行监测,并在度盘读数中对因纵轴倾斜造成的测角误差自动加以改正(某些全站仪纵轴最大倾斜可允许至 6′),也可通过将由竖轴倾斜引起的角度误差,由微处理器自动按竖轴倾斜改正计算式计算,并加入度盘读数中加以改正,使度盘显示读数为正确值,即所谓纵轴倾斜自动补偿。

双轴自动补偿所采用的构造:使用一水泡(该水泡不是从外部可以看到的,与检验校正中所描述的不是一个水泡)来标定绝对水平面,该水泡是中间填充液体,两端是气体。在水泡的上部两侧各放置一发光二极管,而在水泡的下部两侧各放置一光电管,用一接收发光二极管透过水泡发出的光。而后,通过运算电路比较两二极管获得的光的强度。当在初始位置,即绝对水平时,将运算值置零。当作业中全站仪仪器倾斜时,运算电路实时计算出光强的差值,从而换算成倾斜的位移,将此信息传达给控制系统,以决定自动补偿的值。自动补偿的方式除由微处理器计算后修正输出外,还有一种方式即通过步进马达驱动微型丝杆,把此轴方向上的偏移进行补正,从而使轴时刻保证绝对水平。

(4) 机内设有测量应用软件,可以方便地进行三维坐标测量、导线测量、对边测量、悬高测量、偏心测量、后方交会、放样测量等工作。

(5) 具有双路通信功能,可将测量数据传输给电子手簿或外部计算机,也可接受电子手簿和外部计算机的指令和数据。这种传输系统有助于开发专用程序系统,提高数据的可靠性与存储安全性。

（二）全站仪各部件名称

由于全站仪生产厂家不同，全站仪的外形、结构、性能和各部件名称略有区别，但总的来讲是大同小异，为了说明问题，这里以 TCA2003 电子全站仪为例，其外形如图 3-21 所示。

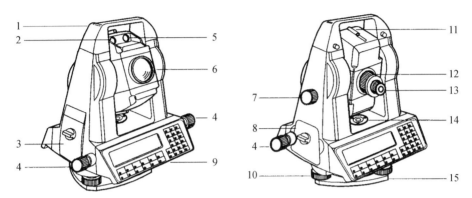

图 3-21   **TCA**2003 全站仪

1—提柄；2—左闪烁灯；3—储存卡盒；4—水平微动螺旋；5—右闪烁灯；6—物镜；

7—垂直微动螺旋；8—电池盒；9—操作面板；10—脚螺旋；11—粗瞄准器；

12—物镜调焦环；13—目镜；14—圆水准器；15—底板

TCA2003 全站仪具有全中文操作界面，完整的数字与字母输入操作键盘，使用方便，如图 3-22 所示。

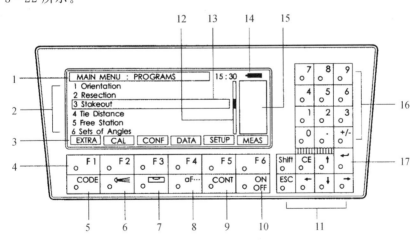

图 3-22   **TCA**2003 全站仪操作面板

1—显示屏标题行；2—滚动显示行；3—可变功能行；4—功能键；

5—代码输入；6—照明；7—电子水准；8—辅助功能；9—屏幕输入确认；

10—电源开关；11—控制与光标移动键；12—滚动条；13—选中光条；

14—电池余量；15—状态图标；16—数字输入键；17—回车键

四、全站仪的基本功能

（1）测角功能：测量水平角、竖直角或天顶距。

（2）测距功能：测量平距、斜距或高差。

（3）跟踪测量：即跟踪测距和跟踪测角。

（4）连续测量：角度或距离分别连续测量或同时连续测量。

（5）坐标测量：在已知点上架设仪器，根据测站点和定向点的坐标或定向方位角，对任一目标点进行观测，获得目标点的三维坐标值。

（6）悬高测量：可将反射镜立于悬物的垂点下，观测棱镜，再抬高望远镜瞄准悬物，即可得到悬物到地面的高度。

（7）对边测量：可迅速测出棱镜点到测站点的平距、斜距和高差。

（8）后方交会：仪器测站点坐标可以通过观测两坐标值存储于内存中的已知点求得。

（9）距离放样：可将设计距离与实际距离进行差值比较，迅速将设计距离放到实地。

（10）坐标放样：已知仪器点坐标和后视点坐标或已知仪器点坐标和后视方位角，即可进行三维坐标放样，需要时也可进行坐标变换。

（11）预置参数：可预置温度、气压、棱镜常数等参数。

（12）测量的记录、通信传输功能。

以上是全站仪所必须具备的基本功能。当然，不同厂家和不同系列的仪器产品，在外形和功能上略有区别，这里不再详细列出。

第五节　全站仪的操作与使用

全站仪的功能很多，它是通过显示屏和操作键盘来调取实现的。不同型号的全站仪其外观、结构、键盘设计、操作步骤都会有所不同。本节就全站仪的一般操作使用和测量原理进行介绍。

一、反光棱镜

反光棱镜，是由装在塑料框内的玻璃棱镜构成。根据测程长短或信号强弱可分别选用单棱镜，如图3-23(a)所示，可测距1 300 m；三棱镜，如图3-23(b)所示，可测距2 100 m；九棱镜，如图3-23(c)所示，可测距2 500 m。使用时，与基座联接安装在三角架上。

由于光在玻璃中的折射率为1.5～1.6，而光在空气中的折射率近似等于1，也就是说光在玻璃中的传播要比空气中慢，因此，光在棱镜中传播所用的超量时间会使所测距离增大某一数值，称为棱镜常数。棱镜常数的大小与棱镜直角玻璃锥体的尺寸和玻璃的类型有关，已在厂家所附的说明书或在棱镜上标出，供测距时使用。

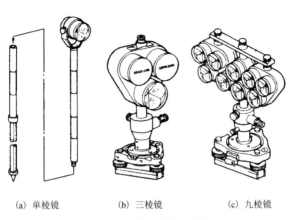

(a) 单棱镜   (b) 三棱镜   (c) 九棱镜

图 3-23 反光棱镜组图

二、测量准备工作

将全站仪对中、整平后,按下电源开关键,即打开电源。纵转望远镜一周,使竖盘初始化,仪器通过自检后,屏幕会显示开机默认界面。然后,显示角度测量、距离测量、坐标测量等。仪器进入参数设置状态,可进行单位设置、模式设置和其他设置。

注意:若仪器没有整平(超出自动补偿范围),又设置于自动倾斜模式,此时不显示度盘读数,必须重新对仪器整平。

三、基本测量

(一) 距离测量

1. 设置棱镜常数

测距前须将棱镜常数输入仪器中,仪器会自动对所测距离进行改正。

2. 设置大气改正值或气温、气压值

光在大气中的传播速度会随大气的温度和气压而变化,15 ℃和 760 mmHg 是仪器设置的一个标准值,此时的大气改正为 0。实测时,可输入温度和气压值,全站仪会自动计算大气改正值(也可直接输入大气改正值),并对测距结果进行改正。

3. 量仪器高、棱镜高并输入全站仪

4. 距离测量

照准目标棱镜中心,按测距键,距离测量开始,测距完成时显示斜距、平距、高差。

全站仪的测距模式有精测模式、跟踪模式、粗测模式等 3 种。精测模式是最常用的测距模式,测量时间约 2.5 s,最小显示单位 1 mm;跟踪模式,常用于跟踪移动目标或放样时连续测距,最小显示一般为 1 cm,每次测距时间约 0.3 s;粗测模式,测量时间约 0.7 s,最小显示单位 1 cm。在距离测量或坐标测量时,可按测距模式(MODE)键选择不同的测距模式。

应注意,有些型号的全站仪在距离测量时不能设定仪器高和棱镜高,显示的高差值是全站仪横轴中心与棱镜中心的高差。

（二）角度测量

角度测量的基本操作方法与步骤，与电子经纬仪类似。目前的全站仪都具有水平度盘自动归零和任意方位角设置功能，使测角更加方便。当瞄准某一目标，并进行水平度盘置零或方位角设置后，转动照准部瞄准另一目标时，屏幕所显示的水平角值即为它们的水平夹角或该目标的方位角。其步骤如下：

（1）按角度测量键，使全站仪处于角度测量模式，照准第一个目标 A。

（2）设置 A 方向的水平度盘读数为 $0°00'00''$。

（3）照准第二个目标 B，此时显示的水平度盘读数即为两方向间的水平夹角。

（三）坐标测量

在坐标测量之前必须将全站仪进行定向，具体操作步骤如下：

（1）在坐标测量模式下，输入测站点坐标。若测量三维坐标，还必须输入仪器高和棱镜高。

（2）输入后视点坐标或方位角。

（3）照准后视点（定向点），设定测站点到定向点的水平度盘读数，完成全站仪的定向。

定向工作完成后，就可进行点位坐标测量。照准立于待测点的棱镜，按坐标测量键开始测量，显示待测点坐标(N,E,Z)，即(X,Y,H)。

如图 3-24 所示，将全站仪安置于测站点 A 上，选定三维坐标测量模式后，首先输入仪器高 i，目标高 v 以及测站点的三维坐标(x_A,y_A,H_A)；其次照准另一已知点 B 设定方位角；再次再照准目标点 P 上的反射棱镜；最后，按坐标测量键，仪器就会显示出目标点 P 的三维坐标值(x_P,y_P,H_P)。

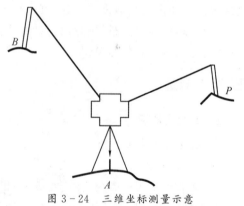

图 3-24 三维坐标测量示意

四、高级测量

（一）放样

放样测量用于在实地上标定出所要求的点。在放样测量中，通过对照准点的水平角、距离或坐标的测量，仪器将显示出测量值与设计值之差以指导放样。根据所显示的差值移动棱镜，直到与设计的距离的差值为零。放样测量包括坐标放样、角度放样和距离放样。

如图 3-25 所示，将全站仪安置于测站点 A 上，选定三维坐标放样模式后，首先输

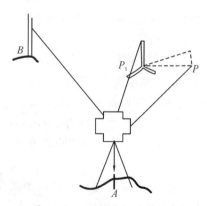

图 3-25 三维坐标放样示意

入仪器高 i,目标高 v 以及测站点 A 和待测设点 P 的三维坐标值(x_A,y_A,H_A)、(x_P,y_P,H_P),并照准另一已知点设定方位角。其次照准竖立在待测设点 P 的概略位置 P_1 处的反射棱镜。再次按测量键即可自动显示出水平角偏差 $\Delta\beta$、水平距离偏差 ΔD 和高程偏差 ΔH。

$$\left.\begin{aligned}\Delta\beta &= \beta_测 - \beta_设\\ \Delta D &= D_测 - D_设\\ \Delta H &= H_测 - H_设\end{aligned}\right\} \tag{3-10}$$

最后,按照所显示的偏差移动反射棱镜,当仪器显示为零时即为设计的 P 点位置。

(二) 对边测量

所谓对边测量,就是测定两目标点之间的平距和高差,如图 3-26 所示,即在两目标点 P_1、P_2 上分别竖立反射棱镜,在与 P_1、P_2 通视的任意点 P 安置全站仪后,在测站点上依次测量各反射棱镜的距离 S_1、S_2 和水平角 θ_1 以及高差 h_{PP_1},h_{PP_2},则可求得 P_1 至 P_2 间的距离 C 和高差 h_{12} 为

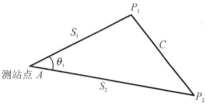

图 3-26　对边测量示意

$$\left.\begin{aligned}D_{12} &= \sqrt{S_1^2 + S_2^2 - 2S_1 S_2\cos\beta}\\ h_{12} &= h_{PP_2} - h_{PP_1}\end{aligned}\right\} \tag{3-11}$$

式中,S_1、S_2 为仪器至两反射棱镜的距离;β 为 PP_1 与 PP_2 两方向的水平夹角。

(三) 悬高测量

悬高测量用于对不能设置棱镜的目标(如高压输电线、桥梁等)高度的测量,其示意如图 3-27 所示,把反射棱镜设在欲测高度之下,输入反射棱镜高度,然后照准反射棱镜进行距离测量,再转动望远镜照准目标,便能显示地面至目标物的高度。目标高计算公式为

$$\left.\begin{aligned}H_t &= h_1 + h_2\\ h_2 &= S\sin z_1(\cot z_2 - \cot z_1)\end{aligned}\right\} \tag{3-12}$$

式中,S 为全站仪到反射棱镜的斜距;z_1 为反射棱镜的天顶距;z_2 为目标物的天顶距。

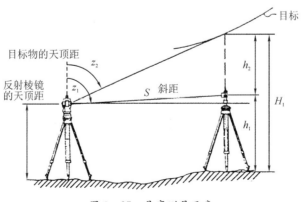

图 3-27　悬高测量示意

（四）偏心测量

所谓全站仪偏心测量,是指反射棱镜不是放置在待测点的铅垂线上而是安置在与待测点相关的某处间接地测定出待测点的位置。根据给定条件的不同,目前全站仪偏心测量有 4 种常用方式,即角度偏心测量、单距偏心测量、圆柱偏心测量和双距偏心测量。具体操作可参阅全站仪的书籍,在此就不进行一一介绍。

（五）后方交会

1. 基本原理

已知 P_1、P_2、P_3、P_4 的坐标,确定测站点 P_0 的坐标。

通过观测已知点 P_i 与测站点 P_0 间的水平角观测值 H_i、垂直角观测值 V_i 和距离观测值 D_i,由已知点的坐标值(N_i、E_i、Z_i)计算测站点坐标(N_0、E_0、Z_0)。

后方交会是通过对多个已知点的测量定出测站点的坐标的方法。通过观测 2～10 个已知点便可计算出测站点的坐标。观测的已知点越多,观测的距离越多,计算所得的坐标精度也就越高。可测距时,最少观测 2 个已知点。无法测距时,最少观测 3 个已知点。

2. 坐标计算过程

测站点 N、E 坐标通过列出角度和边长误差方程,采用最小二乘法求取;Z 坐标则通过计算平均值求取。

3. 后方交会测量

将全站仪安置在未知点,选定后方交会模式后,输入已知点的坐标;然后分别照准附近的两个已知点进行测量,即可得两已知点在测站坐标系 xoy 中的坐标;再通过坐标转换公式联立求解坐标转换参数(当已知点多于两个时,则按最小二乘间接平差求解),最后通过坐标转换求得未知点在测量坐标系中的坐标。上述计算工作,全由仪器自动完成。

五、数据采集

全站仪进行野外数据采集是目前较为广泛的已知方法。操作步骤如下。
(1) 选择数据采集文件名,使其所采集数据存储在该文件中。
(2) 选择坐标数据文件,以调用测站坐标数据及后视坐标数据。
(3) 置测站点,量取仪器高、输入测站点号及坐标。
(4) 置后视定向点坐标或定向角,通过测量后视点进行定向。
(5) 置待测点的棱镜高,开始采集、存储数据。

六、存储管理

在存储管理模式下,可以对仪器内存中的数据进行以下操作。
(1) 显示内存状态:显示已存储的测量数据文件、坐标数据文件和数据量。
(2) 查找数据:查阅记录数据,即可查阅测量数据、坐标数据和编码库。
(3) 文件管理:删除文件、编辑文件名、查阅文件中数据。
(4) 输入坐标:将控制点或放样点坐标数据输入并存入坐标数据文件。

（5）删除坐标：删除坐标数据文件中的坐标数据。

（6）输入编码：将编码数据输入并存入编码库文件。

（7）数据传送：计算机与全站仪内存之间的测量数据、坐标数据或编码库数据相互传送。

（8）初始化：用于内存初始化。

七、数据通信

数据通信是把数据的处理与传输融合为一体，实现数字信息的接收、存储、处理和传输，并对信息流加以控制、校验和管理的一种通信形式。全站仪的数据通信是指全站仪与计算机之间的数据传输与处理。

目前，全站仪的数据通信主要采用的技术有串行技术和蓝牙技术。由于全站仪的通信端口、数据存储方式及数据接收端软件等的不同，全站仪的数据通信有多种方式，目前最为常用的通信接口方式采用串行接口，将全站仪与计算机连接，完成相应参数设置，打开专用传输程序，即可进行数据通信。这里的所谓专用传输程序，包括仪器自带程序、成图软件中的数据通信模块等，也有些仪器厂商生产的全站仪中应用蓝牙无线通信技术，支持与数据采集器、遥控测量指挥系统等之间的蓝牙无线通信。

全站仪的操作可参阅具体的操作使用说明书。

第六节　全站仪的检定

一、全站仪测距误差检定

（一）仪器外观及功能检查

检查是针对全站仪整体，其基本要求：

（1）仪器表面不得有碰伤、划痕、脱漆及锈蚀，盖板及各部件结合完整、密封性好。

（2）光学部件表明清洁，无擦痕、霉斑、麻点及脱膜现象；望远镜十字丝成像清晰、粗细均匀、视场亮度均匀；目镜及物镜调焦转动平稳，不应有晃动或自行滑动现象。

（3）圆水准器和管水准器不得松动，脚螺旋转动松紧适度，水平和竖直制动、微动螺旋运转平稳可靠。

（4）操作键盘上各键反应灵敏，功能正常，液晶显示清晰、完整。

（5）数据传输接口及外接电源完好，机载电池接触良好。

（6）仪器标识（生产厂家、型号等）应完好。国产仪器必须具有计量器具制造许可证编号、CMC标志及出厂合格证书。

以上检查一般针对新购仪器，对于使用中的仪器，只要求不影响测距及测角的准确度即可。

（二）测距轴与视准轴吻合性检定

测距信号的发射与接收光轴称之为测距轴，其检查与调整一般是由生产厂家或仪器维修部门进行。在全站仪中，一般采用测距轴与视准轴同轴的光学系统，即在望远镜十字丝照准反射棱镜中心时，测距信号最强。其检定方法如下：

（1）将仪器和棱镜分别安置于 50～100 m 线段的两端，照准棱镜中心，读取水平方向读数 H 和天顶距读数 Z；

（2）用水平微动螺旋左、右偏转仪器，直至信号恰好减少到临界值为止，读取水平方向读数 H_1 和 H_2；

（3）照准棱镜中心后，再用竖直微动螺旋上、下转动望远镜，直至信号恰好减少到临界值为止，读取竖直方向读数 Z_1 和 Z_2；

（4）计算水平和竖直临界角的绝对值；

（5）测距轴与视准轴吻合性不合格应送仪器维修中心，调整发光轴位置。

（三）测程的检定

测程的检定应在大气透明度良好且无明显大气抖动的阴天进行。由于检验基线一般较短，因此，只检验使用单棱镜的测程是否满足仪器规定的指标。检定时，分别将仪器和反光棱镜安置于基线两端，进行 10 次重复距离测量（每次读数需重新照准）并按计算一次距离测量标准差 m_s。标准差应小于或等于仪器的距离精度。

（四）调制光相位不均匀误差的检定

检定采用"偏调法"进行。

选择长约 50 m 的检定场地，两端分别安置全站仪和反射棱镜，并使仪器和棱镜同高。用望远镜十字丝精确照准棱镜标志，读取一组距离值，然后用水平微动螺旋对棱镜进行左右扫描，并在水平度盘每微动一个小角（30″或 1′）时，读取一组距离观测值；然后用竖直微动螺旋在垂直方向微动一个小角，再对水平方向进行左右扫描，每微动一个小角读取一组读数，并注记出各测点距离值的尾数，然后用勾绘等高线的方法勾绘出相位曲线。

（五）幅相误差的检定

在不同测程的情况下，接收信号的强弱不同会使其幅度发生变化，由此而引起的测距误差称为仪器的幅相误差。

幅相误差的检定方法一般是在发射物镜和接收物镜前另外安置一个灰度滤光片减光系统。

为了确保检定结果的准确性，应采取以下措施：（1）检定前应对仪器预热 30 min 左右，以消除由于仪器内部温度不一致带来的测距误差；（2）检定开始前应精确照准反射镜，此后的检定过程中，不再重新照准反射镜或者偏调仪器；（3）检定应在室内进行，且仪器与反射镜间的距离尽可能远（大于 50 m）。

（六）测尺频率的检定

测尺频率检定一般是在室温下测定其频率的偏移。

二、全站仪测角误差检定

除了三轴关系外，全站仪还应满足以下条件：①横轴应通过竖盘中心；②竖轴应通过

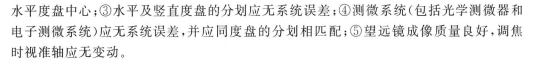

水平度盘中心;③水平及竖直度盘的分划应无系统误差;④测微系统(包括光学测微器和电子测微系统)应无系统误差,并应同度盘的分划相匹配;⑤望远镜成像质量良好,调焦时视准轴应无变动。

(一) 补偿器零点差的调整

目前绝大多数仪器零位是动态的,在仪器说明书中均有调整零点差的说明,可根据说明,通过软件重新设置零位,消除零点差。

(二) 照准部旋转时基座位移产生的误差检定

检定方法是:在仪器墩台上安置好仪器并照准一平行光管,顺时针旋转照准部一周照准目标读数,再顺转一周照准目标读数。然后逆时针旋转照准部一周照准目标读数,再逆转一周照准目标读数。以上操作为一测回,连续测定 10 个测回,分别介绍顺、逆两次照准目标读数的差值,并取 10 次平均值作为最终结果。对于 0.5″级的仪器,其值不应超过 0.3″;对于 2″级的仪器,其值不应超过 1.5″。若检定结果超限时,则应送仪器维修中心修理。

1. 空隙带动误差

仪器脚螺旋与螺孔之间存在着空隙,当旋转照准部时,可能使脚螺旋在其螺孔内移动,从而导致基座和水平度盘发生微小的方位变动。

这种方位变动只有在照准部开始转动时才会发生,变动旋转方向时取得最大值,而后逐渐减小。当脚螺旋已压向孔壁一侧时就不再变动了。这种影响使得照准部向右旋转时,度盘读数偏小,向左旋转时,度盘读数偏大。因此,当观测某一组方向时,在照准零方向前,先将仪器沿要旋转的方向转动 1～2 周,并在照准其他方向时,必须保持按同一方向旋转,即可消除或减弱此项误差的影响。

2. 弹性带动误差

若竖轴与其轴套之间存在较大磨擦,在照准部旋转时就可能带动基座而产生弹性扭曲,同时水平度盘产生微小的方位变动。

这种扭曲主要发生在照准部开始旋转的瞬间,在转动过程中其值减小,从而时读数在顺时针旋转情况下偏小。

三、全站仪其他检查项目

(一) 测量数据记录功能检查

全站仪一般采用以下两种记录数据方式:①配置的存储卡,有专用卡和 PCMCIA (Personal Computer Memory Card International Association)卡;②内置存储器。

对于存储卡(存储器)要求其初始化工作正常;存储容量要达到说明书的标称指标;测量数据可以完整地存储到存储卡(器)中,并能在全站仪上调用这些数据。其检查方法是按照仪器说明书提供的操作步骤,逐步进行检查,发现异常情况应及时分析原因。若故障系仪器本身原因,则应及时对仪器进行维修。

(二) 数据通信功能检查

全站仪数据通信是指全站仪与计算机之间的双向数据交换。目前,主要的数据交换方式有两种：一种是借助于存储卡或通过 PCMCIA 卡作为数据载体，另一种是利用全站仪的数据输入及输出接口，并用专用电缆传输数据。

1. PCMCIA 存储卡及专用存储卡检查

PCMCIA 存储卡是个人计算机存储卡国际协会确定的标准计算机设备的一种配件（简称 PC 卡），目的是为了提高不同计算机之间以及其他电子产品之间的信息交换，一般便携机都设置有 PCMPIA 卡插口，只要插入 PC 卡，即可达到扩充系统的目的。

2. 电缆传输数据功能的检查

全站仪数据通信的另一种方式是指全站仪将测得或处理后的数据，通过电缆直接传输到计算机或其他设备中，也可将计算机的数据传至全站仪，或者直接由计算机控制全站仪。全站仪每次传输的数据量有限，所以一般全站仪采用串型通信方式。

对该功能的要求是：计算机与全站仪间的数据交换能正常进行，即全站仪与计算机能实现数据互传。若传输不能正常进行，则要检查计算机端口选择是否正确，波特率是否一致，电缆是否有损坏等；在排除以上原因后，若还不能正常传输数据，则应将仪器送维修中心进行修理。

3. 误差改正软件及其他应用软件检查

在新型全站仪中不仅设置有加常数改正、大气参数改正、轴系误差（视准轴误差、横轴误差及竖轴误差）改正和竖盘指标差修正等改正软件，而且也设置有坐标放样测量、后方交会等应用软件。对于这些软件运算结果必须正确无误。检查时应按仪器说明书中提供的操作步骤进行实际对比。

第七节 全站仪测量成果处理与误差分析

全站仪既能测角又能测距，其测角与经纬仪一样，因而其测角成果处理与误差分析在此就不在赘述，主要就测距成果处理与误差分析进行介绍

一、全站仪测距成果的处理

全站仪在测得初始斜距值后，一般均自动进行仪器常数改正、气象改正和倾斜改正等计算，并可以同时输出平距和斜距。

（一）仪器常数改正

全站仪的仪器常数有加常数 K 和乘常数 R 两项。

（1）加常数 K，其指由于仪器的发射中心、接收中心与仪器旋转轴不一致而引起的测距偏差值 K，通常 K 值与距离无关，预置于仪器内作自动改正。

（2）乘常数 R，由于测距频率偏移而产生的测距偏差值 ΔS 与所测距离 S 成正比，即 $\Delta S = RS$。通常，在仪器中预置乘常数以便自动改正。

（二）气象改正

全站仪标称的测尺长度是在一定的气象条件下确定的。通常，在野外测距时的气象

条件与确定全站仪标称测尺长度时的气象条件不同,因此,测距时的实际测尺长度就不等于标称的测尺长度,使得测距值产生与距离长度成正比的系统误差。

气象条件主要指温度和气压。在测距时测出当时的温度 t 和气压 P,再利用距离测量值 S 及厂家提供的气象改正公式计算出气象改正值。例如,某全站仪的气象改正公式为

$$\Delta S = (283.37 - \frac{106.283\ 3P}{273.15 + t}) \cdot S \quad (mm)$$

(三) 倾斜改正

距离的倾斜观测值经过仪器常数改正和气象改正后得到改正后的斜距 S。当测得斜距的竖直角 δ 后,则可以计算出水平距离为 $D = S \cdot \cos\delta$。

目前,全站仪都具备自动测得气象条件和自动进行气象改正的功能。

二、全站仪测距的误差分析

就全站仪测距产生的误差进行分析。

(一) 全站仪测距标称精度

全站仪测距误差的主要来源有大气折射率误差、测距频率误差、相位差测量误差、仪器加常数检定误差等。其中,大气折射率误差和测距频率误差对测距误差的影响与被测距离成正比例关系,称该两项误差为比例误差;而相位差测量误差和仪器加常数检定误差与被测距离长度无关,称为固定误差。

通常,将全站仪测距的标称精度表述为"$A + B \cdot S$"形式。其中,A 为固定误差,B 为比例误差,S 为被测距离(km)。例如,某全站仪的测距标称精度为 $3\ mm + 2 \times 10^{-6} \times S$,说明该全站仪的固定误差为 $3\ mm$,比例误差为 $2\ mm/km$,如测程为 $1\ km$ 时,测距误差约为 $5\ mm$。

(二) 全站仪测距误差分析

1. 大气折射率误差

由于全站仪测距时气象条件的测定误差,以及在测站测定的气象条件并不能完全代表测线沿线的实际值,所以,由此计算的大气折射率具有一定的偏差,在对所测距离进行气象改正时必然导致测距误差。大气折射率误差与测线沿线的地形、距离长短及气象条件有关,并且这些因素往往难以控制,因此,它是影响测距精度的主要因素。

2. 测距频率误差

测距频率误差包括频率校准误差和频率漂移误差,前者称为频率的准确度,后者称为频率的稳定度。全站仪在长期使用过程中,由于元器件老化、温度变化、电源电压变化等因素,导致测距频率误差,该项误差的大小主要取决于仪器的质量。

3. 相位测量误差

相位测量误差主要是指由于仪器本身的测相误差和外界条件变化引起的相位测量误差,它是决定仪器测距精度的主要因素之一。相位测量误差主要包括相位计误差,因相位计具有一定的分辨率,所以会产生测相误差;幅相误差,即因测距信号强度变化而引

起的测相误差及发光管相位不均匀引起的测相误差;周期误差,由于仪器内部光信号、电信号之间的窜扰所引起的成周期性变化的误差;仪器常数改正误差,由于检定场基线本身距离的准确性对仪器常数的检定会产生误差,特别是乘常数的误差对于测距精度的影响较大。

第八节　角度观测误差分析

一、水平角测量误差

在角度测量中,由于多种原因会使测量的结果含有误差。研究这些误差产生的原因、性质和大小,以便设法减少其对成果的影响。同时也有助于预估影响的大小,从而判断成果的可靠性。

影响测角误差的因素有三类,即仪器误差、观测误差、外界条件的影响。

(一) 仪器误差

仪器误差包括仪器校正后的残余误差及仪器加工不完善引起的误差。

(1) 视准轴误差是视准轴不垂直于横轴,偏离正确位置的差值。由于盘左、盘右观测时大小相等、符号相反,故水平角测量时,可采取盘左、盘右取平均值的方法加以消除。

(2) 横轴误差是由于支撑横轴的支架有误差,造成横轴与竖轴不垂直,偏离正确位置的差值,也可采取盘左、盘右取平均值的方法加以消除。

(3) 竖轴误差即竖轴不铅垂,偏离正确位置的差值,是由于水准管轴不垂直竖轴,或安置仪器时水准管气泡不居中引起的。这种误差与正倒镜无关,并且随望远镜瞄准不同而变化,所以,不能用盘左、盘右取平均值的方法消除。因此,测量前应严格检校。

(4) 度盘偏心差主要是度盘加工及安装不完善引起的。可采取盘左、盘右取平均值的方法予以减小。度盘刻划不均匀误差也是由于仪器加工不完善引起的。可利用度盘位置变换手轮在各测回间变度盘位置,减小此项误差的影响。

(二) 观测误差

造成观测误差的原因有二:一是工作时不够细心;二是受人的器官及仪器性能的限制。观测误差主要有测站偏心、目标偏心、照准误差及读数误差。对于竖直角观测,则有指标水准器的调平误差。

1. 对中误差

如图 3-28 所示,观测时若仪器对中不精确,致使度盘中心与测站中心 O 不重合而偏至 O',OO' 的距离 e 称为测站偏心距,此时测得的角值 β' 与正确角值 β 之差 $\Delta\beta'$ 即为对中不良所产生的误差,由图可知 $\Delta\beta=\beta-\beta'=\delta_1+\delta_2$。因偏心距 e 是一小值,故 δ_1 和 δ_2 应为一小角,于是把 e 近似地看

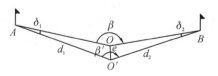

图 3-28　对中误差

作一段小圆弧,所以得

$$\Delta\beta = \delta_1 + \delta_2 = e\rho''\left(\frac{1}{d_1} + \frac{1}{d_2}\right) \tag{3-13}$$

式中,d_1、d_2 为水平角两边的边长;e 为测站偏心距;$\rho'' = 206\,265''$。

由式(3-13)可知,对中误差与偏心距 e 成正比,与边长 d_1 和 d_2 成反比。例如,$e=3\ \text{mm}$、$d_1=d_2=100\ \text{m}$,则 $\Delta\beta'=12.4''$;如果 $d_1=d_2=50\ \text{m}$,则 $\Delta\beta'=24.8''$。故当边长较短时,应认真进行对中,使 e 值较小,减少对中误差的影响。

2. 整平误差

观测时仪器未严格整平,竖轴将处于倾斜位置,这种误差与上面分析的水准管轴不垂直于竖轴的误差性质相同。由于这种不能采用适当的观测方法加以消除,当观测目标的竖直角越大其误差影响也越大,故观测目标的高差较大时,应特别注意仪器的整平,一般每测回观测完毕,应重新整平仪器再进行下一个测回的观测。当有太阳时,必须打伞,避免阳光照射水准管,影响仪器的整平。

3. 目标偏心误差

如图 3-29 所示,若供瞄准的目标偏心,观测时不是瞄准 A 点而是瞄准了 A' 点,偏心距 $AA'=e_1$,这时测得的角值 β' 与正确角值 β 之差 δ_1,即为目标偏心所产生的误差,即

$$\delta_1 = \beta - \beta' = \frac{e_1}{d_1}\rho'' \tag{3-14}$$

图 3-29　目标偏心

由式(3-14)可知,这种误差与对中误差的性质相同,即与偏心距成正比,与边长成反比,故当边长较短时应特别注意减小目标的偏心,若观测目标有一定高度,应尽量瞄准目标的底部,以减小目标偏心的影响。

4. 照准误差

人眼的分辨力为 $60''$,用放大率为 V 的望远镜观测,则照准目标的误差为

$$m_V = \frac{60''}{V} \tag{3-15}$$

如,$V=28$,则照准误差 $m_V=2.1''$。但观测时应注意消除视差,否则照准误差将增大。

5. 读数误差

在光学经纬仪按测微器读数,一般可估读至分微尺最小格值的 $1/10$,若最小格值为 $1'$,则读数误差可认为是 $1'/10=6''$,但读数时应注意消除读数显微镜的视差。

(三) 外界条件的影响

外界条件的因素十分复杂,如天气的变化、植被的不同、地面土质松紧的差异、地形的起伏以及周围建筑物的状况等,都会影响测角的精度。有风会使仪器不稳,地面土松软可使仪器下沉,强烈阳光照射会使水准管变形,视线靠近反光物体,则有折光影响。这些在测角时,应注意尽量予以避免。

二、竖直角测量误差

(一) 仪器误差

仪器误差主要有度盘刻划误差、度盘偏心差及竖盘指标差。其中,度盘刻划误差不能采用改变度盘位置(每一测回开始的始读数不变)进行观测加以消除,在目前仪器制造工艺中,度盘刻划误差是较小的,一般不大于 $0.2''$。度盘偏心差可采用对向观测取平均值加以消减(即由 A 观测 B,再由 B 观测 A)。而竖盘指标差可采用盘左盘右观测取平均值加以消除。

(二) 观测误差

观测误差主要有照准误差、读数误差和竖盘指标水准管整平误差。其中,前两项误差在水平角测量误差中已作论述,至于指标水准管整平误差,除观测时认真整平外,还应注意打伞保护仪器,切忌仪器局部受热。

(三) 外界条件的影响

外界条件的影响与水平角测量时基本相同,但其中大气折光的影响在水平角测量中产生的是旁折光,在竖直角测量中产生的是垂直折光。在一般情况下,垂直折光远大于旁折光,故在布点时应尽可能避免长边,视线应尽可能离地面高一点(应大于 1 m),并避免从水面通过,尽可能选择有利时间进行观测,并采用对向观测方法以削弱其影响。

三、水平角观测注意事项

(1) 观测前应对仪器进行检验,如不符合要求应进行校正。观测时采用盘左、盘右观测取平均值,用十字丝交点瞄准目标等方法,减小或削弱仪器误差的影响。

(2) 仪器安置的高度应合适,脚架应踩实,中心螺旋拧紧,观测时手不扶脚架,转动照准部及使用各种螺旋时,用力要轻。严格对中和整平,测角精度要求越高,或边长越短,则对中要求越严格;若观测目标的高度相差较大,特别要注意仪器整平。一测回内不得变动对中、整平。

(3) 目标应竖直,根据距离选择粗细合适的标杆,并仔细地立在目标点标志中心;瞄准时注意消除视差,尽可能照准目标底部或地面标志中心。高精度测角,最好悬挂垂球作标志或用联架法。

(4) 观测时严格遵守操作规程。观测水平角时切莫误动度盘,并用单丝平分或双丝夹准目标;观测竖直角时,要用横丝截取目标,读数前指标水准管气泡务必居中或自动归零补偿有效。

(5) 读数要准确无误,观测结果应及时记录和计算。发现错误或超过限差,立即重测。

(6) 高精度多测回测角时,各测回间应变换度盘起始位置,全圆使用度盘。

(7) 选择有利观测时机,避开不利外界因素。

第九节　距离测量

距离是指地面两点间水平的直线长度。按照所用仪器、工具和测量方法的不同,有钢尺量距、光学视距法和电磁波测距等。本节主要讲述钢尺量距。

钢尺量距工具简单,是工程测量中最常用的一种距离测量方法,按精度要求不同又分为一般方法和精密方法。钢尺量距的基本步骤为定线、量距及成果计算。

一、钢尺量距的一般方法

(一) 定线

如果地面两点之间距离较长或地面起伏较大,就需要在直线方向上分成若干段进行量测。这种将多个分段点标定在待量直线上的工作称为直线定线,简称定线。定线方法有目视定线和经纬仪定线,一般量距时用目视定线,精密量距时用经纬仪定线。

(二) 量距

1. 平坦地段距离丈量

如图 3－30 所示,若丈量两点间的水平距离 D_{AB},后尺员持尺零端位于起点 A,前尺员持尺末端、测钎和标杆沿直线力一向前进,至一整尺段时,竖立标杆;由后尺手指挥定线,将标杆插在 AB 直线上;将尺平放在 AB 直线上,两人拉直、拉一平尺子,前尺员发出"预备"信号,后司尺员将尺零刻划对准 A 点标志后,发出丈量信号"好",此时前司尺员把测钎对准尺子终点刻划垂直插入地面,这样就完成了第一尺段的丈量,同法继续丈量直至终点。每量完一尺段,后司尺员拔起后面的测钎再走。

最后,不足一整尺段的长度称为余尺段,丈量时,后尺员将零端对准最后一只测钎,前尺员以 B 点标志读出余长 q,读至厘米。后尺员"收"到 n(整尺段数)只测钎,A、B 两点间的水平距离 D_{AB} 按下式计算

$$D_{AB} = nl + q \qquad (3-16)$$

式中,l 为尺长。以上称为往测。

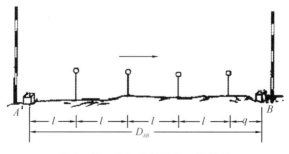

图 3－30　平坦地段钢尺一般量距

2. 倾斜地区的距离丈量

在倾斜地上丈量距离,视地形情况可用水平量距法或倾斜量距法。

当地势起伏不大时,可将钢尺拉平丈量,称为水平量距法。如图3-31(a)所示,丈量由 A 点向 B 点进行。后司尺员将钢尺零端点对准 A 点标志中心,前司尺员将钢尺抬高,并且目估使钢尺水平,然后用垂球尖将尺段的末端投影到地面上,插上测钎。量第二段时,后司尺员用零端对准第一根测钎根部,前司尺员同法插上第二个测钎,依次类推直到 B 点。

倾斜地面的坡度均匀时,可以沿着斜坡丈量出 AB 的斜距 L,测出地面倾斜角 α 或 A、B 两点的高差 h,然后计算 AB 的水平距离 D。如图3-31(b)所示,称为倾斜量距法。显然

$$D = L\cos\alpha = \sqrt{L^2 - h^2} \tag{3-17}$$

将式(3-17)按幂级数展开

$$\Delta L = D - L = \sqrt{L^2 - h^2} - L = L\left[\left(1 - \frac{h^2}{L^2}\right)^{\frac{1}{2}} - 1\right]$$

$$\Delta L = L\left[\left(1 - \frac{h^2}{2L^2} - \frac{h^4}{8L^4} - \cdots\right) - 1\right]$$

略去高次项有

$$\Delta L = -\frac{h^2}{2L}$$

于是

$$D = L + \Delta L = L - \frac{h^2}{2L} \tag{3-18}$$

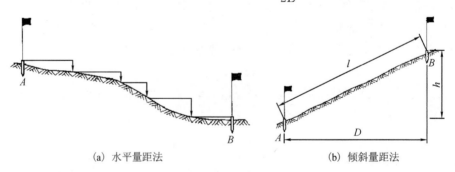

(a) 水平量距法　　　　　　(b) 倾斜量距法

图3-31　倾斜地面量距组图

3. 往返丈量

为了进行检核和提高精度,调转尺头自 B 点再丈量下 A 点,称为返测。往返各丈量一次称为一个测回。往返丈量长度之差称为较差,用 ΔD 表示

$$\Delta D = D_{往} - D_{返} \tag{3-19}$$

较差 ΔD 的绝对值与往返丈量平均长度 D_0 之比,称为相对误差,用 K 表示,为衡量距离丈量的精度指标。K 通常以分子为1的分数形式表示,即

$$K = \frac{|\Delta D|}{D_0} = \frac{1}{D_0/|\Delta D|} \tag{3-20}$$

若 K 满足精度要求,取往返丈量的平均值 D_0 作为结果,即

$$D_0 = \frac{1}{2}(D_{往} - D_{返}) \tag{3-21}$$

例 3-1 C、D 两点间距离丈量的结果为 $D_{CD} = 128.435$ m,$D_{DC} = 128.463$ m,则 CD 直线丈量的相对误差为

$$K = \frac{|128.435 - 128.463|}{\frac{1}{2}(128.435 + 128.463)} = \frac{0.028}{128.449} = \frac{1}{4\,587.464} \approx \frac{1}{4\,500}$$

相对误差分母通常取整百、整千、整万,不足的一律舍去,不得进位。相对误差分母越大,量距精度越高。在平坦地区量距,K 一般应 $\leqslant 1/3\,000$,量距困难地区也应 $\leqslant 1/1\,000$。若超限,则应分析原因,重新丈量。

二、精密方法量距

钢尺量距的一般方法,量距精度只能达到 $1/5\,000 \sim 1/1\,000$。但精度要求达到 $1/10\,000$ 以上时,应采用精密量距的方法。精密方法量距与一般方法量距基本步骤相同,量距在丈量时采用较为精密的方法,并对一些影响因素进行了相应的计算改正。

(一) 量距方法

量距前首先清理现场,利用经纬仪定线,桩定在被测距离的端点、分段点位置,在桩顶绘制十字标志作为丈量标志。

丈量时,一人手拉挂在钢尺零分划端的弹簧秤,另一人手拉钢尺另一端,将尺置于被测距离上,张紧尺子,待弹簧秤上指针指到该尺检定时的标准拉力(100 N)时,两端的读尺员同时读数,估读至 0.5 mm。每段距离要移动钢尺位置丈量 3 次,移动量一般在 1 cm 以上,3 次量距较差一般不超过 3 mm。每次读数的同时读记温度,精确至 0.5 ℃。

然后用水准仪测量两端点桩顶高差,一般进行往返测量,往返测得的高差较差应不超过 10 mm。

(二) 成果整理

钢尺精密量距完成后,应对每一尺段长进行尺长改正、温度改正及倾斜改正,求出改正后尺段的水平距离。

1. 尺长改正

钢尺在标准拉力 P_0 和标准温度 t_0 式的实际长 l_{t_0} 与其名义长 l_0 之差 Δl_d,称为整尺段的尺长改正数,即 $\Delta l_d = l_{t0} - l_0$,为尺长方程式的第二项。任意尺段长 l_i 的尺长改正数 Δl_{di} 为

$$\Delta l_{di} = \frac{\Delta l_d}{l_0} \times l_i \tag{3-22}$$

2. 温度改正

钢尺在丈量时的温度 t 与检定时标准温度 t_0 不同引起的尺长变化值,称为温度改正数,用 Δl_t 表示,为尺长方程式的第三项。任意尺段长 l_i 的温度改正数 Δl_{ti} 为

$$\Delta l_{ti} = \alpha(t - t_0) \times l_i \qquad (3-23)$$

3. 倾斜改正

尺段丈量时，所测量的是相邻两桩顶间的斜距，由斜距化算为平距所施加的改正数，称为倾斜改正数或高差改正数，用 Δl_h 表示。任意尺段长 l_i 的倾斜改正数 Δl_{hi} 按式（3-24）有

$$\Delta l_{hi} = -\frac{h_i^2}{2l_i} \qquad (3-24)$$

4. 尺段水平距离

综上所述，每一尺段改正后的水平距离为

$$D_i = l_i + \Delta l_{di} + \Delta l_{ti} + \Delta l_{hi} \qquad (3-25)$$

5. 计算全长

将改正后的各个尺段长和余长加起来，便得到距离的全长。如果往、返测相对误差在限差以内，则取平均距离为观测结果。如果相对误差超限，应重测。

（三）钢尺检定与尺长方程式

钢尺因制造误差、使用中的变形、丈量时温度变化和拉力等的影响，其实际长度与尺上标注的长度（即名义长度，用 l_0 表示）会不一致。因此，量距前应对钢尺进行检定，求出在标准温度 t_0 和标准拉力 P_0 下的实际长度，建立被检钢尺在施加标准拉力和温度下尺长随温度变化的函数式，这一函数式称为尺长方程式，以便对丈量结果加以相应改正。钢尺检定时，在恒温室（标准温度为 $20℃$）内，将被检尺施加标准拉力固定在检验台上，用标准尺去量测被检尺，或者对被检施加标准拉力去量测一标准距离，求其实际长度，这种方法称为比长法。尺长方程式的一般形式为

$$l_t = l_0 + \Delta l_d + \alpha(t - t_0)l_0 \qquad (3-26)$$

式中，l_t 为钢尺在温度 t 时的实际长度；l_0 为钢尺的名义长度；Δl_d 为检定时在标准拉力和温度下的尺长改正数；α 为钢尺的线形膨胀系数，普通钢尺为 $1.25 \times 10^{-5}/1℃$，为温度每变化 $1℃$ 钢尺单位长度的伸缩量；t 为量距时的温度；t_0 为检定时的温度。

第十节　方位角与象限角

一、直线定向的表示方法

在测量过程中一般采用真北方向、磁北方向或坐标北向为标准方向，如图 3-32 所示。

（一）真北方向（正北方向）

真北方向即真子午线北向，又称正北方向，为过地球上一点指向地球的北极方向。由于北极星在天空中的位置变化极其微小，故在测量时，通常以指向北极星的方向为真北方向。

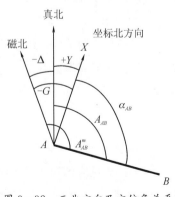

图 3-32　三北方向及方位角关系

（二）磁北方向（磁子午线方向）

磁北方向即磁子午线北向，为过地球上一点指向地球磁北极的方向，亦即磁针静止时，磁北针所指方向。

（三）坐标北向

坐标北向系指我国采用的高斯平面直角坐标系纵轴二轴的正向。在施工测量中，也可采用施工坐标系的，二轴正向作为坐标北向。

（四）三北方向的关系

由于地球的磁北极与地理北极不一致，因此，在地球任意一点上的磁北方向与真北方向一般说来都不重合，二者所夹角度称磁偏角 Δ。相对真北方向而言，磁北方向在真北方向东边 Δ 为正，反之为负。

地球上各点的真子午线也互不平行。高斯投影中，中央子午线投影后为一直线，其余为曲线。过某点的坐标纵线即中央子午线与真子午线方向的夹角称为子午线收敛角，用 γ 表示。当坐标纵线偏于真子午线方向以东称东偏，γ 取正号；反之，以西称为西偏，γ 取负号。

同时由于各种因素对地磁场的影响，所以各地的磁偏角也是不同的。其变化范围常常有几分至几度不等，即使在同一天内的同一个地方，也常常会有几分的变化。我国各地磁偏角除新疆、曾母暗沙等少数地区为东偏外，其他地区的磁偏角均为负值。在测量过程中，选用磁北方向作为标准方向就精度而言是不高的，只能当作粗略依据，故一般只在地质勘探工程及测区不大、精度要求不高的工程测量中采用。通常将磁北方向与坐标北向的夹角称磁坐偏角，磁北方向在坐标北向东边时，磁坐偏角 G 为正，反之为负。

如图 3-32 所示，Δ、γ、G 三者之间的关系式为

$$G = \Delta - \gamma \qquad (3-27)$$

在同一幅地形图中，有时同时注有三北方向及其关系，以供实际需要选用。

二、直线定向的表示方法

（一）方位角

在测量过程中，地面上任一直线的方向是用方位角来表示的。

方位角系指自选定的标准方向的北端起顺时针转向某直线的水平夹角。其大小在 $0°\sim360°$。如选定的标准方向为磁北方向，则该角度为磁方位角，用 A^m 表示；标准方向为正北方向，则为真方位角，用 A 表示；标准方向为坐标北向，则为坐标方位角，用 α 表示。

由图 3-32 可知，A、A^m、α 三者之间的关系式为

$$\alpha = A - \gamma = A^m + \Delta - \gamma$$
$$A = A^m + \Delta \qquad (3-28)$$
$$A = \alpha + \gamma$$

如已知某地 Δ 为西偏 $5°30'$，γ 为东偏 $2°$，某直线 AB 的磁方位角 A^m_{AB} 为 $135°$，则该直线的真方位角 A_{AB} 及坐标方位角 α_{AB} 分别为

$$A_{AB} = A^m_{AB} + \Delta = 135° + (-5°30') = 129°30'$$

$$\alpha_{AB} = A_{AB} - \gamma = 129°30' - 2° = 127°30'$$

(二) 象限角

1. 象限角

由从 X 轴方向顺时针或逆时针方向转至某直线的水平角度($0°\sim90°$)，称为象限角。用 R 表示。如图 3-33 所示，直线 01、02、03 和 04 的象限角分别为北东 R_{01}、南东 R_{02}、南西 R_{03} 和北西 R_{04}。

2. 坐标方位角与象限角的换算关系

坐标方位角与象限角的换算关系见表 3-5。

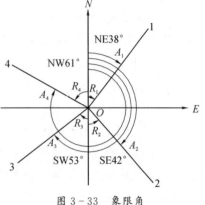

图 3-33　象限角

表 3-5　坐标方位角与象限角间的换算关系

直线方向	根据象限角 R 求方位角 α	根据方位角 α 求象限角 R
北东，即第一象限	$\alpha = R$	$R = \alpha$
南东，即第二象限	$\alpha = 180° - R$	$R = 180° - \alpha$
南西，即第三象限	$\alpha = 180° + R$	$R = \alpha - 180°$
北西，即第四象限	$\alpha = 360° - R$	$R = 360° - \alpha$

三、坐标方位角的计算

(一) 正、反坐标方位角

对同一直线而言，按直线方向的不同所计算的方位角就有正、反方位角之分。如图 3-34 所示，有某直线段 AB，设 A 为起点，B 为终点，则直线方向是 $A\rightarrow B$，我们就把 α_{AB} 称为正方位角，α_{BA} 称为反方位角，二者相差 $180°$(图 3-34 中所示为坐标方位角)。由于方位角总是正值，因此，正反方位角可用公式表示为

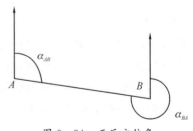

图 3-34　正反方位角

$$\alpha_{AB} = \alpha_{BA} \pm 180° \tag{3-29}$$

式中，α_{AB} 的值与 α_{BA} 的值有关，如果 $\alpha_{BA} \geqslant 180°$，式中取减号，否则取加号，以保证 α_{AB} 的值域在 $[0°, 360°]$ 内。

（二）坐标方位角的推算

在实际工作中并不需要测定每条直线的坐标方位角，而是通过与已知坐标方位角的直线联测后，推算出各直线的坐标方位角。如图 3-35 所示，已知直线 12 的坐标方位角 $\alpha_{\text{未知}} = \alpha_{\text{已知}} + \sum\beta_{\text{左}} - \sum\beta_{\text{右}} + N \times 180°$，观测了水平角 β_2、β_3，要求推算直线 23 和直线 34 的坐标方位角。

如图 3-35 所示，可以看出：

$$\alpha_{23} = \alpha_{21} - \beta_2 = \alpha_{12} + 180° - \beta_2$$
$$\alpha_{34} = \alpha_{32} - (360° + \beta_3) = \alpha_{23} - 180° + \beta_3$$

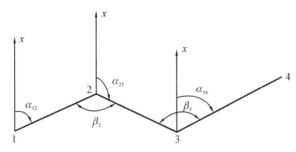

图 3-35 方位角推算

因 β_2 在推算路线前进方向的右侧，该转折角称为右角；β_3 在左侧，称为左角。从而可归纳出推算坐标方位角的一般公式为

$$\alpha_{\text{前}} = \alpha_{\text{后}} + \beta_{\text{左}} - 180° \qquad (3-30)$$
$$\alpha_{\text{前}} = \alpha_{\text{后}} - \beta_{\text{右}} + 180° \qquad (3-31)$$

因此，可将其写成通用公式为

$$\alpha_{\text{前}} = \alpha_{\text{后}} \pm \beta_{\text{右}}^{\text{左}} \mp 180° \qquad (3-32)$$

当然，在上述计算过程中，应保证计算得到的方位角为正值。

（三）坐标方位角的计算

在测量工作中，一条直线的坐标方位角可通过测定该直线与已知坐标方位角直线间的水平夹角来推算。

例 3-2 如图 3-36 所示，已知直线 AM 的方位角 α_{AM}，并测出其与直线 AB、AC 间的夹角 β_1 和 β_2，求直线 AB 和 CA 的方位角 α_{AB} 和 α_{CA}。

解：根据坐标方位角的定义，由图 3-36 可得

$$\alpha_{AB} = \alpha_{AM} + \beta_1$$
$$\alpha_{AC} = \alpha_{AM} + \beta_2$$

又

$$\alpha_{CA} = \alpha_{AC} \pm 180°$$

所以

$$\alpha_{CA} = \alpha_{AM} + \beta_2 \pm 180°$$

如图 3-36 所示，若已知坐标方位角 α_{AC}，测出夹角 β_1 和 β_2，求坐标方位角 α_{AM} 和 α_{AB}，用同样的方法可得

$$\alpha_{AM} = \alpha_{AC} - \beta_2$$
$$\alpha_{AB} = \alpha_{AC} - (\beta_2 - \beta_1)$$

由该例可知,同一起点 2 条直线的坐标方位角可用式(3－33)计算。

$$\alpha_{未知} = \alpha_{已知} \pm \beta \qquad\qquad (3-33)$$

当 β 为由同一起点的已知坐标方位角的直线转向未知坐标方位角的直线时,若转向为顺时针,β 前取"＋";若转向为逆时针,β 前取"－"。

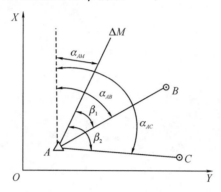

图 3－36 坐标方位角计算

例 3－3 如图 3－37 所示,已知 α_{AM},测出角度 β_1,β_2,β_3,β_4,求 α_{DE}。

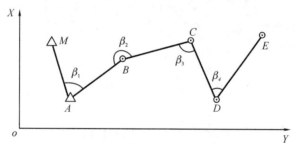

图 3－37 导线坐标方位角的推算

解 利用正、反坐标方位角的关系和式(3－34),可得坐标方位角 α_{DE}。

$$\alpha_{AB} = \alpha_{AM} + \beta_1$$
$$\alpha_{BC} = \alpha_{AB} \pm 180° + \beta_2$$
$$\alpha_{CD} = \alpha_{BC} \pm 180° - \beta_3$$
$$\alpha_{DE} = \alpha_{CD} \pm 180° + \beta_4$$

综合上面的计算过程,可推算折线上各线段的坐标方位角。

$$\alpha_{未知} = \alpha_{已知} + \sum \beta_左 - \sum \beta_右 + N \times 180° \qquad (3-34)$$

式中,$\sum \beta_左$ 为推算路线前进方向左边的 β 角(左角)之和;$\sum \beta_右$ 为推算路线前进方向右边的 β 角(右角)之和;N 为正、反坐标方位角转换的次数。

在计算中,若计算结果大于360°,应减去360°;计算结果为负值时,应加上360°。

复习思考题

(1) 什么是水平角？用经纬仪照准同一竖直面内不同高度的两目标时,在水平度盘上的读数是否一样？

(2) 说明测回法及全圆观测法测水平角的方法和步骤。

(3) 什么叫竖直角？用经纬仪测竖直角的步骤如何？

(4) 由表 3-6 列出的水平角观测成果,计算其角度值。

表 3-6 水平角观测

测站	竖盘位置	目标	水平度盘读数	半测回角值	一测回角值	草图
0	盘左 L	A	130°8.1′			
		B	190°15.4′			
	盘右 R	B	10°16.3′			
		A	310°8.7′			

(5) 用 DJ2 级经纬仪做方向观测,其观测资料见表 3-7,试计算各方向值。

表 3-7 观测记录

测站	测回	方向数	读数 盘左 L	读数 盘右 R	$2C=L+180°-R$	方向值 $(L+R-180°)/2$	归零方向值	备注
A	I	1	0°00′20.4″	180°00′16.9″				
		2	60°58′11.7″	240°58′13.7″				
		3	109°33′1.0″	289°33′43.9″				
		4	155°53′38.5″	335°53′39.2″				
		1	0°00′19.0″	180°00′23.0″				
A	II	1	45°12′44.7″	225°12′48.9″				平均方向值:
		2	106°10′40.7″	286°10′45.6″				1—
		3	154°46′01.3″	334°46′09.4″				2—
		4	201°06′05.8″	21°06′11.3″				3—
		1	45°12′47.6″	225°12′48.2″				4—
A	III	1	90°16′30.1″	270°16′29.3″				
		2	151°14′21.6″	331°14′28.4″				
		3	199°49′48.2″	19°49′52.2″				
		4	246°09′47.7″	66°09′53.4″				
		1	90°16′26.5″	270°16′30.0″				

(6) 将一把 30 m 的钢尺与标准尺比长,得知该钢尺比标准尺长 7.0 mm,已知标准尺的尺长方程为 $l_t = 30 + 0.005\,2 + 1.25 \times 10^{-5} \times 30 \times (t - 20)$,比长时的温度为 10 ℃,拉力为 10 kg,求该钢尺的尺长方程式。

(7) 有一钢尺检定厂,两标志间的名义长度为 120 m,用精密测距得的实际长度为 119.964 8 m,现在将一把 30 m 钢尺在此做检定,量得两标志间的平距为 120.0253 m,检定时的温度为 26 ℃,拉力为 10 kg,求该钢尺在检定温度取为时的尺长方程。

(8) 有一钢尺,其尺长方程为 $l_t = 30 - 0.010 + 1.25 \times 10^{-5} \times 30 \times (t - 20)$,在标准拉力下,用该尺沿 5°30′ 的斜坡地面量得的名义距离为 400.354 m,丈量时的平均气温为 6 ℃,求实际平距为多少?

(9) 有一把 20 m 的钢尺,在温度为补数值时的检定为 20.009 m,今用该钢尺在 20 ℃ 的气温下,量得一段名义距离为 175.460 m,求该段距离的实际长度($\alpha = 1.25 \times 10^{-5}/1℃$)。

(10) 试述水平角观测的步骤。

(11) 根据表 3-8 所示的垂直度盘形式和垂直角观测记录,计算出这些垂直角。

表 3-8 垂直度盘观测记录

测站	目标	竖盘	竖盘读数	半测回垂直角	一测回垂直角	备 注
A	B	左	72°36′12″			
		右	287°23′44″			
	C	左	88°15′52″			
		右	271°44′06″			
	D	左	102°50′32″			
		右	257°09′20″			

(12) 何谓垂直度盘指标差?在观测中如何抵消指标差?

(13) 测量水平角时,为什么要进行盘左、盘右观测?

(14) 什么是直线定向?怎样确定直线的方向?

(15) 定向的基本方向有哪几种?它们之间存在什么关系?

(16) 磁偏角与子午线收敛角的定义是什么?其正负号如何确定?

(17) 坐标方位角的定义是什么?用它来确定直线的方向有什么优点?

(18) 已知 A 点的磁偏角为 $-5°15′$,过 A 点的真子午线与中央子午线的收敛角 $\gamma = 2′$,直线 AC 的坐标方位角 110°16′,求 AC 的真方位角与磁方位角并绘图说明。

(19) 地面上甲乙两地东西方向相距 3 000 m,甲地纬度为 44°28′,乙地纬度为 45°32′,求甲乙两地的子午线收敛角(设地球半径为 6 370 km,取 $\rho' = 3\,438_\circ$)。

(20) 已知 1-2 边的坐标方位角为 A_{12} 及各转点处的水平角如图 3-38 所示,试推算各边的坐标方位角,并换算成象限角。

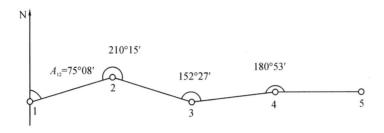

图 3 - 38　导线示意

（21）全站仪有哪些误差来源？全站仪的精度指标是什么？

（22）全站仪有哪些测量功能？

（23）何谓同轴望远镜？

（24）全站仪数据采集的主要步骤有哪些？

（25）全站仪放样点位的主要步骤有哪些？

第四章 | 测量误差

由于自然界的任何客观事物或现象都具有不确定性,加之受科学技术发展水平的限制,导致人们的认知能力存在局限性。因此,人们只能不断地接近客观事物或现象的本质,而不能穷尽它,即对客观事物或现象的认识总会存在不同程度的偏差。这种偏差在对被观测对象进行测量的过程中反映出来,称为测量误差。本章主要讨论普通测量中的测量误差。

第一节 测量误差概述

一、测量误差的概念

被观测对象的量是客观存在的,称为真值。每次对被观测量进行观测所得到的数值,称为观测值。设对某观测量进行了 n 次观测,观测值为 $l_i(i=1,2,\cdots,n)$,被观测量的真值为 L,则观测值与其真值之间的差值 Δ_i 称为真误差,即

$$\Delta_i = l_i - L \tag{4-1}$$

测量中不可避免地存在着测量误差。例如,对某段距离往返丈量若干次,对某个角度重复观测几个测回,无论所用的测量仪器工具多么精密,观测人员多么认真仔细,在被观测量的重复观测值之间往往存在着差异。又如,对一个平面三角形的三个内角进行观测,三个内角的观测值之和往往与其真值180°存在差异。在观测值之间或观测值与其真值之间的差异,即为测量误差。

对一段距离或一个角度,只需观测一次即可确定其大小,但通常要重复观测多次。对一个平面三角形,只需观测其中2个内角即可确定其形状,但通常还要观测第三个内角。对同一个量进行的重复观测以及对平面三角形的第三个内角的观测,称为"多余观测"。测量误差正是通过"多余观测"产生的差异反映出来的。

二、测量误差的来源

观测误差产生的原因,概括起来主要有以下几个方面。

(一)测量仪器

测量工作通常是利用测量仪器进行的。由于每一种仪器的精度都是有限的,因而使观测值的精确性受到一定的限制。例如,用只刻有厘米分划的普通水准尺进行水准测量时,就难以保证在估读厘米以下的尾数时完全正确无误;由于水准仪的视准轴与水准管

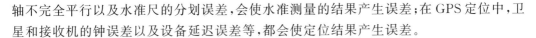

轴不完全平行以及水准尺的分划误差,会使水准测量的结果产生误差;在 GPS 定位中,卫星和接收机的钟误差以及设备延迟误差等,都会使定位结果产生误差。

(二)观测者

由于观测者的感觉器官的鉴别能力有一定的局限性,所以在仪器的安置、照准、读数等方面都会产生误差。同时,观测者的工作态度和技术水平,也是对观测成果质量有直接影响的重要因素。

(三)外界条件

测量工作总是在一定的外界条件下进行的,观测时的温度、湿度、压强、风力、大气折光、电离层等因素都会对观测结果直接产生影响,随着这些因素的变化,它们对观测结果的影响也随之不同。

(四)观测对象

观测目标本身的结构、状态和清晰程度等,也会对观测结果直接产生影响。例如,三角测量中的观测目标觇标和照准圆筒,由于风吹日晒雨淋会使其边界变得模糊、亮度降低和产生偏移等。

(五)方法误差

测量方法(包括计算过程)的不完善也会使测量结果产生误差。事实上,不存在不产生测量误差的尽善尽美的方法。由测量方法引起的测量误差主要有以下两种情况。

(1)由于测量人员的知识不足或研究不充分致使操作不合理,或对测量方法、测量程序进行错误的简化等引起的方法误差。

(2)分析处理观测数据时引起的方法误差。例如,对同一组观测数据用不同的平差准则处理所得到的结果不相同。

通常,测量仪器、观测者、外界条件、观测对象和方法误差等这 5 个方面的因素合起来称为观测条件。观测条件的好坏与观测成果的质量有着密切的联系。当观测条件好一些,观测中产生的误差就可能相应地小一些,观测成果的质量就会高一些。反之,观测条件差一些,观测成果的质量就会相对低一些。如果观测条件相同,观测成果的质量也就可以说是相同的。但是,不管观测条件如何,观测的结果都会产生误差,测量中产生误差是不可避免的。当然,在客观条件允许的限度内,必须确保观测成果达到一定的质量要求。

三、测量误差的分类

观测误差按其影响性质可分为粗差、系统误差和偶然误差等三类。

(一)系统误差

在相同的观测条件下作一系列的观测,如果误差在大小、符号上表现出系统性,或者在观测过程中按一定的规律变化,或者为某一常数,那么这种误差称为系统误差。

系统误差按其表现形式主要分为 4 类:线性系差、恒定系差、周期系差和复杂性系差。例如,全站仪的乘常数误差所引起的距离误差与所测距离的长度成正比,距离愈长,误差也愈大,这种误差属于系统误差中的线性系差,即误差是随测量时间或其他因素变化而逐渐增加或减少的;恒定系差指误差不随时间或其他因素而变化,为恒定常数,如全站仪的加常数误差所引起的距离误差为一常数,与距离的长度无关;周期系差是指误差随测量时间或其他因素变化而呈周期性变化,如沉降监测中,在两固定点间每天重复进行水准测量,就会发现由于温度等外界因素变化而产生以年为周期的周期性误差;复杂性系差是指误差随测量时间或其他因素的变化而呈现出十分复杂的规律,它可能是前3种系差的叠加或服从某种较为复杂的分布。

系统误差在相同条件下不能通过对多次重复观测值的处理(如取平均值)而减少,其对于观测结果的影响一般具有累积作用,对测量成果质量的影响也特别显著。在实际工作中,应该采用各种方法来消除或减弱系统误差的影响,达到实际上可以忽略不计的程度,即将残余的系统误差控制在小于或至多等于偶然误差的量级内。为达到这一目的,通常采取以下措施。

(1)找出系统误差出现的规律性并设法求出它的数值,然后对观测结果进行改正。例如,尺长改正、经纬仪测微器行差改正、折光差改正;在GPS(全球定位系统)测量中,根据电离层、大气层的折射模型对观测值进行改正等。

(2)合理选择观测条件。根据经验可知,三角测量中的系统误差主要来源于观测条件的不同,观测条件主要是指天气(如太阳照射方向、日间或夜间、风向、风力、气温、气压等),若观测条件改变,如由日间观测改为夜间观测,则观测值服从另一母体,有另一均值,因而有另一系统误差,同一观测角值的分群现象也可以由此得到解释。所以,利用不同的观测条件进行观测,系统误差就近似于偶然误差,通过取观测值的平均值就可以减少系统误差的影响。

(3)改进仪器结构并制订有效的观测方法和操作程序,使系统误差按数值接近、符号相反的规律交替出现,从而在观测结果的综合中基本抵消。例如,经纬仪按度盘的两个相对位置读数的装置、测角时纵转望远镜的操作方法、水准测量中前后视尽量等距的设站要求以及高精度水平角测量中日、夜的测回数各为一半的时间规定等。

(4)综合分析观测资料,发现系统误差,在平差计算中将其消除。例如,在GPS数据处理中用观测值的线性组合参加平差,以抵消电离层和大气折射的影响。

(5)实验估计法。对在测量中无法消除但却可以估计出大小和符号的系统误差,可在测量结果中给予改正,如距离丈量中的尺长改正。

系统误差对于观测结果的影响一般有累积的作用,它对观测成果质量的影响也特别显著。因此,在实际工作中,应该采用各种方法来消除或减弱系统误差对观测成果的影响,使其小到实际上可以忽略不计的程度。例如,在测量之前对测量仪器进行认真的检验与校正,在测量过程中采用合适的测量方法,对观测成果进行必要的改正等。

(二) 偶然误差

1. 定义

在相同的观测条件下对某量进行一系列观测,单个误差的出现没有一定的规律性,其数值的大小和符号都不固定,表现出偶然性,这种误差称为偶然误差,又称为随机误差。

偶然误差反映观测结果的精密度(简称精度)。精度是指在同一观测条件下,用同一观测方法对某量多次观测时,各观测值之间相互接近或离散的程度。

例如,用经纬仪测角时,就单一观测值而言,由于受照准误差、读数误差、外界条件变化所引起的误差、仪器自身不完善引起的误差等综合的影响,测角误差的大小和正负号都不能预知,具有偶然性。所以测角误差属于偶然误差。

2. 偶然误差的特性

由前所述,观测结果中的系统误差可以通过查找规律和采取一定的观测措施来消除,因此,本章主要是研究偶然误差的处理方法。为了研究观测结果的质量以及如何根据观测结果求出未知量的最或然值,必须深入研究偶然误差的性质。

偶然误差具有以下的规律性。

(1) 在一定的观测条件下,偶然误差有界,即绝对值不会超过一定的限度。

(2) 绝对值小的误差比绝对值大的误差出现的机会要大。

(3) 绝对值相等的正误差与负误差,其出现的机会基本相等。

(4) 当观测次数无限增多时,偶然误差的算术平均值趋近于零,即

$$\lim_{n \to \infty} \frac{\Delta_1 + \Delta_2 + \cdots + \Delta_n}{n} = \lim_{n \to \infty} \frac{[\Delta]}{n} = 0 \qquad (4-2)$$

上述第四个特性是由第三个特性导出的。从第三个特性可知,在大量的偶然误差中,正误差与负误差出现的可能性相等,因此,在求全部误差总和时,正的误差与负的误差就有互相抵消的可能。这个重要的特性对处理偶然误差有很大的意义。实践表明,对于在相同条件下独立进行的一组观测来说,不论其观测条件如何,也不论是对一个量还是对多个量进行观测,这组观测误差必然具有上述四个特性。而且,当观测的个数 n 愈大时,这种特性就表现得愈明显。

3. 削减偶然误差的措施

(1) 在必要时或条件许可时,采用较精密的测量仪器。

(2) 进行多余观测。

(3) 求未知量的最可靠值。一般情况下,未知量的真值无法求得,可利用多余观测值求出未知量的最或是值,即最可靠值。求未知量最可靠值的常见方法是取观测值的算术平均值。

由偶然误差的特性可知,当观测次数无限增加时,偶然误差的算术平均值必然趋近于零。但实际上,对任何一个未知量不可能进行无限次观测,通常观测次数是有限的,因而不能以严格的数学理论去理解这个表达式,它只能说明一种趋势。但是,由于其正的误差和负的误差可以相互抵消,因此,可以采用多次观测,取观测结果的算术平均作为最终结果。

前述系统误差和偶然误差在观测过程中总是同时发生的,当观测值中有显著的系统误差时,偶然误差就居于次要地位,观测误差就呈现出系统的性质;反之,观测误差则呈现出偶然的性质。

(三) 粗差

在测量工作的整个过程中,除了有系统误差和偶然误差之外,还可能产生粗差。粗差一般是指超限误差,即比最大偶然误差还要大的误差。例如,观测时大数读错,计算机输入数据错误,航测像片判读错误,控制网起始数据错误等。这些都是人为的误差,是可以且应该避免的。粗差的存在将极大地危害测量最终成果。随着现代测绘技术的发展,特别是空间技术在对地观测中发挥越来越大的作用,可以在短时间内通过自动化数据采集等方法获得大量的观测值,这样就难免会有粗差混入观测结果之中。粗差问题在现今的高新测量技术,如 GPS、RS(遥感)、GIS(地理信息系统)中尤为突出。识别粗差的方法不是用简单方法就可以达到目的,需要通过数据处理技术进行识别、定位和消除。

上述三类误差中,偶然误差和系统误差是属于不可避免的正常性误差,而粗差则属于能够避免的非正常性误差,在测量结果中不允许存在粗差。因此,在测量数据处理中,对含有粗差的观测结果应予以剔除,使测量结果只含有偶然误差和系统误差。

第二节　衡量精度的指标

在测量中用精度来评价观测成果的优劣。为此,需要建立一个统一的衡量精度的标准,即给出一个数值概念,使该标准及其数值大小能反映出误差分布的离散或密集的程度,称之为精度指标。

一、中误差

在相同的观测条件下对某量进行一组观测,在这组观测中的每一个观测值都具有相同的精度。在测量中广泛采用中误差作为衡量精度的标准。

在等精度观测列中,各真误差平方的平均数的平方根,称为中误差,即

$$m = \sqrt{\frac{[\Delta\Delta]}{n}} \qquad\qquad (4-3)$$

式中,Δ 是观测值的真误差;n 是观测值的个数。

例 4-1 设有两组等精度观测值,其真误差分别为

第一组 $-3''$、$+3''$、$-1''$、$-3''$、$+4''$、$+2''$、$-1''$、$-4''$;

第二组 $+1''$、$-5''$、$-1''$、$+6''$、$-4''$、$0''$、$+3''$、$-1''$。

试求这两组观测值的中误差。

解 将两组真误差分别代入式(4-3)得

$$m_1 = \sqrt{\frac{9+9+1+9+16+4+1+16}{8}} = 2.9''$$

$$m_2 = \sqrt{\frac{1+25+1+36+16+0+9+1}{8}} = 3.3''$$

比较 m_1 和 m_2 可知,第一组观测值的精度要比第二组高。

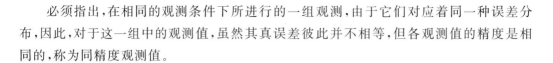

必须指出,在相同的观测条件下所进行的一组观测,由于它们对应着同一种误差分布,因此,对于这一组中的观测值,虽然其真误差彼此并不相等,但各观测值的精度是相同的,称为同精度观测值。

二、相对误差

对于某些观测结果,有时采用中误差不能客观、合理地反映观测精度的高低。例如,分别丈量了 100 m 和 200 m 两段距离,其中误差均为 0.02 m。虽然两者的中误差相同,但就单位长度而言,两者精度并不相同,显然后者高于前者。此时,为了客观、合理地反映实际精度,常采用相对误差作为衡量精度的标准。

观测值的中误差 m 与相应观测值 S 的比值,称为相对中误差。它是一个无名数,常用分子为 1 的分数表示,即

$$K = \frac{m}{S} = \frac{1}{S/m} \tag{4-4}$$

在上例中,前者的相对中误差为 1/5 000,后者为 1/10 000,表明后者的测量精度高于前者。

对于真误差或容许误差,有时也用相对误差来表示。例如,距离测量中的往返测较差与距离测量值之比就是所谓的相对真误差,即

$$\frac{|D_{往} - D_{返}|}{D_{平均}} = \frac{1}{D_{平均} / |D_{往} - D_{返}|} \tag{4-5}$$

与相对误差对应,真误差、中误差、容许误差都是绝对误差。

三、极限误差

由偶然误差的第一特性可知,在一定的观测条件下,偶然误差的绝对值不会超过一定的限值。这个限值就是容许误差或称极限误差。此限值有多大呢?根据误差理论和大量的实践证明,在一系列的同精度观测误差中,真误差绝对值大于中误差的概率约为 32%;大于 2 倍中误差的概率约为 5%;大于 3 倍中误差的概率约为 0.3%。也就是说,大于 3 倍中误差的真误差实际上是不可能出现的。因此,通常以 3 倍中误差作为偶然误差的极限值。在测量工作中一般取 2 倍中误差作为观测值的允许误差,即

$$\Delta_{容} = 2m \tag{4-6}$$

当某观测值的误差超过了 2 倍中误差时,将认为该观测值含有粗差,而应舍去不用或重测。

第三节　误差传播定律及其应用

当对某量进行了一系列的观测之后,观测值的精度通常用中误差来衡量。但是,在实际工作中,往往会遇到某些量的大小并不是直接测定的,而是由观测值通过一定的函

数关系间接计算出来的。例如,水准测量中,在一个测站上测得后、前视读数分别为 a、b,则高差 $h=a-b$,这时高差 h 就是直接观测值 a、b 的函数。当 a、b 存在误差时,h 也受其影响而产生误差,这就是所谓的误差传播。阐述观测值中误差与观测值函数中误差之间关系的定律称为误差传播定律。

一、误差传播定律的一般形式

设 Z 为独立变量 $x_1,x_2,\cdots,x_n$(即独立观测值)的函数,即

$$Z = f(x_1,x_2,\cdots,x_n)$$

若已知 $x_i(i=1,2,\cdots,n)$ 具有真误差 Δ_i,相应的中误差为 $m_i(i=1,2,\cdots,n)$,而 Z 的真误差为 Δ_Z,相应的中误差 m_Z,即

$$Z + \Delta_Z = f(x_1 + \Delta_1, x_2 + \Delta_2, \cdots, x_n + \Delta_n)$$

这些真误差都是一个小量,将上式在 $x_1,x_2,\cdots,x_n$ 处展开成级数,并取其近似值为

$$Z + \Delta_Z = f(x_1,x_2,\cdots,x_n) + \left(\frac{\partial f}{\partial x_1}\Delta_1 + \frac{\partial f}{\partial x_2}\Delta_2 + \cdots + \frac{\partial f}{\partial x_n}\Delta_n\right)$$

即

$$\Delta_Z = \frac{\partial f}{\partial x_1}\Delta_1 + \frac{\partial f}{\partial x_2}\Delta_2 + \cdots \frac{\partial f}{\partial x_n}\Delta_n$$

若对各独立观测量进行了 k 次观测,每次所得方程自乘,然后相加可得

$$\sum_{j=1}^{k}\Delta_{Zj}^2 = \left(\frac{\partial f}{\partial x_1}\right)^2\sum_{j=1}^{k}\Delta_{1j}^2 + \left(\frac{\partial f}{\partial x_2}\right)^2\sum_{j=1}^{k}\Delta_{2j}^2 + \cdots \left(\frac{\partial f}{\partial x_n}\right)^2\sum_{j=1}^{k}\Delta_{nj}^2 + 2\left(\frac{\partial f}{\partial x_1}\right)\cdot\left(\frac{\partial f}{\partial x_2}\right)\sum_{j=1}^{k}\Delta_{1j}\Delta_{2j}$$

$$+ 2\left(\frac{\partial f}{\partial x_1}\right)\cdot\left(\frac{\partial f}{\partial x_3}\right)\sum_{j=1}^{k}\Delta_{1j}\Delta_{3j} + \cdots + 2\left(\frac{\partial f}{\partial x_{n-1}}\right)\cdot\left(\frac{\partial f}{\partial x_n}\right)\sum_{j=1}^{k}\Delta_{(n-1)j}\Delta_{nj}$$

上式中,当 $k\to\infty$ 时,各偶然误差 Δ 的交叉项总和为 0,又有

$$\frac{\sum_{j=1}^{k}\Delta_{Zj}^2}{k} = m_Z^2, \quad \frac{\sum_{j=1}^{k}\Delta_{ij}^2}{k} = m_i^2$$

则

$$m_Z^2 = \left(\frac{\partial f}{\partial x_1}\right)^2 m_1^2 + \left(\frac{\partial f}{\partial x_2}\right)^2 m_2^2 + \cdots + \left(\frac{\partial f}{\partial x_n}\right)^2 m_n^2 \tag{4-7}$$

或

$$m_Z = \sqrt{\left(\frac{\partial f}{\partial x_1}\right)^2 m_1^2 + \left(\frac{\partial f}{\partial x_2}\right)^2 m_2^2 + \cdots + \left(\frac{\partial f}{\partial x_n}\right)^2 m_n^2} \tag{4-8}$$

式(4-8)就是函数中误差与观测值中误差的一般关系式,即误差传播定律的一般形式。误差传播定律不仅可以用来求得观测值函数的中误差,还可用于研究容许误差的确定及分析观测可能达到的精度等。

利用上述误差传播定律,不难导出下列简单函数式的中误差传播公式,如表 4-1 所示。

表 4 - 1 简单函数的中误差传播公式

函数名称	函数式	中误差传播公式
倍数函数	$Z = Ax$	$m_z = Am$
和差函数	$Z = x_1 \pm x_2$	$m_z = \sqrt{m_1^2 + m_2^2}$
	$Z = x_1 \pm x_2 \pm \cdots \pm x_n$	$m_z = \sqrt{m_1^2 + m_2^2 + \cdots + m_n^2}$
线性函数	$Z = A_1 x_1 \pm A_2 x_2 \pm \cdots \pm A_n x_n$	$m_z = \sqrt{A_1^2 m_1^2 + A_2^2 m_2^2 + \cdots + A_n^2 m_n^2}$

例 4 - 2 测得某一斜距 $S = 106.28$ m,斜距的竖角 $\delta = 8°30'$,中误差 $m_S = 5$ cm,$m_\delta = 20''$,求改算后的平距的中误差 m_D。

解 利用斜距和竖角计算平距的公式为

$$D = S \cdot \cos\delta$$

对上式全微分化成线性函数,并用真误差代替微分得

$$\Delta_D = \cos\delta \cdot \Delta_S - S \cdot \sin\delta \Delta_\delta$$

应用式(4 - 7)得

$$m_D^2 = \cos^2\delta m_S^2 + (S \cdot \sin\delta)^2 \ (m_\delta / \rho'')^2 = (0.989)^2 \times 25 + (1570.918)^2 \ (20/206\ 265)^2$$
$$= 24.45 + 0.02 = 24.47 \text{ cm}^2$$

$$m_D = 4.9 \text{ cm}$$

在上式计算中,单位统一为 cm,(m_δ / ρ'') 的作用是将角值的单位由秒化为弧度。

二、运用误差传播定律的应用

1. 应用步骤

运用误差传播定律计算观测值函数中误差的步骤如下。

(1)依题意列出函数式:$Z = f(x_1, x_2 \cdots, x_n)$

(2)对函数 Z 进行全微分,即得到函数真误差与观测值真误差的关系式,即

$$dZ = \frac{\partial f}{\partial x_1} dx_1 \pm \frac{\partial f}{\partial x_2} dx_2 \pm \cdots \pm \frac{\partial f}{\partial x_n} dx_n$$

(3)代入误差传播公式,计算观测值函数中误差,即

$$m_z^2 = \left(\frac{\partial f}{\partial x_1}\right)^2 m_1^2 + \left(\frac{\partial f}{\partial x_2}\right)^2 m_2^2 + \cdots + \left(\frac{\partial f}{\partial x_n}\right)^2 m_n^2$$

应用误差传播定律,应注意以下几点。

(1)式中 $\left(\frac{\partial f}{\partial x_i}\right)$ 是用观测值代入后算出的偏导函数值。

(2)求解过程中,应注意角度误差与弧度误差的转换。

(3)各观测值必须是相互独立的。

2. 误差传播定律的应用实例

下面举例说明误差传播定律的应用方法。

例 4 - 3 在比例尺为 1:500 的地形图上量得某两点间的距离 $d = 234.5$ mm,其中误差 $m_i = 0.2$ mm,求该两点间的地面水平距离 D 及其中误差 m_D。

解 （1）实距＝比例尺×图距（属于倍数函数）

$$D = 500 \times d = 117.25 \text{ m}$$

（2）因为属于倍数函数，根据表 4-1 的公式可得

$$m_D = 500 m_i = 0.10 \text{ m}$$

例 4-4 设对某一个三角形观测了其中 α、β 两角，测角中误差分别为 $m_a = 3.5''$，$m_\beta = 6.2''$，试求 γ 角的中误差 m_γ。

解 $\gamma = 180° - \alpha - \beta$，属于和差数函数

所以

$$m_\gamma = \sqrt{m^2\alpha + m_\beta^2} = 7.1''$$

第四节　等精度观测值的算数平均值及精度评定

一、算数平均值

设在相同的观测条件下对某一未知量观测了 n 次，且观测值为 $L_1, L_2, \cdots, L_n$，现在要利用这 n 个观测值确定该未知量的最或然值。

设未知量的真值为 L，根据式（4-1）可以计算各观测值的真误差，即

$$\Delta_1 = L_1 - L$$
$$\Delta_2 = L_2 - L$$
$$\cdots$$
$$\Delta_n = L_n - L$$

将上列等式相加，并除以 n，得

$$\frac{[\Delta]}{n} = \frac{[L]}{n} - L$$

设以 x 表示观测值的算数平均值，即

$$x = \frac{L_1 + L_2 + \cdots + L_n}{n} = \frac{[L]}{n} \qquad (4-9)$$

根据偶然误差的第四个特征，当观测次数无限增多时，$\frac{[\Delta]}{n}$ 趋近于 0，即

$$\lim_{n \to \infty} \frac{[\Delta]}{n} = 0$$

也就是说，当观测次数 n 趋于无穷大时，观测值的算数平均值即为真值。但是，在实际工作中，观测次数总是有限的，因此，总把有限次观测值的算数平均值作为未知量的最或然值。

二、观测值的改正数

相同的观测条件下，对某一量进行多次观测，可以计算其平均值 x 作为最或然值，最或然值 x 与观测值的差值为

$$v_i = L_i - x \qquad\qquad (4-10)$$

式中，v_i 称为改正数。

三、观测值及算数平均值的中误差

1. 同精度观测值的中误差

由式(4-3)可知，计算中误差 m 需要知道观测值的真误差。但在一般情况下，未知量的真值 X 是不知道的，那么真误差 Δ_i 也无法得到。此时，就不能用式(4-3)计算观测值的中误差。下面推导由观测值的改正数 v_i 计算中误差的公式。

根据式(4-1)和式(4-10)，可得

$$\Delta_1 = L_1 - L, v_1 = L_1 - x$$
$$\Delta_2 = L_2 - L, v_2 = L_2 - x$$
$$\cdots$$
$$\Delta_n = L_n - L, v_n = L_n - x$$

将上列左右两式相减，得

$$\Delta_1 = v_1 + (x - L)$$
$$\Delta_2 = v_2 + (x - L) \qquad\qquad (4-11)$$
$$\cdots$$
$$\Delta_n = v_n + (x - L)$$

将式(4-11)等号两边求和，并顾及 $[v]=0$，得

$$[\Delta] = n(x - L) \qquad\qquad (4-12)$$

整理得

$$x - L = \frac{[\Delta]}{n}$$

将式(4-11)等号两边平方后求和，并顾及 $[v]=0$，得

$$[\Delta\Delta] = [vv] + n(x - L)^2$$

由式(4-12)可得

$$(x - L)^2 = \frac{[\Delta]^2}{n^2} = \frac{\Delta_1^2 + \Delta_2^2 + \cdots + \Delta_n^2}{n^2} + \frac{2(\Delta_1\Delta_2 + \Delta_1\Delta_3 + \cdots + \Delta_{n-1}\Delta_n)}{n^2}$$

上式中，右端第二项 $\Delta_i\Delta_j (i \neq j)$ 为任意两个偶然误差的乘积，因此，仍然具有偶然误差的特性，即

$$\lim_{n \to \infty} \frac{\Delta_1\Delta_2 + \Delta_1\Delta_3 + \cdots + \Delta_{n-1}\Delta_n}{n} = 0$$

当 n 为有限值时，上式的值为一微小量，除以 n 后，可以忽略不计，因此

$$(x - L)^2 = \frac{[\Delta\Delta]}{n^2}$$

从而有

$$\frac{[\Delta\Delta]}{n} = \frac{[vv]}{n-1}$$

根据式(4-3),得

$$m = \sqrt{\frac{[vv]}{n-1}} \qquad (4-13)$$

式(4-13)即是利用观测值的改正数计算观测值中误差的公式,称为白塞尔公式。

2. 算数平均值的中误差

设对某量进行 n 次等精度观测,观测值为 $L_i(i=1,2,\cdots,n)$,且各观测值的中误差均为 m。下面推导算数平均值中误差 m_x 的计算公式。

因为

$$x = \frac{[L]}{n} = \frac{1}{n}L_1 + \frac{1}{n}L_2 + \cdots + \frac{1}{n}L_n$$

根据式(4-9)得

$$m_x^2 = \frac{1}{n^2}m^2 + \frac{1}{n^2}m^2 + \cdots + \frac{1}{n^2}m^2 = \frac{m^2}{n}$$

即

$$m_x = \frac{1}{\sqrt{n}}m \qquad (4-14)$$

将式(4-13)代入式(4-14),得到用改正数计算最或然值中误差的公式。

$$m_x = \sqrt{\frac{[vv]}{n(n-1)}} \qquad (4-15)$$

由式(4-14)可知,算数平均值的中误差等于观测值中误差的 $1/\sqrt{n}$ 倍。因此,适当增加观测次数可以提高算术平均值的精度。观测值精度一定时,例如取 $m=1$,当观测次数 n 取不同值时,按式(4-14)得 m_x 的值见表4-2。

表4-2　n 取不同值时 m_x 的不同取值

n	1	2	3	4	5	6	10	20	30	40	50	100
m_x	1.00	0.71	0.58	0.50	0.45	0.41	0.32	0.22	0.18	0.16	0.14	0.10

由表4-2的数据可知,随着观测次数 n 的增大,算数平均值的中误差 m_x 不断减少,即 x 的精度不断提高。但是,当观测次数增加到一定数目时,再增加观测次数,精度就提高的很少。由此可见,要提高最或然值的精度,单靠增加观测次数是不经济的。为了提高观测精度,需要考虑采用适当的仪器、改进操作方法、选择有利的外界观测环境和提高观测人员的素质等措施来改善观测条件。

例4-5　对某段距离等精度观测6次,求该段距离的最或然值、观测值中误差及最或然值的中误差。

解　计算的全部数据列于表4-3中。计算最或然值时,由于各观测值差异不大,可以选定一个与观测值接近的值作为近似值,以方便计算。计算时,令其共同部分为 L_0,差异部分为 ΔL_i,即

$$L_i = L_0 + \Delta L_i$$

则最或然值的计算公式为

$$x = L_0 + \frac{[\Delta L]}{n}$$

表 4-3　由改正数计算中误差

次序	观测值 L_i/m	ΔL_i/cm	改正值 v/cm	vv/mm^2	计算
1	120.031	+3.1	−1.4	1.96	
2	120.025	+2.5	−0.8	0.64	$x = L_0 + \dfrac{[\Delta L]}{n} = 120.017$ m
3	119.983	−1.7	+3.4	11.56	
4	120.047	+4.7	−3.0	9.00	$m = \sqrt{\dfrac{[vv]}{n-1}} = 3.0$ cm
5	120.040	+4.0	−2.3	5.29	
6	119.976	−2.4	+4.1	16.81	$m_x = \sqrt{\dfrac{[vv]}{n(n-1)}} = 1.2$ cm
Σ	($L_0 = 120.000$)	10.2	0.0	45.26	

第五节　非等精度观测值的加权平均值及精度评定

前面讨论了等精度观测及精度评定,实际测量中,经常遇到不等精度观测的情况,本节介绍不等精度观测及精度评定。

一、权的概念

1. 权的定义

对未知量进行 n 次不同精度观测,在计算不同精度观测值的最或然值时,精度高的观测值在其中占的"比重"大一些,而精度低的观测值在其中占的"比重"小一些。不同精度的观测值所占"比重"可以用数值表示,称这个数值为观测值的"权"。显然,观测值的精度愈高,即中误差愈小,其权就大;反之,观测值的精度愈低,即中误差愈大,其权就小。用 P_i 表示观测值 L_i 的权,则权的定义公式为

$$P_i = \frac{\mu^2}{m_i^2} \quad (i = 1, 2, \cdots, n) \tag{4-16}$$

式中,μ 是任意常数。μ 是权等于 1 的观测值的中误差。通常称数值等于 1 的权为单位权,权为 1 的观测值为单位权观测值。而 μ 为单位权观测值中误差,简称为单位权中误差。

当已知一组观测值的中误差时,可以先设定 μ 值,然后按式(4-16)定权。

2. 权的性质

① 权和中误差都是用来衡量观测值精度的指标,但中误差是绝对性数值,表示观测值的绝对精度;权是相对性数值,表示观测值的相对精度。

② 权与中误差的平方成反比,中误差越小,权越大,表示观测值越可靠,精度越高。

③ 权始终取正号。

④ 由于权是一个相对性数值,对于单一观测值而言,权无意义。

⑤ 权的大小随观测值 L_i 的不同而不同,但权之间的比例关系不变。

⑥ 在同一个问题中,只能选定一个 μ 值,不能同时选用几个不同的 μ 值,否则就破坏了权之间的比例关系。

3. 测量中常用的确权方法

(1) 同精度观测值的算数平均值的权。

算数平均值的权为

$$P_L = \frac{\mu}{\frac{m^2}{n}} = \frac{m^2}{\frac{m^2}{n}} = n \tag{4-17}$$

由此可知,取一次观测值之权为 1,则 n 次观测值的算术平均值的权为 n,故权与观测次数成正比。

设一次观测的中误差为 m,n 次同精度观测值的算数平均值的中误差为

$$M = m / \sqrt{n} \tag{4-18}$$

由权的定义,设 $\mu = m^2$,则一次观测值的权为 $P = 1$。在不同精度观测中引入"权"的概念,可以建立各观测值之间的精度比值,以便合理地处理观测数据。例如,设一次观测值的中误差为 m,其权为 P_0,并设 $\mu = m$,则 $P_0 = 1$。对于中误差为 m_i 的观测值(或观测值的函数),则相应的中误差的另一表示式可写为

$$m_i = \mu \sqrt{1/P_i} \tag{4-19}$$

(2) 权在水准测量中的应用。

取 c 个测站的高差中误差为单位权中误差,即 $\mu = \sqrt{c}m_{站}$,则各水准路线的权为

$$P_i = \frac{\mu^2}{m_i^2} = \frac{c}{N_i} \tag{4-20}$$

同理,可得

$$P_i = \frac{c}{L_i} \tag{4-21}$$

式中,L_i 为各水准路线的长度。

当各测站观测高差为同精度时,各水准路线的权与测站数或路线长度成反比。

如设每一测站观测高差的精度相同,其中误差均为 $m_{站}$,则不同测站数的水准路线观测高差的中误差为

$$m_i = m_{站} \sqrt{N_i} \tag{4-22}$$

式中,N_i 为各水准路线的测站数。

(3) 权在距离丈量中的应用。

取长度为 c 千米的丈量中误差为单位权中误差,即 $\mu = m \sqrt{c}$,则得距离丈量的权为

$$P_i = \frac{\mu^2}{m_s^2} = \frac{c}{s} \tag{4-23}$$

可见,距离丈量的权与长度成反比。设单位长度(1 km)的丈量中误差为 m,则长度为 s 千米的丈量中误差为

$$m_s = m\sqrt{s} \tag{4-24}$$

二、加权平均值

一组不同精度的观测值 L_i，其权为 p_i，则有

$$x = \frac{p_1L_1 + p_2L_2 + \cdots p_nL_n}{p_1 + p_2 + \cdots + p_n} = \frac{[pL]}{[p]} \tag{4-25}$$

用式（4-25）求得的最或是值称为加权平均值。

例 4-6　设对某段距离进行了三次不同精度丈量，观测值为 $L_1 = 88.23$ m，$L_2 = 88.20$ m，$L_3 = 88.19$ m；其权为 $P_1 = 1$，$P_2 = 3$，$P_3 = 2$。试求其加权平均值。

解　加权平均值

$$x = \frac{[pL]}{p} = \frac{88.23 \times 1 + 88.20 \times 3 + 88.19 \times 2}{1 + 3 + 2} = 88.20 \text{ m}$$

三、单位权中误差及加权平均值的中误差

1. 单位权中误差的计算

对于等精度观测，可以利用式（4-3）或式（4-12）计算观测值的中误差，当观测精度不等时，不能直接利用这两个公式计算观测值的中误差，而是先求出单位权中误差 μ，再利用式（4-19）的变换公式 $m_i = \mu/\sqrt{P_i}(i = 1,2,\cdots,n)$ 计算观测值的中误差。下面推导单位权中误差的计算公式。

设一组不等精度观测值 $L_1,L_2,\cdots,L_n$，其对应的权分别为 $P_1,P_2,\cdots,P_n$，真误差分别为 $\Delta_1,\Delta_2,\cdots,\Delta_n$，中误差分别为 $m_1,m_2,\cdots,m_n$。由于是不等精度观测，所以无法利用式（4-3）计算中误差。为此，将权为 P_i 的观测值 L_i 乘以 $\sqrt{P_i}$ 得到一组虚拟观测值 $L_i' = L_i\sqrt{P_i}$。为了求 L_i' 的权 P_i'，必须求 L_i' 的中误差 m_i'，根据误差传播定律，可得

$$m_i'^2 = m_i^2 P_i$$

根据式（4-20）的变换公式 $m_i'^2 = \mu^2/P_i'$ 和 $m_i^2 = \mu^2/P_i$，得

$$\frac{\mu^2}{P_i'} = \frac{\mu^2}{P_i} \cdot P_i = \mu^2$$

即 $P_i' = 1$，由此可知，$L_1',L_2',\cdots,L_n'$ 为等精度的单位权观测值，它们的中误差就是单位权中误差。L_i' 的真误差可以根据式 $L_i' = L_i\sqrt{P_i}$ 得到，即

$$\Delta_i' = \Delta_i\sqrt{P_i}$$

这样就可以利用式（4-3）由真误差计算中误差，计算出的中误差也就是单位权中误差，即

$$\mu = \sqrt{\frac{(\sqrt{P_1}\Delta_1)^2 + (\sqrt{P_2}\Delta_2)^2 + \cdots + (\sqrt{P_n}\Delta_n)^2}{n}} = \sqrt{\frac{[P\Delta\Delta]}{n}} \tag{4-26}$$

这就是利用观测值的改正数计算单位权中误差的公式。

在实际测量工作中，真误差往往求不出来的，所以必须推导由观测值的改正数计算单位权中误差的公式。根据改正数的计算公式

$$v_i = L_i - x \quad (i = 1, 2, \cdots, n)$$

及真误差的计算公式

$$\Delta_i = L - L_i \quad (i = 1, 2, \cdots, n)$$

则

$$\Delta_i = -v_i + (L - x) = -v_i + \Delta_x \quad (i = 1, 2, \cdots, n)$$

式中，Δ_x 表示加权平均值的真误差。将上式两边平方并乘以 P_i，得

$$P_i \Delta_i \Delta_i = P_i v_i v_i - 2 P_i v_i \Delta_x + P_i \Delta_x^2 \quad (i = 1, 2, \cdots, n)$$

两边求和，得

$$[P\Delta\Delta] = [Pvv] - 2[Pv]\Delta_x + \Delta_x^2 [P] \qquad (4-27)$$

因为 $v_i = L_i - x \,(i=1,2,\cdots,n)$，该式乘以 P_i 后求和，得 $[Pv] = [PL] - [P]x$，由于 $x = \dfrac{[PL]}{[P]}$，故 $[Pv] = [PL] - [P]\dfrac{[PL]}{[P]} = 0$。利用 m_x 代替 Δ_x，则式 (4-27) 可以表示为

$$[P\Delta\Delta] = [Pvv] + m_x^2[P] = [Pvv] + \frac{\mu^2}{[P]}[P] = [Pvv] + \mu^2 \qquad (4-28)$$

将式 (4-27) 代入式 (4-28)，得

$$n\mu^2 = [Pvv] + \mu^2$$

即

$$\mu^2 = \frac{[Pvv]}{n-1}$$

所以利用观测值的改正数计算单位权中误差的公式为

$$\mu = \sqrt{\frac{[Pvv]}{n-1}} \qquad (4-29)$$

2. 加权平均值中误差的计算

下面推导加权平均值 x 的中误差的计算公式。

由式 (4-25) 可知

$$x = \frac{[pl]}{[p]} = \frac{p_1}{[p]}l_1 + \frac{p_2}{[p]}l_2 + \cdots + \frac{p_n}{[p]}l_n$$

式中，$\dfrac{p_i}{[p]} \,(i=1,2,\cdots,n)$ 是常数，按误差传播定律，可以求出 x 的中误差为

$$m_x^2 = \frac{p_1^2}{[p]^2}m_1^2 + \frac{p_2^2}{[p]^2}m_2^2 + \cdots + \frac{p_n^2}{[p]^2}m_n^2$$

将 $m_i^2 = \dfrac{\mu^2}{p_i}$ 代入上式，可得

$$\begin{aligned}
m_x^2 &= \frac{p_1^2}{[p]^2} \cdot \frac{\mu^2}{p_1} + \frac{p_2^2}{[p]^2} \cdot \frac{\mu^2}{p_2} + \cdots + \frac{p_n^2}{[p]^2} \cdot \frac{\mu^2}{p_n} \\
&= \mu^2 \left\{ \frac{p_1}{[p]^2} + \frac{p_2}{[p]^2} + \cdots + \frac{p_n}{[p]^2} \right\} \\
&= \mu^2 \frac{1}{[p]}
\end{aligned}$$

所以,加权平均值中误差的计算公式为

$$m_x = \frac{\mu}{\sqrt{[p]}} \qquad (4-30)$$

把式(4-29)代入式(4-30),可得

$$m_x = \frac{\mu}{\sqrt{[p]}} = \sqrt{\frac{[pvv]}{(n-1)[p]}} \qquad (4-31)$$

　　例 4-7　如图4-1所示,从已知水准点 A、B、C 出发,分别从1、2、3三条线路测量 P 点的高程。已知数据和观测数据见表4-4,求 P 点高程的最或然值和中误差。

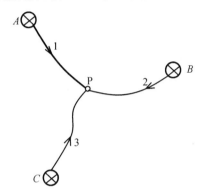

图 4-1　水准路线示意

表 4-4　已知数据和观测数据

路线	起点	起点高程/m	高差 h/m	观测高程 H/m	路线长度 L/km	权	v/mm	Pvv
1	A	57.960	−9.021	48.939	25	2	17	578
2	B	40.460	+8.504	48.964	10	5	−8	320
3	C	41.202	+7.746	48.948	50	1	8	64

　　解　(1)计算各观测路线的权。设每千米观测高差中误差为 m_{km},对于不同的观测路线,根据误差传播定律,可得每条路线观测高差中误差为

$$m_i^2 = m_{km}^2 \cdot L_i \quad (i = 1,2,3)$$

若以 C 千米长的高差观测中误差为单位权中误差,则有

$$\mu^2 = m_c^2 = m_{km}^2 \cdot C$$

根据权的定义式(4-16),各观测路线的权分别为

$$P_i = \frac{\mu^2}{m_i^2} = \frac{m_{km}^2 \cdot C}{m_{km}^2 \cdot L_i} = \frac{C}{L_i} \quad (i = 1,2,3)$$

本例中 C=50,各观测路线计算得到的权值见表4-4。

　　(2)计算 P 点高程的加权平均值。根据加权平均值的计算公式(4-25),可以计算 P 点高程的加权平均值,即

$$H_P = \frac{[PH]}{[P]} = \frac{48.939 \times 2 + 48.946 \times 5 + 48.948 \times 1}{2 + 5 + 1} = 48.946 \text{ m}$$

(3) 计算单位权中误差和最或然高程的中误差。首先,计算各观测高程的改正数 $v_i(i=1,2,3)$;其次计算 Pvv,具体计算结果见表 4-4,根据式(4-29)计算单位权中误差,即

$$\mu = \sqrt{\frac{[Pvv]}{n-1}} = \sqrt{\frac{962}{3-1}} = 22 \text{ mm}$$

根据式(4-30),计算 P 点最或然高程的中误差,即

$$m_P = \frac{\mu}{\sqrt{[P]}} = \frac{22}{\sqrt{8}} \text{ mm} = \frac{11}{\sqrt{2}} \text{ mm}$$

复习思考题

(1) 偶然误差和系统误差有什么不同?偶然误差具有哪些特性?

(2) 什么是中误差?为什么中误差能作为衡量精度的标准?

(3) 有函数 $z_1 = x_1 + x_2$,$z_2 = 2x_3$,若存在 $m_{x_1} = m_{x_2} = m_{x_3}$,且 x_1,x_2,x_3 均独立,问 m_{z1} 与 m_{z2} 的值是否相同,说明其原因。

(4) 函数 $z = z_1 + z_2$,其中 $z_1 = x + 2y$,$z_2 = 2x - y$,x 和 y 相互独立,其 $m_x = m_y = m$,求 m_z。

(5) 在等精度观测中,观测值中误差 m 与算术平均值中误差 m_x 有什么区别与联系?

(6) 用经纬仪观测某角共 8 个测回,结果如下:56°32′13″,56°32′21″,56°32′17″,56°32′14″,56°32′19″,56°32′23″,56°32′21″, 56°32′18″,试求该角最或是值及其中误差。

(7) 用水准仪测量 A、B 两点高差 10 次,得下列结果(以 m 为单位):1.253、1.250、1.248,1.252、1.249、1.247、1.250、1.249、1.251,试求 A、B 两点高差的最或是值及其中误差。

(8) 用经纬仪测水平角,一测回的中误差 $m = 15''$,欲使测角精度达到 $m = 5''$,需观测几个测回?

(9) 已知一组角度观测值 x_1、x_2、x_3 的中误差 $m_1 = 2''$、$m_2 = 4''$、$m_2 = 8''$,试求各观测值的权。

(10) 在一个平面三角形中,观测其中两个水平角 α 和 β,其测角中误差为 $20''$,计算第三个角度 γ 及其中误差 m_γ。

第五章 控制测量基本理论

第一节 控制测量概述

前述"测量工作概述"中已讲过,"从整体到局部"是测量工作进行的原则。

所谓"整体",就是指"控制测量"。其目的是在整个测区范围内用较精密仪器和方法测定少量大致均匀分布点位的精确位置,包括平面位置(x,y)和高程(H)。因而,控制测量分为平面控制测量和高程控制测量。

所谓"局部",就是指"细部测量",是在控制测量的基础上,为了测绘地形图而测定大量地物点和地形点的位置。

一、控制测量的意义和方法

控制测量的作用是限制测量误差的传播和积累,保证必要的测量精度,使分区的测图能拼接成整体,整体设计的工程建筑物能分区施工放样。控制测量贯穿在工程建设的各阶段:在工程勘测的测图阶段,需要进行控制测量;在工程施工阶段,要进行施工控制测量;在工程竣工后的营运阶段,为建筑物变形观测而需要进行的专用控制测量。

控制测量分为平面控制测量和高程控制测量,平面控制测量确定控制点的平面位置(x,y),高程控制测量确定控制点的高程(H)。

平面控制网常规的布设方法有三角网、三边网和导线网。三角网是测定三角形的所有内角以及少量边,通过计算确定控制点的平面位置。三边网则是测定三角形的所有边长,各内角是通过计算求得。导线网是把控制点连成折线多边形,测定各边长和相邻边夹角,计算它们的相对平面位置。

二、控制网的过程

无论是高等级的国家控制网,还是精度较低的小区域控制网,实测过程基本相同,大致分为以下几个步骤。

(一) 控制网的设计

根据施测目的,确定布网形式。先在图上估点并计算。

(二) 编写工作纲要

根据选点估算情况,编写工作纲要。主要包括测区概况、施测要求、工作依据、布网

109

方案、具体施测方法、仪器设备、预计精度、人员安排以及工期等。

(三)踏勘选点

根据图上估计点情况,到实地进行踏勘,并根据实际情况对选点方案进行调整。选点要做好标志。控制点等级不同,点的要求也不同,按相应规范执行。

(四)外业

根据工作纲要的施测方法、仪器和技术路线,按相应的规范规定的程序施测,且必须满足规定的限差。

(五)数据处理

外业观测过程中必须对限差进行检查,超限及时重测。如果满足精度要求,就可进行内业处理。数据处理包括边角条件的检验、平差处理等。对于 GPS 网主要包括同步环、异步环的检验,三维自由网平差、约束平差以及坐标转换等。

(六)总结

内外业完成后,需要对整个施测过程进行总结,包括测区情况、具体布网方案、施测方法、所用仪器设备、外业观测的质量报告、成果达到的精度、工作中出现的问题以及解决方法、工期等。

第二节　坐标计算的基本公式

坐标计算包括坐标正算和坐标反算两种。

一、坐标正算

根据已知点坐标,已知点至未知点的边长及坐标方位角,计算未知点坐标,称为坐标正算。如图 5-1 所示,设 1 点坐标 (x_1,y_1),并已知 1、2 之间的距离 D_{12} 和方位角 α_{12},则 2 点坐标 (x_2,y_2) 就可以用式(5-1) 和式(5-2)进行计算。

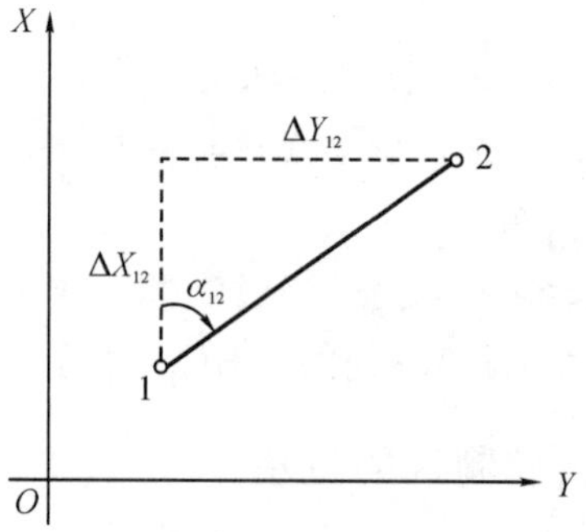

图 5-1　坐标正算和反算

$$\left.\begin{aligned}\Delta x_{12} &= D_{12} \cdot \cos\alpha_{12}\\ \Delta y_{12} &= D_{12} \cdot \sin\alpha_{12}\end{aligned}\right\} \quad (5-1)$$

$$\left.\begin{aligned}x_2 &= x_1 + \Delta x_{12} = x_1 + D_{12} \cdot \cos\alpha_{12}\\ y_2 &= y_1 + \Delta y_{12} = y_1 + D_{12} \cdot \sin\alpha_{12}\end{aligned}\right\} \quad (5-2)$$

式中,α_{12} 为 1、2 边坐标方位角;Δx_{12}、Δy_{12} 为 1 到 2 的纵、横坐标增量,其正、负号是根据 $\cos\alpha_{12}$ 和 $\sin\alpha_{12}$ 确定的。

二、坐标反算

由两个已知点的坐标反算两点之间的边长和坐标方位角的计算,称为坐标反算。在图 5-1 中,设 1、2 为两已知点,其坐标分别为 x_1、y_1、x_2、y_2,则

$$\alpha = \arctan \frac{\Delta y_{12}}{\Delta x_{12}} = \arctan \frac{y_2 - y_1}{x_2 - x_1} \qquad (5-3)$$

$$D_{12} = \sqrt{\Delta x_{12}^2 + \Delta y_{12}^2} = \frac{\Delta x_{12}}{\cos \alpha_{12}} = \frac{\Delta y_{12}}{\sin \alpha_{12}} \qquad (5-4)$$

由式(5-3)求得的 α 有正、负号,还有考虑下列几种情况。

①当 $\Delta x_{12} > 0$ 和 $\Delta y_{12} > 0$ 时,$\alpha_{12} = \alpha$。

②当 $\Delta x_{12} < 0$,$\alpha_{12} = \alpha + 180°$

③当 $\Delta x_{12} > 0$ 和 $\Delta y_{12} < 0$ 时,$\alpha_{12} = \alpha + 360°$

三、实例分析

例 5-1　已知 AB 边的边长、坐标方位角及 A 点的坐标分别为 $D_{AB} = 135.62$ m,$\alpha_{AB} = 80°36'54''$,$x_A = 435.56$ m,$y_A = 658.82$ m,试计算终点 B 的坐标。

解　根据式(5-2)可得

$$x_B = x_A + D_{AB}\cos\alpha_{AB} = 435.56 + 152.62 \times \cos80°36'54'' = 457.68 \text{ m}$$

$$y_B = y_A + D_{AB}\sin\alpha_{AB} = 658.82 + 135.62 \times \sin80°36'54'' = 792.62 \text{ m}$$

例 5-2　已知 A、B 两点的坐标分别为 $x_A = 342.99$ m,$y_A = 814.29$ m,$x_B = 304.50$ m,$y_B = 525.72$ m,试计算 AB 的边长及坐标方位角。

解　计算 A、B 两点的坐标增量

$$\Delta x_{AB} = x_B - x_A = 304.50 - 342.99 = -38.49 \text{ m}$$

$$\Delta y_{AB} = y_B - y_A = 525.72 - 814.29 = -288.57 \text{ m}$$

根据式(5-3)和式(5-4)得

$$D_{AB} = \sqrt{\Delta x_{AB}^2 + \Delta y_{AB}^2} = \sqrt{(-38.49)^2 + (-288.57)^2} \text{ m} = 291.13 \text{ m}$$

$$\alpha = \arctan \frac{\Delta y_{AB}}{\Delta x_{AB}} = \arctan \frac{-288.57}{-38.49} = 82°24'09''$$

因为 $\Delta x_{AB} < 0$,所以 $\alpha_{AB} = \alpha + 180° = 80°36'54'' + 180° = 260°36'54''$

第三节　导线测量

导线测量是进行平面控制测量的主要方法之一,它适用于平坦地区、城镇建筑密集区及隐蔽地区。由于全站仪的普及,导线测量的应用日益广泛。

导线就是在地面上按一定要求选择一系列控制点,将相邻点用直线连接起来构成的折线。折线的顶点称为导线点,相邻点间的连线称为导线边。导线分精密导线和普通导线,前者用于国家或城市平面控制测量,而后者多用于小区域和图根平面控制测量。

导线测量就是测量导线各边长和各转折角,然后根据已知数据和观测值计算各导线点的平面坐标。用于测图控制的导线称图根导线,此时的导线点又称图根点。

一、导线类型

导线是由若干条直线连成的折线,每条直线叫作导线边,相邻两直线之间的水平角叫作转折角。测定了转折角和导线边长之后,即可根据已知坐标方位角和已知坐标算出

各导线点的坐标。按照测区的条件和需要,导线可以布置成下列几种形式。

1. 附合导线

如图 5-2 所示,导线起始于一个已知控制点,而终止另一个已知控制点。控制点上可以有一条边或几条边是已知坐标方位角的边,也可以没有已知坐标方位角的边。

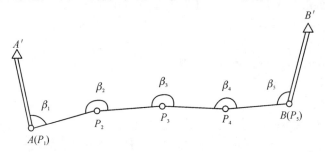

图 5-2 附合导线

2. 闭合导线

如图 5-3 所示,由一个已知控制点出发,最后仍旧回到这一点,形成一个闭合多边形。在闭合导线的已知控制点上必须有一条边的坐标方位角是已知的。

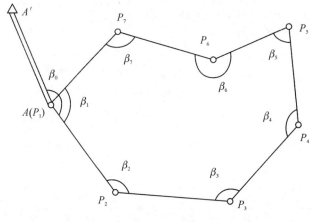

图 5-3 闭合导线

3. 支导线

如图 5-4 所示,从一个已知控制点出发,既不附合到另一个控制点,也不回到原来的始点。由于支导线没有检核条件,故一般只限于地形测量的图根导线中采用。

导线等级:在局部地区的地形测量和一般工程测量中,根据测区范围及精度要求,导线测量分为一级导线、二级导线、三级导线和图根导线四个等级。它们可作为国家四等控制点或国家 E 级 GPS 点的加密,也可以作为独立地区的首级控制。

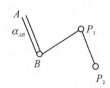

图 5-4 支导线

二、导线测量外业

导线测量的外业工作包括踏勘选点、角度测量、边长测量和起始方位角的测定。

（一）踏勘选点及建立标志

选点前,应把高一级控制点展绘在地形图上,拟订导线布设方案,最后去野外踏勘,实地核对、修改、落实点位和建立标志。

导线选定后,要在每一点位打一大木桩,周围浇灌一圈混凝土,桩顶钉一小钉,作为标志,如图5-5所示。导线点应统一编号。为了便于寻找,应量出导线与固定而明显的地物点的距离,绘一草图,注明尺寸,称之为点之记,如图5-6所示。

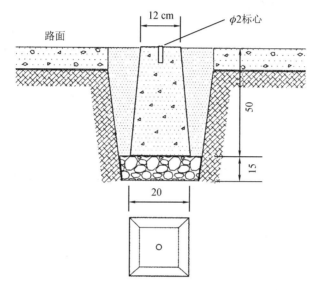

图5-5　混凝土导线点标石

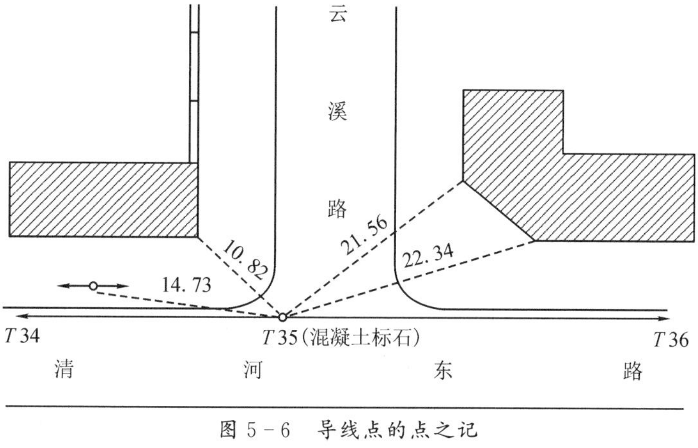

图5-6　导线点的点之记

现场选点时注意以下要求:

（1）相邻点通视良好,导线点地势平坦,便于测角和量距。

（2）点位应选在土质坚实并便于保存之处。

（3）在点位上,视野开阔,便于施测碎部。

（4）导线边符合有关规定,应大致相等。

(5) 导线点密度足够,分布较均匀。

(二) 边长测量

导线边长可以用全站仪测定,测量时要同时观测竖直角,供倾斜改正之用。若用钢尺丈量,钢尺必须经过鉴定。

对于图根导线,钢尺丈量时,往、返丈量或同一方向丈量两次,相对较差不大于 1/3 000。当尺长改正数大于尺长的 1/10 000、量距温度与检定时温度相差10℃、地面坡度大于 1‰ 时,应分别进行尺长改正、温度改正或倾斜改正。

(三) 导线转折角测量

导线的转折角是在导线点上由相邻两导线边构成的水平角。它分为左角和右角。在导线前进方向左测的角,称为左角。在导线前进方向右测的角,称为右角。在导线转折角测量时,对于左角或右角并无差别,仅仅是计算上的差别。

对于闭合导线,均测其内角。对于附和导线,统一测左角或右角。对于不同等级的导线测角技术要求列于表 5-1。

表 5-1 导线测量技术指标

等级	导线长度/km	平均边长/m	测角中误差/″	测距中误差/mm	角度闭合差/″	相对闭合差
一级	3.6	300	5	15	$10\sqrt{n}$	1:14 000
一级	2.4	200	8	15	$16\sqrt{n}$	1:10 000
三级	1.5	120	12	15	$24\sqrt{n}$	1:6 000
图根			30	15	$60\sqrt{n}$	1:2 000

注:表中 n 为测站数。

各级导线测量的主要技术要求参考表 5-1。

测角时,一定要严格安置仪器,对中整平,并且观测过程中应该注意照准部长水准气泡的偏移情况,如偏移超出一格,应重新安置仪器进行观测。同时,为了便于瞄准,可在已埋设的标志上用标杆、测钎或觇牌作为照准标志。在瞄准时,应瞄准目标物的几何中心或者标杆、测钎的底部,以减少照准误差。在角度观测外业工作结束后,必须将外业成果做仔细的检查,尤其要注意手簿的记录和计算是否合乎规范要求,严禁涂改,其精度是否在规定的限差以内,表 5-2 给出了方向观测的各项限差。

表 5-2 方向观测法的各项限差

经纬仪等级	再次重合读数差/″	半测回归零差/″	一测回内 2c 互差/″	同一方向各测回互差/″
DJ2	3	8	13	9
DJ6		18		24

(四) 起始边方位角的测定

导线与高级控制点连接,必须观测连接角和连接边,作为传递坐标方位角和坐标之用。如果附近无高级控制点,则应用罗盘仪施测导线起始边的磁方位角,并假定起始点的坐标为起算数据。

三、导线测量内业计算

导线坐标计算就是根据起始边的坐标方位角和起始点坐标,以及测量的转折角和边长,导线计算之前,计算各导线点的坐标。

应全面检查导线测量外业记录,数据是否齐全,有无记错、算错,成果是否符合精度要求,起算数据是否准确。然后绘制导线略图,把各项数据注于图上相应位置,如图 5-7 所示。

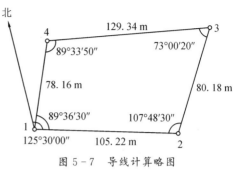

图 5-7 导线计算略图

(一) 内业计算中数字取位的要求

内业计算中数字的取位,对于四等以下导线,角值取至秒,边长及坐标取至毫米。对于图根三角锁及图根导线,角值取至秒,边长和坐标取至厘米。

(二) 附合导线坐标的计算

现以图 5-8 为例,说明附合导线坐标计算的步骤。

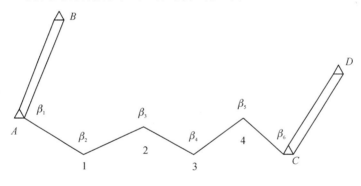

图 5-8 附合导线示意

1. 准备工作

将校核过的外业观测数据及起算数据填入"附合导线坐标计算表"(参考表 5-3)中,起算数据用双线标明。

2. 角度闭合差的计算与分配

根据起始边的已知坐标方位角及改正角按下列公式推算其他各导线边的坐标方位角。

$$适用于测左角:\alpha_{前} = \alpha_{后} - 180° + \beta_{左} \tag{5-5}$$

$$适用于测右角:\alpha_{前} = \alpha_{后} + 180° - \beta_{右} \tag{5-6}$$

本例观测都是左角,按式(5-5)推算出导线各边的坐标方位角。在推算过程中必须注意:

① 如果算出的 $\alpha_{前} > 360°$,则应减去360°。

② 用式(5-6)计算时,如果 $(\alpha_{后} + 180°) < \beta_{右}$,则应加360°再减 $\beta_{右}$。

③ 推算附合导线各边坐标方位角时,最后推算出终边坐标方位角,它应与原有的已知坐标方位角值相等,否则应重新检查计算。

由于观测角不可避免地含有误差,致使根据实测的角度推出的终边 CD 的坐标方位角 α'_{CD} 不等于已知的坐标方位角 α_{CD},而产生角度闭合差 f_β 为

$$f_\beta = \alpha'_{CD} - \alpha_{CD} \tag{5-7}$$

各级导线角度闭合差的容许值 $f_{\beta允}$,如表 5-1 所示。f_β 超过 $f_{\beta允}$,则说明所测角度不符合要求,应重新检测角度。若 f_β 不超过 $f_{\beta允}$,即将闭合差反符号平均分配到各观测角中,填入表 5-3 中第 3 栏。

把观测角加上改正数的角度填入表 5-3 中第 4 栏。

用式(5-5),根据起始边的方位角与改正后的角度推导各边的方位角,填入表 5-3 中第 5 栏。

3. 坐标增量闭合差的计算

根据图 5-8 中的几何关系,根据式(5-1)和式(5-2)可求出坐标增量。

按附合导线的要求,各边坐标增量代数和的理论值应等于终、始两点的已知坐标值之差,即

$$\left.\begin{array}{l} \sum \Delta x_{理} = x_{终} - x_{始} \\ \sum \Delta y_{理} = y_{终} - y_{始} \end{array}\right\} \tag{5-8}$$

按式(5-8)计算 $\Delta x_{测}$ 和 $\Delta y_{测}$,则纵、横坐标增量闭合差按式(5-9)计算

$$\left.\begin{array}{l} f_x = \sum \Delta x_{测} - (x_{终} - x_{始}) \\ f_y = \sum \Delta y_{测} - (y_{终} - y_{始}) \end{array}\right\} \tag{5-9}$$

4. 坐标闭合差的分配

由于 f_x、f_y 的存在,使导线不能附合,f_D 称为导线全长闭合差,并用式(5-10)计算。

$$f_D = \sqrt{f_x^2 + f_y^2} \tag{5-10}$$

仅从 f_D 值的大小还不能显示导线测量的精度,应当将 f_D 与导线全长 $\sum D$ 相比,以分子为 1 的分数来表示导线全长相对闭合差,即

$$K = \frac{f_D}{\sum D} = \frac{1}{\dfrac{\sum D}{f_D}} \tag{5-11}$$

以导线全长相对闭合差 K 来衡量导线测量的精度,K 的分母越大,精度越高。不同等级的导线全长相对闭合差的容许值 $K_允$ 已列入表 5-3。若 K 超过 $K_允$,则说明成果不合格,首先应检查内业计算有无错误,然后检查外业观测成果,必要时重测。若 K 不超过 $K_允$,则说明符合精度要求,可以进行调整,即将 f_x、f_y 反其符号按边长成正比分配到各边的纵、横坐标增量中去。以 V_{xi}、V_{yi} 分别表示第 i 边的纵、横坐标增量改正数,即

$$\left.\begin{array}{l} V_{xi} = -\dfrac{f_x}{\sum D} \cdot D_i \\[3mm] V_{yi} = -\dfrac{f_y}{\sum D} \cdot D_i \end{array}\right\} \tag{5-12}$$

纵、横坐标增量改正数之和应满足式(5-13)

$$\left.\begin{array}{l}\sum V_x = -f_x \\ \sum V_y = -f_y\end{array}\right\} \qquad (5-13)$$

算出的各增量的改正数(取位到厘米)填入表 5-3 中的 7、8 两栏增量计算值的上方。各边增量值加改正数,即得各边的改正后增量,填入表 5-3 中的 9、10 两栏。

5．计算各导线点的坐标

根据起点 A 的已知坐标($x_A = 2\,507.69$ m,$y_A = 1\,215.63$ m)及改正后增量,用式(5-14)依次推算 1、2、3、4 各点的坐标。

$$\left.\begin{array}{l}x_{前} = x_{后} + \Delta x_{改} \\ y_{前} = y_{后} + \Delta y_{改}\end{array}\right\} \qquad (5-14)$$

算得的坐标值填入表 5-3 中的 11、12 两栏。最后还应推算已知点 C 的坐标,其值应与原有的数值相等,以作校核。

表 5-3　附合导线坐标计算

点号	观测角(左角)	改正数	改正角	坐标方位角 α	距离 D/m	增量计算值 Δx/m	增量计算值 Δy/m	改正后增量 Δx/m	改正后增量 Δy/m	坐标值 x/m	坐标值 y/m	点号
(1)	(2)	(3)	(4)=(2)+(3)	(5)	(6)	(7)	(8)	(9)	(10)	(11)	(12)	(13)
B										2 507.69	1 215.63	A
				237°59′30″								
A	99°01′00″	+6″	99°01′06″							2 299.83	1 303.80	1
				157°00′36″	225.86	+5 −207.91	−4 +88.21	−207.86	+88.17			
1	167°45′36″	+6″	167°45′36″							2 186.29	1 383.97	2
				144°46′18″	139.03	+3 −113.57	−3 +80.20	−113.54	+80.17			
2	123°11′24″	+6″	123°11′30″							2 192.45	1 556.40	3
				87°57′48″	172.57	+3 +6.13	−3 +172.46	+6.16	+172.43			
3	189°20′36″	+6″	189°20′36″							2 179.74	1 655.64	4
				97°18′30″	100.07	+2 −12.73	−2 99.26	−12.71	+99.24			
4	179°59′18″	+6″	179°59′24″							2 166.74	1 757.27	C
				97°17′54″	102.48	+2 −13.02	−2 +101.65	−13.00	+101.63			
C	129°27′24″	+6″	129°27′30″									
				46°54′24″								
D												
总和	888°45′18″	+36″	888°45′54″		740.00	−341.10	+541.78	−340.95	+541.64			

辅助计算

$f_\beta = -36″$,$f_{\beta允} = 40″\sqrt{6} = 97″$,$f_x = -0.15$ m,$f_y = +0.14$ m

导线全长闭合差 $f_D = \sqrt{f_x^2 + f_y^2} \approx 0.20$ m

导线全长相对闭合差 $K = \dfrac{0.20}{740.00} = \dfrac{1}{3\,700}$

导线全长容许相对闭合差 $K_允 = \dfrac{1}{2\,000}$

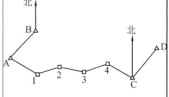

(三) 闭合导线坐标的计算

现以图5-7中的实测数据为例,说明闭合导线坐标计算的步骤。

1. 准备工作

将校核过的外业观测数据及起算数据填入"闭合导线坐标计算表"(表5-4)中,起算数据用双线标明。

2. 角度闭合差的计算与分配

根据几何原理得知,n边形闭合导线内角和的理论值为

$$\sum \beta_{理} = (n-2) \times 180° \qquad (5-15)$$

由于观测角不可避免地含有误差,致使实测的内角之和$\sum \beta_{测}$不等于理论值,而产生角度闭合差f_β,为

$$f_\beta = \sum \beta_{测} - \sum \beta_{理} \qquad (5-16)$$

各级导线角度闭合差的容许值$f_{\beta允}$见表5-1。f_β超过$f_{\beta允}$,则说明所测角度不符合要求,应重新检测角度。若f_β不超过$f_{\beta允}$,即将闭合差反符号平均分配到各观测角中。

改正后之内角和应为$(n-2) \cdot 180°$,本例应为360°,以作计算校核。

3. 用改正后的导线左角或右角推算各边的坐标方位角

根据起始边的已知坐标方位角及改正角按下列公式推算其他各导线边的坐标方位角。

本例观测左角,按式(5-5)推算出导线各边的坐标方位角,列入表5-4的第5栏。

4. 坐标增量的计算及其闭合差的调整

(1)坐标增量的计算。按式(5-2)算得的坐标增量,填入表5-4的第7、8两栏中。

(2)坐标增量闭合差的计算与调整。从图5-9可以看出,闭合导线纵、横坐标增量代数和理论值应为零,即

$$\left. \begin{array}{l} \sum \Delta x_{理} = 0 \\ \sum \Delta y_{理} = 0 \end{array} \right\} \qquad (5-17)$$

实际上由于量边的误差和角度闭合差调整后的残余误差,往往使$\sum \Delta x_{测}$、$\sum \Delta y_{测}$不等于零,而产生纵坐标增量闭合差f_x与横坐标增量闭合差f_y,即

$$\left. \begin{array}{l} f_x = \sum \Delta x_{测} \\ f_y = \sum \Delta y_{测} \end{array} \right\} \qquad (5-18)$$

从图5-10中明显看出,由于f_x、f_y的存在,使导线不能闭合,$1-1'$之长度f_D称为导线全长闭合差,并用式(5-13)计算。

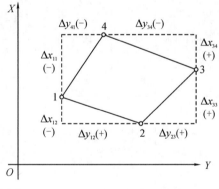

图5-9 闭合导线坐标增量

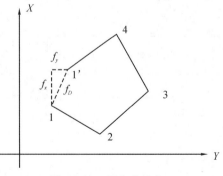

图5-10 闭合差示意

闭合导线的导线全长闭合差、全长相对闭合差和容许相对闭合差的计算以及增量闭合差的分配调整，与附合导线相同。

5. 计算各导线点的坐标

根据起点 1 的已知坐标(本例为假定值:$x_1=500.00$ m，$y_1=500.00$ m)及改正后增量，用式(5-16)依次推算 2、3、4 各点的坐标。

算得的坐标值填入表 5-4 中的 11、12 两栏。最后还应推算起点 1 的坐标，其值应与原有的数值相等，以作校核。

表 5-4　闭合导线坐标计算

点号	观测角 (左角)	改正数	改正角	坐标方位 角 α	距离 D/m	增量计算值 Δx/m	增量计算值 Δy/m	改正后增量 Δx/m	改正后增量 Δy/m	坐标值 x/m	坐标值 y/m	点号
(1)	(2)	(3)	(4)=(2)+(3)	(5)	(6)	(7)	(8)	(9)	(10)	(11)	(12)	(13)
1										500.00	500.00	
				125°30′00″	105.22	−2 −61.80	+2 85.66	−61.12	+85.68			
2	107°48′30″	+13″	107°48′43″							438.88	585.68	
				53°18′43″	80.18	−2 +47.90	+2 +64.30	+47.88	+64.32			
3	73°00′20″	+12″	73°00′32″							486.76	650.00	
				306°19′15″	129.34	−3 +76.61	+2 −104.21	+76.58	−104.19			
4	89°33′50″	+12″	89°23′02″							563.34	545.81	
				215°53′17″	78.16	−2 −63.32	+1 −45.82	−63.34	−45.81			
1	89°36′30″	+13″	89°36′43″							500.00	500.00	
				125°30′00″								
2												
					392.90	+0.09	−0.07					
总和	359°59′10″	+50″	360°00′00″									

辅助计算：

$\sum \beta_测 = 359°59'10''$，$\sum \beta_理 = 360°00'00''$，$f_\beta = -50''$，$f_x = \sum \Delta x_测 = +0.09$ m

$f_y = \sum \Delta y_测 = -0.07$ m，$f_{\beta允} = 60''\sqrt{4} = 120''$，导线全长闭合差 $f_D = \sqrt{f_x^2 + f_y^2}$

$= 0.11$ m

导线全长相对闭合差 $K = \dfrac{0.11}{392.90} \approx \dfrac{1}{3500}$，容许的相对闭合差 $K_允 = \dfrac{1}{2000}$

(四)导线测量中错误的检查

在导线计算中，如果发现闭合差超限，应首先复查外业观测记录、内页计算的数据抄录和计算。如果都没有发现问题，则说明导线的边长或角度测量中有粗差，必须到现场返工重测。

1. 一个转折角测错的查找方法

如图 5-11 所示，设附和导线的第 3 点上的转折角 β_3 发生了 $\Delta\beta$ 的错误，使角度闭合差超限。如果分别从导线两端的已知方位角推算各边的方位角,则到测错角度的第3点为止,推算的方位角仍然是正确的。经过第3点的转折角 β_3 以后,导线边的方位角开始向错误方向偏转,而且使导线点位置的偏转越来越大。

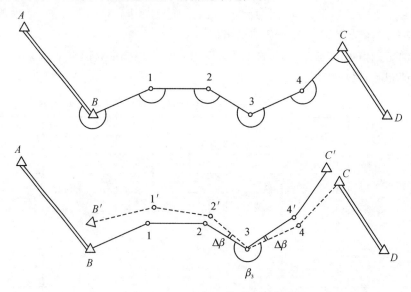

图 5-11　导线测量中一个转折角测错

　　导线测量中一个转折角测错的查找方法如下:分别从导线两端的已知点和已知方位角出发,按支导线计算各点的坐标,由此得到两套坐标。如果某一导线点的两套坐标值非常接近,则该点的转折角最有可能测错。对于闭合导线,同样可用此方法查找。

　　2. 一条边长测错的查找方法

　　当导线的角度闭合差在允许范围以内而导线全长闭合差超限时,说明边长测量有错误。如图 5-12 所示,设导线边 2~3 发生测距粗差 ΔD,而其他各边和各角没有粗差。因此,从第3点开始及以后各点均产生一个平行于2-3边的位移量 ΔD。如果其他各边

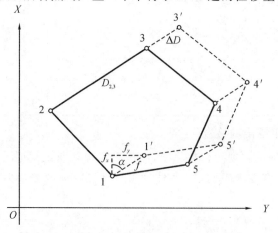

图 5-12　导线测量中一条导线边测错

和各角中的偶然误差可以忽略不计,则计算所得的导线全长闭合差的数值 f 即等于 ΔD,闭合差向量的方位角 α_f 即等于 2～3 边的方位角。

$$\left. \begin{aligned} f &= \sqrt{f_x^2 + f_y^2} = \Delta D \\ \alpha_f &= \arctan\left(\frac{f_x}{f_y}\right) = \alpha_{23}\,(\text{或} \pm 180°) \end{aligned} \right\} \tag{5-19}$$

据此与导线计算中各边的方位角相对照,可以找出可能有测距粗差的导线边。

第四节　三角高程测量

应用水准测量方法求得地面点的高程,其精高较高,普遍用于建立国家高程控制点及测定高级地形控制点的高程。对于地面高低起伏较大地区用这种方法测定地面点的高程就进程缓慢,有的甚至非常困难。因此,在上述地区或一般地区如果高程精度要求又不很高时,常采用三角高程测量的方法传递高程。

三角高程测量是通过测定测站 A 与待定点 B 之间的竖直角 α、平距 D 或斜距 S,计算出两点之间高差 h_{AB} 进而求得 B 点高程的方法,如图 5-13 所示。这种方法比水准测量灵活、方便,受地形条件限制少且效率高,但精度低,主要受大气折光影响较严重。因此,三角高程测量主要用于山区或丘陵地区的高程测量。

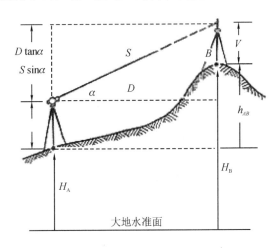

图 5-13　三角高程测量示意

一般三角高程测量的原理如图 5-13 所示。已知 A 点高程 H_A,欲求 B 点高程 H_B,则可在 A 点安置仪器全站仪,量出 A 点至仪器横轴的高度 i(称为仪器高),并用仪器望远镜照准 B 点觇标测得竖直角 α,照准点至 B 点的高度 v 称觇标高。因此,B 点高程为

$$H_B = H_A + h_{AB} = H_A + (D \cdot \tan\alpha + i - v) \tag{5-20}$$

或

$$H_B = H_A + h_{AB} = H_A + (S \cdot \sin\alpha + i - v) \tag{5-21}$$

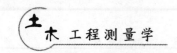

当仪器设在已知高程点,观测该点与未知高程点之间的高差称为直觇;反之仪器设在未知点,测点该点与已知高程点之间的高差称为反觇。

第五节 GPS 控制测量

一、GPS 坐标系统

任何一项测量工作都离不开一个基准,都需要一个特定的坐标系统。例如,在常规大地测量中,各国都有自己的测量基准和坐标系统,如我国的 1980 国家大地坐标系。由于 GPS 是全球性的定位导航系统,其坐标系统也必须是全球性的;为了使用方便,它是通过国际协议确定的,通常称为协议地球坐标系(Coventional Terrestrial System—CTS)。目前,GPS 测量中所使用的协议地球坐标系统称为 WGS-84 世界大地坐标系(World Geodetic System)。

WGS-84 世界大地坐标系的几何定义:原点是地球质心,Z 轴指向 BIH1984.0 定义的协议地球极(CTP)方向,x 轴指向 BIH1984.0 的零子午面和 CTP 赤道的交点,y 轴与 z 轴、x 轴构成右手坐标系,如图 5-14 所示。

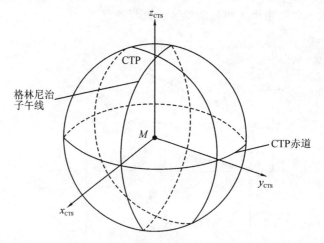

图 5-14 WGS-84 世界大地坐标系

二、GPS 定位原理

GPS 进行定位的基本原理是以 GPS 卫星和用户接收机天线之间距离(或距离差)的观测量为基础,并根据已知的卫星瞬时坐标来确定用户接收机所对应的点位,即待定点的三维坐标(x,y,z)。由此可见,GPS 定位的关键是测定用户接收机天线至 GPS 卫星之间的距离。

1. 伪距的概念及伪距测量

GPS 卫星能够按照星载时钟发射某一结构为"伪随机噪声码"的信号,称为测距码信号(即粗码 C/A 码或精码 P 码)。该信号从卫星发射经时间 Δt 后,到达接收机天线,用

— 122 —

上述信号传播时间 Δt 乘以电磁波在真空中的速度 C，就是卫星至接收机的空间几何距离 ρ，即

$$\rho = \Delta t \cdot C \qquad (5-22)$$

实际上，由于传播 Δt 时间中包含有卫星时钟与接收机时钟不同步的误差，测距码在大气中传播的延迟误差等，由此求得的距离值并非真正的站星几何距离，习惯上称之为"伪距"，与之相对应的定位方法称为伪距法定位。

伪距测量的精度与测量信号（测距码）的波长及其与接收机复制码的对齐精度有关。目前，接收机的复制码精度一般取 $1/100$，而公开的 C/A 码码元宽度（即波长）为 $293~m$，故上述伪距测量的精度最高仅能达到 $3~m$（$293 \times 1/100 \approx 3~m$），难以满足高精度测量定位工作的要求。

2. 载波相位测量

载波相位测量顾名思义，是利用 GPS 卫星发射的载波为测距信号。由于，载波的波长（$\lambda_{l_1} = 19~cm$，$\lambda_{l_2} = 24~cm$）比测距码波长要短得多，因此，对载波进行相位测量，就可能得到较高的测量定位精度。

载波信号是一个单纯的余弦波。在载波相位测量中，接收机无法判定所量测信号的整周数，但可精确测定其小数，并且当接收机对空中飞行的卫星作连续观测时，接收机借助于内含多普勒频移计数器，可累计得到载波信号的整周变化数。因此，载波相位测量的真正观测值是载波信号的整周变化数与小数之和。与伪距测量一样，还必须考虑卫星和接收机的钟差改正数。

整周未知数的确定是载波相位测量中特有的问题，也是进一步提高 GPS 定位精度、提高作业速度的关键所在。目前，确定整周未知数的方法主要有三种，即伪距法、整周数作为未知数参与平差法和三差法（又称为多普勒法）。

三、GPS 测量实施

GPS 测量的外业工作主要包括选点、建立观测标志、野外观测以及成果质量检核等，内业工作主要包括 GPS 测量的技术设计，测后数据处理以及技术总结等。如果按照 GPS 测量实施的工作程序，则可分为技术设计，选点与建立标志，外业观测、成果检核与处理等阶段。现将 GPS 测量中最常用的精密定位方法——静态相对定位方法的工作程序作一简单介绍。

（一）GPS 网的技术设计

GPS 网的技术设计是一项基础性的工作。这项工作应根据网的用途和用户的要求来进行，其主要内容包括精度指标的确定和网的图形设计等。

1. GPS 测量的精度指标

国家测绘局制订的《全球定位系统（GPS）测量规范》（GB/T 1834—2009）将 GPS 的测量精度分为 A－E 五级，以适应不同范围，不同用途要求的 GPS 工程，如表 5－5 和表 5－6 所示，列出了规范对不同级别 GPS 控制网精度的要求。

表 5 - 5 GPS 网的分级精度指标

类级	用途	坐标年变化率中误差		相对精度	地心坐标分量年平均中误差/mm
		水平分量/ (mm·a^{-1})	垂直分量/ (mm·a^{-1})		
A	建立国家一等大地控制网,进行全球性的地球动力学研究、地壳形变测量和精密定规等的 GPS 测量	2	3	1×10^{-8}	0.5

表 5 - 6 GPS 网的分级精度指标

类级	用途	相邻点基线分量中误差		相邻点平均距离/km
		水平分量/mm	垂直分量/mm	
B	建立国家二等大地控制网,进行地方或城市坐标基准框架、区域性的地球动力学研究、地壳形变测量和各种精密工程测量等的 GPS 测量	5	10	50
C	建立国家三等大地控制网,以及建立区域、城市及工程测量的基本控制网的 GPS 测量	10	20	20
D	建立国家四等大地控制网的 GPS 测量	20	40	5
E	中小城市、城镇以及测图、地籍、土地信息、房产、物探、勘测、建筑施工等控制测量的 GPS 测量	20	40	3

GPS 测量的精度指标通常也用网中相邻点之间的距离中误差来表示,其形式为

$$m_d = \sqrt{a^2 + (b \times d \times 10^{-6})^2} \qquad (5-23)$$

式中,m_d 为距离中误差,mm;a 为固定误差,mm;b 为比例误差系数;d 为相邻点间的距离,km。

2. 网形设计

GPS 网的图形设计就是根据用户要求,确定具体的布网观测方案,其核心是如何高质量、低成本地完成既定的测量任务。通常在进行 GPS 网设计时,必须顾及测站选址、卫星选择、仪器设备装置与后勤交通保障等因素,当网点位置,接收机数量确定以后,网的设计就主要体现在观测时间的确定,网形构造及各点设站观测的次数等方面。

一般 GPS 网应根据同一时间段内观测的基线边,即同步观测边构成闭合图形(称同步环),例如三角形(需三台接收机,同步观测三条边,其中两条是独立边)、四边形(需四台接收机)或多边形等,以增加检核条件,提高网的可靠性,然后,可按点连式、边连式和网连式这三种基本构网方法,将各种独立的同步环有机地连接成一个整体。由不同的构网方式,又可额外地增加若干条复测基线闭合条件(即对某一基线多次观测之差)和非同步图形(异步环)闭合条件(即用不同时段观测的独立基线联合推算异步环中的某一基

线,将推算结果与直接解算的该基线结果进行比较,所得到的坐标差闭合条件),从而进一步提高了 GPS 网的几何强度及其可靠性。关于各点观测次数的确定,通常应遵循网中每点必须至少独立设站观测两次的基本原则。

(二)选点与建立标志

由于 GPS 测量观测站之间不要求通视,而且网形结构灵活,故选点工作远较常规大地测量简便,并且省去了建立高标的费用,降低了成本。但 GPS 测量又有其自身的特点,因此,选点时,应满足以下要求:

(1)点位应选在交通方便,易于安置接收设备的地方,且视野开阔,以便于同常规地面控制网的联测。

(2)GPS 点应避开对电磁波接收有强烈吸收、反射等干扰影响的金属和其他障碍物体,如高压线、电台、电视台、高层建筑、大范围水面等。

点位选定后,应按要求埋置标石,以便保存。最后,应绘制点之记、测站环视图和 GPS 网选点图,作为提交的选点技术资料。

(三)外业观测

外业观测是指利用 GPS 接收机采集来自 GPS 卫星的电磁波信号,其作业过程大致可分为天线安置、接收机操作和观测记录。外业观测应严格按照技术设计时所拟定的观测计划进行实施,只有这样,才能协调好外业观测的进程,提高工作效率,保证测量成果的精度。为了顺利地完成观测任务,在外业观测之前,还必须对所选定的接收设备进行严格的检验。

天线的妥善安置是实现精密定位的重要条件之一,其具体内容包括对中、整平、定向并量取天线高。

接收机操作的具体方法步骤,详见仪器使用说明书。实际上,目前 GPS 接收机的自动化程度相当高,一般仅需按动若干功能键,就能顺利地自动完成测量工作,并且每做一步工作,显示屏上均有提示,大大简化了外业操作工作,降低了劳动强度。

观测记录的形式一般有两种:一种由接收机自动形成,并保存在机载存储器中,供随时调用和处理,这部分内容主要包括接收到的卫星信号、实时定位结果及接收机本身的有关信息。另一种是测量手簿,由操作员随时填写,其中包括观测时的气象元素等其他有关信息。观测记录是 GPS 定位的原始数据,也是进行后续数据处理的唯一依据,必须妥善保管。

(四)成果检核与数据处理

观测成果的外业检核是确保外业观测质量,实现预期定位精度的重要环节。所以,当观测任务结束后,必须在测区及时对外业观测数据进行严格的检核,并根据情况采取淘汰或必要的重测、补测措施。只有按照《GPS 测量规范》要求,对各项检核内容进行严格检查,确保准确无误,才能进行后续的平差计算和数据处理。当进行了数据的检核后,就可以将基线向量组网进行平差了。当完成基线向量解算后,应对解算成果进行检核,常见的有同步环和异步环的检测。根据规范要求的精度,剔除误差大的数据,必要时还需要重新重测。

同步环:同步环坐标分量及全长相对闭合差不得超过 2 ppm 与 3 ppm。

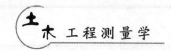

异步环:异步环闭合差为

$$
\left.
\begin{aligned}
W_x &= \sum_{i=1}^{n} \Delta x_i \leqslant 2\sqrt{n}\delta \\
W_y &= \sum_{i=1}^{n} \Delta y_i \leqslant 2\sqrt{n}\delta \\
W_z &= \sum_{i=1}^{n} \Delta z_i \leqslant 2\sqrt{n}\delta \\
W &= \sqrt{W_x^2 + W_y^2 + W_z^2} \leqslant 2\sqrt{3n}\delta
\end{aligned}
\right\}
\tag{5-24}
$$

GPS 数据处理和整体平差,一般有专用的计算软件,其具体方法请参阅相关书籍。

第六节　GPS RTK 定位原理及其应用

一、GPS RTK 定位原理

实时动态定位测量,即 RTK(Real Time Kinematic)测量技术,是 GPS 测量技术发展的一个新突破,被广泛应用到各类工程建设中。

(一) RTK 定位原理

实时动态定位(RTK)系统主要由基准站和流动站组成,建立无线数据通信是实时动态测量的保证,其原理是取点位精度较高的首级控制点作为基准点,安置一台接收机作为参考站,对卫星进行连续观测,流动站上的接收机在接收卫星信号的同时,通过无线电传输设备接收基准站上的观测数据,计算机根据相对定位的原理实时计算显示出流动站的三维坐标和测量精度。这样用户就可以实时监测待测点的数据观测质量和基线解算结果的收敛情况,根据待测点的精度指标,确定观测时间,从而减少冗余观测,提高工作效率。

(二) RTK 系统的组成

1. GPS 信号接收系统

GPS 信号接收系统主要用双频接收机。

2. 数据实时传输系统

数据实时传输系统是实现实时动态测量的关键设备,它由基准站的发射电台与流动站的接收电台组成,把基准站的信息及观测数据一并实时传输到流动站,并与流动站的观测数据进行实时处理。流动站可以随时调阅基准站的工作状态和设站信息。

3. 数据实时处理系统

基准站将自身与观测数据通过数据链传输至流动站,流动站将从基准站接收到的信息与自身采集的观测数据组成差分观测值,在整周未知数解算出以后,即可进行实时处理。只要保证锁定四颗以上的卫星,并具有足够的几何图形强度,就能随时给出厘米级的点位精度。因此,必须具备功能很强的数据处理系统,才能成功地应用于实际作业。

(三)RTK 测量的特点

(1)实时 GPS 测量保留了所有一般 GPS 功能。

(2)一般 GPS 测量因不具备实时性而不能用来放样,放样工作还得配备传统的测量仪器。实时 GPS 测量弥补了这一缺陷,放样精度可达到厘米级。

(3)由于实时 GPS 测量成果是在野外观测时实时提供,因此,能在现场及时进行检核,避免外业返工。

(4)在能够接收到 GPS 信号的任何地方,全天 24 小时均可进行实时 GPS 测量和放样。

(5)完成基准站设置后,整个系统只需一个人持流动站接收机操作,也可设置几个流动站,利用同一基准站观测信息各自独立的开展工作。

(6)实时动态显示经可靠性检验的厘米级精度的测量成果(包括高程),彻底摆脱了由于粗差造成的返工,提高了 GPS 的作业效率。

(7)应用范围广,可以涵盖公路测量、施工放样、监理、竣工测量、养护测量等诸多方面。

(8)RTK 可与全站仪联合作业(超站仪),充分发挥 RTK 与全站仪各自的优势。

二、RTK 在工程建设中的应用

随着全球定位系统(GPS)技术的迅速发展,RTK 测量技术日益成熟,具有观测时间短、精度高、实时性和高效性的优点,使得 RTK 测量技术的应用广泛。简单介绍其应用。

(一)城市控制测量

为满足城市建成区和规划区测绘的需要,城市控制网具有控制面积大、精度高、使用频繁等特点,城市控制点常被破坏,影响了工程的进展,如何快速精确地提供控制点,直接影响工作的效率。常规控制测量要求点间通视,费工费时且精度不均匀。GPS 静态测量,点间不需要通视,但数据采集时间长,还需要事后进行数据处理,不能实时知道定位结果,如内业发现精度不符合要求则必须返工。应用 RTK 技术无论是在作业精度还是在作业效率上都具有很明显的优势。

(二)大比例尺地形图测绘

RTK 技术还可用于地形测量、水域测量、管线测量、房产测量等方面进行大比例尺地形图测绘。传统测图方法要建立控制点,然后进行碎部测量,绘制成大比例尺地形图。这种方法劳动强度大、效率低。应用 RTK 实时动态定位测量技术可以完全克服这个缺点,可不用布设图根控制,仅依靠少量的基准点,只需在沿线每个碎部点上停留几分钟,即可获得每点坐标和高程。把点输入计算机利用成图软件可以绘制地形图,降低了测图难度,大大提高了工作效率。

（三）线路中线定线

应用 RTK 技术进行中线测量,可同时完成传统测量方法中的放线测量、中桩测量、中平测量等工作,放样工作一个人也可完成。基本作业方法:在路线控制点上架设 GPS 接收机作为基准站,流动站测设线路点位并进行打桩作业。根据所设计的线路参数,利用线路计算程序和 GPS 配套的电子手簿计算线路中桩的设计坐标。在流动站的测设操作下,只要输入要测设的参考点号,然后按解算键,显示屏可及时显示当前杆位和到设计桩的方向与距离,移动杆位,当屏幕显示杆位与设计点位重合时,在杆位出打桩写号即可。这样逐桩进行,可快速地在地面上测设中桩并测得中桩高程,并且每个点的测设都是独立完成的,不会产生累积误差。

（四）建筑物规划放线

建筑物规划放线,放线点既要满足城市规划条件的要求,又要满座建筑物本身的几何关系,放样精度要求较高。使用 RTK 进行建筑物放样时需要注意检查建筑物本身的几何关系,对于短边,其相对关系较难以满足。在放样的同时,需要注意的是测量点位的收敛精度,在点位收敛精度不高的情况下,强制测量则有可能带来较大的点位误差。在点位误差收敛高的情况下,用 RTK 进行规划放线一般能满足要求。

（五）进行线路勘察设计

在线路选线的过程中,用车载 GPS RTK 接收机作流动站,按原路中线一定方向间隔采集数据,选择另一个已知点为参考站,遇到重要地物准确定位,完毕后将数据输入计算机,利用软件可以方便地在计算机上选线。设计人员在大比例尺地形图上定线后,需将中线在地面上标定出来。采用实时 GPS 测量,只需将中桩点坐标或坐标文件输入电子手簿中,软件可自动定出放样点的点位。

将 GPS RTK 技术应用于各种工程测量能够极大地降低劳动强度,大大提高工作效率及成果质量,这是传统的测量作业方式无法比拟的。RTK 在控制测量以及施工放样中有着广泛的运用。在进行测量时,主要注意事项是基准站选择要在相对中心、位置开阔的至高点上,且周围无磁场的影响,这样流动站接收的信号好。

复习思考题

（1）控制测量的作用是什么? 建立平面控制和高程控制的主要方法有哪些?

（2）国家平面及高程控制网怎样布设的?

（3）布设导线有哪几种形式? 对导线布设有哪些基本要求?

（4）导线计算的目的是什么? 计算内容和步骤有哪些?

（5）闭合导线和附合导线计算有哪些异同点?

（6）如何检查导线测量中的错误?

（7）三角高程控制适用于什么条件？其优缺点如何？

（8）何谓全球定位系统？GPS 与传统测量方法相比具有哪些优点？

（9）GPS 外业测量工作有哪些？

（10）何谓 GPS RTK 技术？

（11）GPS RTK 技术有什么优点？

（12）已知表 5-7 的数据，计算附合导线各点的坐标。

表 5-7 已知数据

点号	观测值（右角）	边长/m	坐标/m		备注
			x	y	
B			123.92	869.57	
A	102°29′00″		55.69	256.29	
		107.31			
1	190°12′00″				
		81.46			
2	180°48′00″				
		85.26			
C	79°13′00″		302.49	139.71	
D			491.04	686.32	

（13）闭合导线 $A-B-J1-J2-J3-J4$，如图 5-16 所示。其中，A 和 B 为坐标已知的点，$J1\sim J4$ 为待定点。已知点坐标和导线的边长、角度观测值如图中所示。试计算各待定导线点的坐标。

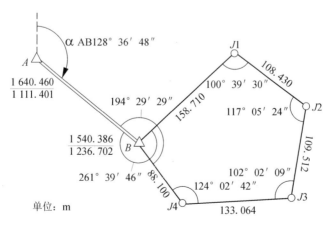

图 5-15　闭合导线示意

（14）已知闭合导线的观测数据如表 5-8 所示，试计算导线点的坐标。

表 5-8 已知数据（一）

点号	观测值（右角）	坐标方位角	边长/m	坐标/m	
				x	y
1	83°21′45″	74°20′00″	92.65	200	200
2	96°31′30″		70.71		
3	176°50′30″		116.2		
4	90°37′45″		74.17		
5	98°32′45″		109.85		
6	174°05′30″		84.57		
1					

（15）已知表 5-9 的数据，计算附合导线各点的坐标。

表 5-9 已知数据（二）

点号	左角观测值	坐标方位角	边长/m	坐标/m	
				X	Y
B		127°20′30″			
A	231°02′30″		40.51	3 509.58	2 675.89
1	64°52′00″		79.04		
2	182°29′00″		59.12		
C	138°42′30″	24°26′45″		3 529.00	2 801.54
D					

（16）已知表 5 - 10 的数据,计算闭合导线各点的坐标(点号按顺时针编排)。

表 5 - 10　已知数据(三)

点号	内角观测值	坐标方位角	边长/m	坐标/m	
				X	Y
1	60°33′15″				
		143°07′15″	155.55		
2	156°00′45″			500.00	500.00
			25.77		
3	88°58′00″				
			123.68		
4	95°23′30″				
			76.57		
5	139°05′00″				
			111.09		
1					

第六章 地形图及其应用

第一节 地形图的基本知识

一、平面图、地形图和地图

在小地区进行测量时,我们把地球表面看作平面,取经过测区中央的水平面作为投影面,将地面上的地物点垂直投影到水平面上,并将投影在水平面上地物的轮廓线按要求的比例尺缩小,并绘制到图纸上去,这种图称为平面图。其特点:平面图上的图形与地面上相应地物的图形是相似的,即它们的相应角度相等,相应边长成比例。

如绘制大区域的地面图形,就需要考虑地球的弯曲影响,不能直接把球面当作平面。要用地图投影的方法,按一定的精度将旋转椭球面上的图形描绘到图纸上,这种图称为地图。地图上的图形有一定的变形,这种因投影而产生的变形,我们可以选择不同的投影方法加以限制,以满足各种用图的要求。

在平面图和地图上,不仅表示地面上房屋、道路、河流、植被等各种物体的位置,而且还表示出地面高低起伏的地貌形态,这种图称为地形图。

表示沿着某一方向上的地面起伏状况,而把该方向的起伏状况按比例缩小所绘成的图称为剖面图,或称断面图。

二、比例尺

(一) 地图比例尺的定义

地形图上某线段的长度与实地对应线段的投影长度之比,即

$$\frac{1}{M} = \frac{l}{L} \qquad (6-1)$$

式中:M 为地形图比例尺分母;l 为地形图上某线段的长度;L 为实地相应的投影长度。

(1) 公式可用于地形图上的线段与实地对应线段投影长度之间的换算。

(2) 同理还可以求出地图上某区域面积与实地对应区域的投影面积之比的关系式,即 $1/M^2 = f/F$,式中,f 为地图上某区域的面积;F 为实地对应区域的投影面积。

(3) 要把地面上的线段描绘到地图平面上,首先将地面线段沿垂线投影到大地水准面上,其次归化到椭球体面上,再次按某种方法将其投影到平面上,最后按某一比率将它缩小到地图上,这个缩小比率就是地图比例尺。

地物地貌在图上表示的精确与详尽程度同比例尺有关。比例尺越大,越精确和详细。

（二）地图比例尺在地图上的表现形式

常见的比例尺有两种,即数字比例尺和直线比例尺。

1. 数字比例尺

凡比例尺用分子为1,分母为整数的分数表示的,称为数字比例尺,即

$$\frac{d}{D} = \frac{1}{M} \qquad (6-2)$$

一般将数字比例尺化为分子为1,分母为一个比较大的整数 M 表示。

M 越大,比例尺的值就越小;M 越小,比例尺的值就越大,如数字比例尺 $1:500 >$ $1:1\,000$。

2. 图示比例尺

为了用图方便,以及避免由于图纸伸缩而引起的误差,通常在图上绘制图示比例尺,也称直线比例尺。如图 6-1 所示为 $1:1\,000$ 的图示比例尺,在两条平行线上分成若干 2 cm 长的线段,称为比例尺的基本单位,左端一段基本单位细分成 10 等分,每等分相当于实地 2 m,每一基本单位相当于实地 20 m。

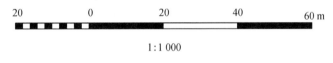

1:1 000

图 6-1　图示比例尺

地形图按比例尺的不同,可以分为大、中、小三种。称比例尺为 $1:500$、$1:1\,000$、$1:2\,000$、$1:5\,000$ 的地形图为大比例尺地形图;称比例尺为 $1:10\,000$、$1:25\,000$、$1:50\,000$、$1:100\,000$ 的地形图为中比例尺地形图;称比例尺为 $1:250\,000$、$1:500\,000$、$1:1\,000\,000$ 的地形图为小比例尺地形图。

城市和工程建设一般需要大比例尺地形图,其中比例尺为 $1:500$ 和 $1:1\,000$ 的地形图一般用全站仪和无人机等测绘。

比例尺为 $1:2\,000$ 和 $1:5\,000$ 的地形图一般由 $1:500$ 或 $1:1\,000$ 的地形图缩小编绘而成。

3. 比例尺精度

人眼正常的分辨能力,在图上辨认的长度通常认为 0.1 mm,它在地上表示的水平距离 0.1 mm×M,称为比例尺精度。利用比例尺精度,根据比例尺可以推算出测图时量距应准确到什么程度。例如,$1:1\,000$ 地形图的比例尺精度为 0.1 m,测图时量距的精度只需 0.1 m,小于 0.1 m 的距离在图上表示不出来。反之,根据图上表示实地的最短长度,可以推算测图比例尺。例如,欲表示实地最短线段长度为 0.5 m,则测图比例尺不得小于 $1:5\,000$。

由此可见,不同比例尺的地形图其比例尺精度不同。大比例尺地形图上所绘地物、地貌较小比例尺的更精确详尽。地形图比例尺精度数值列于表 6-1 中。

表 6 - 1 地形图的比例尺精度

地形图比例尺	1:500	1:1 000	1:2 000	1:5 000	1:10 000	⋯
地形图比例尺精度	5 cm	10 cm	20 cm	50 cm	1 m	⋯

比例尺愈大,采集的数据信息愈详细,精度要求就愈高,测图工作量和投资往往成倍增加,因此使用何种比例尺测图,应从实际需要出发,不应盲目追求更大比例尺的地形图。

第二节　地物地貌的表示方法

一、地物符号

地面上的地物,如房屋、道路、河流、森林、湖泊等,其类别、形状和大小及其地图上的位置,都是用规定的符号来表示的。根据地物的大小及描绘方法的不同,地物符号分为以下几类。

(1) 比例符号。轮廓较大的地物,如房屋、运动场、湖泊、森林、田地等,凡能按比例尺把它们的形状、大小和位置缩绘在图上的,称为比例符号。这类符号表示出地物的轮廓特征。

(2) 非比例符号。轮廓较小的地物,或无法将其形状和大小按比例画到图上的地物,如三角点、水准点、独立树、里程碑、水井和钻孔等,则采用一种统一规格、概括形象特征的象征性符号表示,这种符号称为非比例符号,只表示地物的中心位置,不表示地物的形状和大小。

(3) 半比例符号。对于一些带状延伸地物,如河流、道路、通信线、管道、垣栅等,其长度可按测图比例尺缩绘,而宽度无法按比例表示的符号称为半比例符号,这种符号一般表示地物的中心位置,但是城墙和垣栅等,其准确位置在其符号的底线上。

(4) 地物注记。对地物加以说明的文字、数字或特定符号,称为地物注记。如地区、城镇、河流、道路名称;江河的流向、道路去向以及林木、田地类别等说明。

二、等高线

1. 定义

用等高线来表现地面起伏形态的方法,称为等高线法。

2. 特点

等高线法的基本特点就在于它具有明确的数量概念,可以从地图上获取地貌的各项数据;可以用反映地面的起伏形态和切割程度,使得每种地貌类型都具有独特的等高线图形。

等高线的基本特点如下:

(1) 位于同一条等高线上的各点高程相等。

(2) 等高线是封闭连续的曲线。

(3) 等高线图形与实地保持几何相似关系。

(4) 在等高距相同的情况下,等高线越密,坡度越陡;等高线越稀,坡度越缓。

3. 基本概念

(1) 等高线。高程相等各点连接而成的闭合曲线,如图 6-2 所示。

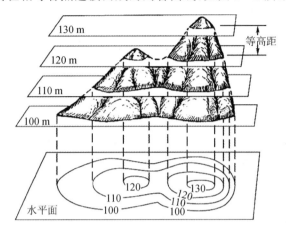

图 6-2　等高线的示意图(单位:m)

(2) 等高距。地形图上相邻两等高线间的高程之差。

地形图上的等高线有三项基本规定,一是同一幅地形图上采用同一的等高距,称为基本等高距,以有利于地势高低的对比;二是每根等高线的高程要为基本等高距的整数倍,等高线的高程顺序必须从 0 m 起算;三是在地势陡峻高差很大地段,等高线十分密集时可以只绘计曲线或合并两条计曲线间的首曲线。在大地形图上等高距是固定的,如表 6-2 所示,根据等高线的疏密可以判断地形的变化情况。

表 6-2　大比例尺地形图的等高距

比例尺	平原/m	丘陵/m	山地/m	高山/m
1:500	0.5	0.5	0.5 或 1.0	1.0
1:1 000	0.5	0.5 或 1.0	1.0	1.0 或 2.0
1:2 000	1.0	1.0	2.0	2.0
1:5 000	2	5	5	5

(3) 等高线平距。相邻等高线在水平面上的垂直距离。

(4) 示坡线。垂直于等高线而指向下坡的短线。

4. 等高线的种类

地形图上的等高线分为首曲线、计曲线、间曲线和助曲线等四种,如图 6-3 所示。

(1) 首曲线。基本等高线,按基本等高距由零点起算而测绘的,通常用细棕色实线表示。

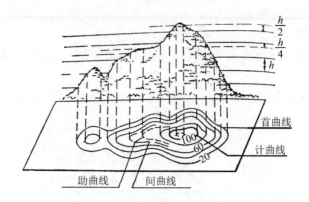

图 6-3 地形图上的等高线（单位：m）

（2）计曲线。加粗等高线，为计算高程方便而加粗描绘的等高线，通常是每隔四条基本等高线描绘一条计曲线，它在地形图上用粗棕色实线表示。

（3）间曲线。半距等高线，相邻两条基本等高线之间测绘的等高线，用以反映重要局部形态，在地形图上用棕色长虚线表示。

（4）助曲线。辅助等高线，任意高度上测绘的等高线，表示重要微小形态。因为它是任意高度的，也叫任意等高线。但实际上助曲线多绘在基本等高距 1/4 的位置上，地形图用棕色短虚线表示。

等高线符号一般多用棕色。

三、等高线表示地貌

典型地貌的名称如图 6-4 所示。

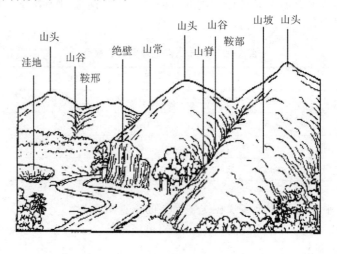

图 6-4 地貌的基本形式

凸起而高于四周的高地为山地，山的最高部分为山头，低于四周的凹地是洼地，大的洼地为盆地，山头下来隆起的凸棱，即沿着一个方向延伸的高地为山脊，山脊最高点的连线为山脊线,两山脊之间的凹部为山谷,山谷中最低点的连线为山谷线,山的侧面为山坡。近于垂直的山坡为峭壁,上部突出、下部凹入的峭壁为悬崖,两山头之间最低处形似马鞍状的位置为鞍部,即两山脊线与两山谷线交会处。

(一) 山头和洼地的等高线

如图 6-5 所示为山头的等高线。其特点:内圈等高线的高程大于外圈。如图 6-6 所示为洼地的等高线。其特点:内圈等高线的高程小于外圈。另外,也可以在等高线上加绘示坡线,如上两图中的短线,其方向指向低处。

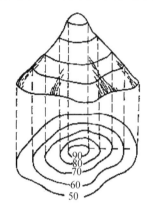

图 6-5　山头的等高线(单位:m)

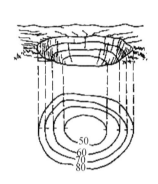

图 6-6　洼地的等高线(单位:m)

(二) 山脊、山谷和山坡的等高线

山脊的等高线是一组凸向低处的曲线,如图 6-7 所示。各条曲线方向改变处的连接线(图中点划线)即为山脊线(又名分水线)。山谷的等高线是一组凸向高处的曲线,如图 6-8所示。各条曲线方向改变处的连线(图中虚线)即为山谷线(又名集水线)。在地区规划及建筑工程设计时,均要考虑到地面的水流方向、分水线、集水线等问题。因此,山脊线和山谷线在地形图测绘和地形图应用中具有重要的意义。山脊和山谷的两侧为山坡,山坡近似于一个倾斜平面,因此,山坡的等高线近似于一组平行线。

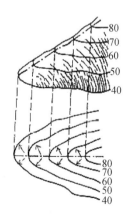

图 6-7　山脊的等高线和山脊线(单位:m)

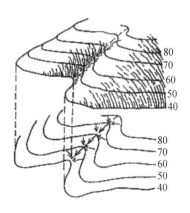

图 6-8　山谷的等高线和山谷线(单位:m)

(三) 鞍部的等高线

典型的鞍部是在相对的两个山脊和山谷的会聚处,如图 6-9 所示中的 S。它的等高线特点是一圈大的闭合曲线内,套有两组小的闭合曲线,左右两侧是相对称的两组山脊线和两组山谷线。鞍部在山区道路的选用中是一个关键点,越岭道路常需经过鞍部。

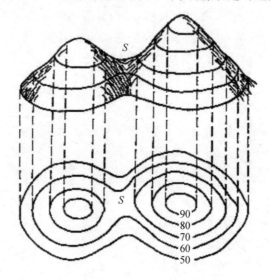

图 6-9　鞍部的等高线

(四) 绝壁和悬崖符号

绝壁又称为陡崖,坡度一般大于 70°。因其等高线较密集,故采用陡崖符号表示如图 6-10 所示。在地形图上近乎直立的绝壁,一般用锯齿形的断崖符号表示。悬崖为上部突出,下部凹进的绝壁。其等高线会相交,下部凹进的等高线用虚线表示,如图 6-11 所示。

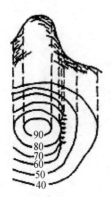
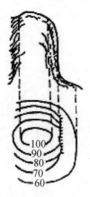
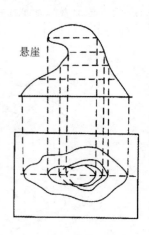

(a) 绝壁的等高线表示组图方法(一)　(b) 绝壁的等高线表示组图方法(二)

图 6-10　绝壁的等高线组图（单位:m）

图 6-11　悬崖的等高线

— 138 —

识别上述典型地貌用等高线表示的方法以后,就基本能认识地形图上复杂的地貌了。如图 6-12 为某一地区综合地貌及其等高线地形图。

(a) 地貌图

(b) 地形图

图 6-12 综合地貌及其等高线表示组图(单位:m)

第三节 地图分幅与编号

一、国家基本比例尺地形图的分幅与编号

(一) 国家基本地形图

我国的地形图是按照国家统一制定的编制规范和图式图例,由国家统一组织测制的,提供各部门、各地区使用,所以称为国家基本地形图。

国家基本地形图比例尺系列:1∶500、1∶1 000、1∶2 000、1∶5 000、1∶10 000、1∶25 000、1∶50 000、1∶100 000、1∶250 000、1∶500 000、1∶1 000 000 等十一种比例尺。

1∶500、1∶1 000 地形图主要用于初步设计,施工图设计,城镇、工矿总图管理,竣工验收,运营管理等。

1:2 000 地形图主要用于可行性研究,初步设计,矿山总图管理,城镇详细规划等。

1:5 000 和 1:10 000 地形图主要是农田基本建设和国家重点建设项目的基本图件,也是部队基本战术和军事工程施工用图。

1:25 000 地形图是农林水利或其他工程建设规划或总体设计用图,在军事上是基本战术用图,作为团级单位部署兵力、指挥作战的基本用图。

1:50 000 地形图是铁路、公路选线、重要工程规划布局,地质、地理、植被、土壤等专业调查或综合科学考察中野外调查和填图的地理底图,也可以作为县级规划生产部门作为全县范围农林水利交通总体规划的基本用图,军事上可供师、团级指挥机关组织指挥战役用。

1:100 000 地形图可以作为地区或县范围总体规划用图或各种专业调查或综合考察野外使用的地理底图,军事上供师、军级指挥机关指挥作战使用。

1:250 000 地形图可作为各种专业调查或综合科学考察总结果的地理底图,以及地区或省级机关规划用的工作底图。军事上供军以上领导机关使用,还有空军飞行领航时寻找大型目标使用。

1:500 000 地形图是省级领导机关总体规划用图或相当于省(区)范围各专业地图的地理底图。军事上供高级司令部或各种兵种协同作战时使用。

1:1 000 000 地形图可作为国家或各部门总体规划或作为国家基本自然条件和土地资源地图的地理底图。军事上主要供最高领导机关和各军兵种作为战略用图。

(二) 分幅和编号方法

表 6-3 所示是我国部分基本比例尺地形图的图幅范围大小及相互间的数量关系。

表 6-3　部分基本比例尺地形图的图幅大小及其图幅间的数量关系

比例尺		1:1 000 000	1:500 000	1:250 000	1:100 000	1:50 000	1:25 000	1:10 000	1:5 000
图幅范围	经差	6°	3°	1°30′	30′	15′	7′30″	3′45″	1′52.5″
	纬差	4°	2°	1°	20′	10′	5′	2′30″	1′15″
图幅间数量关系		1	4	16	144	576	2 304	9 216	36 864
			1	4	36	144	576	2 304	9 216
				1	9	36	144	576	2 304
					1	4	16	64	256
						1	4	16	64
							1	4	16
								1	4

1. 1:1 000 000 比例尺地图的编号

1:1 000 000 地图的编号是"列行"编号。

列:从赤道算起,纬度每 4°为一列,至南北纬88°各有 22 列,用大写英文字母 A,B,C,…,

V 表示,南半球加 S,北半球加 N,由于我国领土全在北半球,N 字省略。如图 6-13 所示是北半球 1:1 000 000 地图分幅示意图。

行:从 180°经线算起、自西向东每 6°为一行,全球分为 60 行,用阿拉伯数字 1,2,3,…,60 表示。

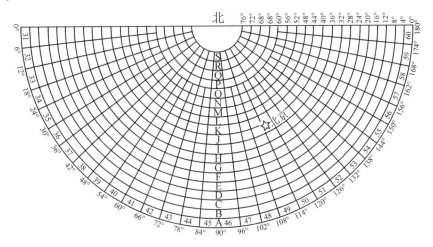

图 6-13　北半球东侧 1:1 000 000 地图的国际分幅编号

1891 年第五届国际地理学会上提出,逐渐统一规定后制定。

单幅:经差 6°,纬差 4°;纬度 60°以下;

双幅:经差 12°,纬差 4°;纬度 60°至 76°;

四幅:经差 24°,纬差 4°;纬度 76°至 88°;

纬度 88°以上合为一幅。

我国处于纬度 60°以下,没有合幅。

如北京在 1:1 000 000 图幅位于东经 114°~120°,北纬 36°~40°,编号:J50。

2. 1:5 000~1:500 000 比例尺地图的编号

这七种比例尺地图的编号都是在 1:1 000 000 地图的基础上进行的,它们的编号都由 10 为代码组成,其中前三位是所在的 1:1 000 000 地图的行号(1 位)和列号(2 位),第四位是比例尺代码,如表 6-4 所示,每种比例尺有一个特殊的代码。后六位分为两段,前三位是图幅的行号数字码,后三位是图幅的列号数字码。行号和列号的数字码编码方法是一致的,行号从上而下,列号从左到右顺序编排,不足三位时前面加"0",如图 6-14 所示。

表 6-4　比例尺代码

比例尺	1:500 000	1:250 000	1:100 000	1:50 000	1:25 000	1:10 000	1:5 000
代码	B	C	D	E	F	G	H

图 6-15 晕线所示图号为 J50B001002;图 6-16 晕线所示图号为 J50C003003。

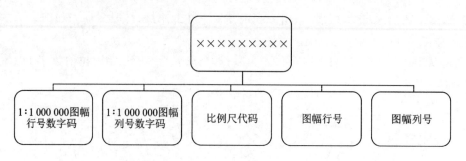

图 6 - 14 1:5 000~1:500 000 地形图图号构成

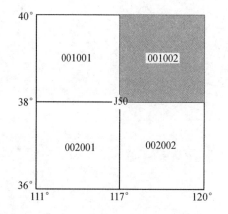

图 6 - 15 1:500 000 地形图分幅编号示意

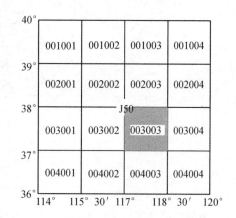

图 6 - 16 1:250 000 地形图分幅编号示意

二、大比例尺地形图的分幅与编号

(一) 大比例尺地形图的特点

(1) 没有严格统一规定的大地坐标系统和高程系统。

有些工程用的小区域大比例尺地形图,是按照国家统一规定的坐标系统和高程系统测绘的;有的则是采用某个城市坐标系统、施工坐标系统、假定坐标系统及假定高程系统。

(2) 没有严格统一的地形图比例尺系列和分幅编号系统。

有的地形图是按照国家基本比例尺地形图系列选样比例尺;有的则是根据具体工程需要选择适当比例尺。

(3) 可以结合工程规划,施工的特殊要求,对国家测绘部门的测图规范和图示作一些补充规定。

(二) 大比例尺地形图的分幅与编号

为了适应各种工程设计和施工的需要,对于大比例尺地形图,大多按纵横坐标格网线进行等间距分幅,即采用正方形分幅与编号方法。图幅大小见表 6 - 5。

表 6 - 5　正方形分幅的图幅规格与面积大小

地形图比例尺	图幅大小/cm	实际面积/km²	1:5 000 图幅包含数
1:5 000	40×40	4	1
1:2 000	50×50	1	4
1:1 000	50×50	0.25	16
1:500	50×50	0.062 5	64

图幅的编号一般采用坐标编号法。由图幅西南角纵坐标 x 和横坐标 y 组成编号，1:5 000坐标值取至 km，1:2 000、1:1 000 取至 0.1 km，1:500 取至 0.01 km。例如，某幅1:1 000地形图的西南角坐标为 $x=6\,230$ km、$y=10$ km，则其编号为 6230.0—10.0。

也可以采用基本图号法编号，即以 1:5 000 地形图作为基础，较大比例尺图幅的编号是在它的编号后面加上罗马数字。

例如，一幅 1:5 000 地形图的编号为 20 - 60，则其他图的编号如图 6 - 17 所示。

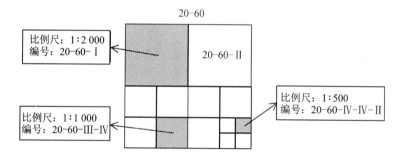

图 6 - 17　1:500～1:5 000 基本图号法的分幅编号

若为独立地区测图，其编号也可自行规定，如以某一工程名称或代号(电厂、863)编号，如图 6 - 18 所示。

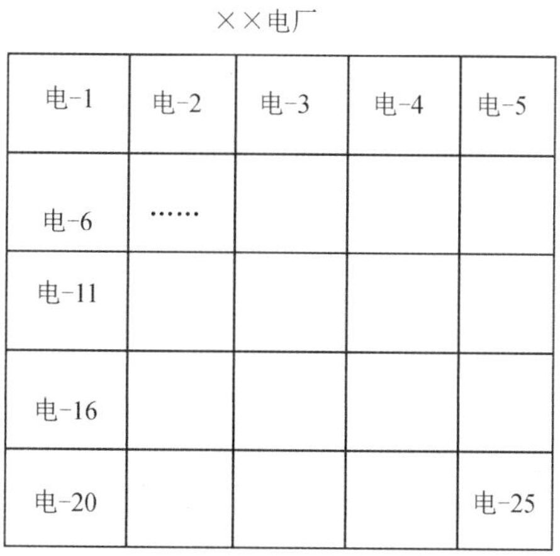

××电厂

电-1	电-2	电-3	电-4	电-5
电-6	……			
电-11				
电-16				
电-20				电-25

图 6 - 18　某电厂 1:2 000 地形图分幅总图及编号

143

第四节　地形图的阅读

一、读图的目的

阅读地形图的目的在于详细了解区域地理环境。通过在地形图上目视和解译以及对某些现象的距离、面积、高程和坡度等的量测，进而分析各种地理现象的相互联系，获取图示和蕴藏的潜在地理信息，即在室内借助于地图进行地理考察，以代替实地考察或为实地考察做准备。任何一位地学工作者，往往因为这样或那样的缘故，总不可能如愿地深入每一个研究区域的现场，其替代的办法就是阅读地形图。地图可以帮助人们延伸足迹，扩大视野。国际著名地理学家卡尔·李特尔在 1811 年就曾通过阅读以等高线绘制的欧洲地势图，成功地编写了两卷欧洲地理教科书，成为阅读地图的典范。

二、读图程序

(一) 选择地形图

从本次读图需要解决问题的特定任务和要求出发，选用相应的地图，并就地图的比例尺、内容的完备性、精确性、现势性、整饰质量和图边说明的详细程度等方面分析评价地图，从中挑选出合适的地图作为阅读的资料。例如，要考察区域地势特征，选用 1∶100 000 或 1∶250 000 地形图或更小比例尺的地形图；若要进行自然资源综合考察，摸清区域发展工农业生产的有利或不利条件，并将考察成果填于地图上、量取一些数据，供制定区域发展规划设计用，则要选用近期出版、精度可靠的 1∶50 000 地形图。

(二) 了解图幅边缘说明

绘注在图幅边缘的，包括图名、行政区划、图式、图例、资料略图、测图方式和时间、高程和平面坐标系等各项辅助要素，可以帮助我们更仔细、更正确地读出图内各项内容，提高读图效率。图式、图例是读图的钥匙，要通晓它；资料略图便于洞悉地图的质量。

(三) 熟悉地图坐标网

在大比例尺地形图上，绘注有地理坐标、平面直角坐标及其分度带和方里网。地理坐标可以指示物体在地球体面上的确切位置；平面直角坐标便于指定目标、方位，便于量测距离和面积，确定两点间的位置关系。熟悉地图坐标网，才能正确地、便捷地确定各地物的位置及其相互关系。

(四) 概略读图

在完成上述程序之后，开始读取地图具体内容前，应该先概略地浏览整个地区的地势和地物，了解各处地理要素的一般分布规律和特征，以建立一个整体概念。如该地区是平原或丘陵、山地，河网是密或疏，等等。

(五) 详细读图

详细读图是对区域进行深入的研究。为此，必须在图内选几条剖面线，作剖面图，以显示和了解地面起伏状况,认识地貌及其与地质构造的关系;仔细观察和量测河谷的密度、山坡坡度和其他距离与面积等;读出由一观察点能看到的各种地形地物;研究居民地的分布、道路的联系以及它们与地形的关系;了解其他社会经济现象及其与居民地、道路和地形的联系。

三、地形图图外注记

本章要特别强调图外的要素,因为这部分内容的重要性还未引起读图者的高度重视,没有完全理解图外注记的作用和重要性。

1. 图名与图号

图名是指本图幅的名称,一般以本图幅内最重要的地名或主要单位名称来命名,注记在图廓外上方的中央。如图 6-19 所示,地形图的图名为"西三庄"。

图号,即图的分幅编号,注在图名下方。如图 6-19 所示,图号为 3510.0-220.0,它由左下角纵、横坐标组成。

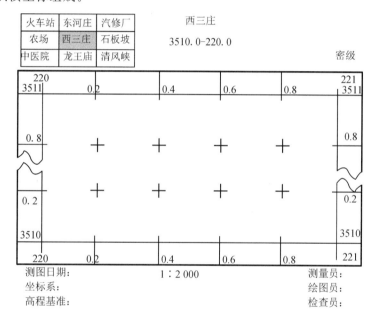

图 6-19　图名、图号和接图表

2. 接图表与图外文字说明

为便于查找、使用地形图,在每幅地形图的左上角都附有相应的图幅接图表,用于说明本图幅与相邻八个方向图幅位置的相邻关系。如图 6-19,中央为本图幅的位置。

文字说明是了解图件来源和成图方法的重要的资料。如图 6-19,通常在图的下方或左、右两侧注有文字说明,内容包括测图日期、坐标系、高程基准、测量员、绘图员和检查员等,在图的右上角标注图纸的密级。

3. 图廓与坐标格网

图廓是地形图的边界,正方形图廓只有内、外图廓之分。内图廓为直角坐标格网线,外图廓用较粗的实线描绘。外图廓与内图廓之间的短线用来标记坐标值。如图 6-20 所示,左下角的纵坐标为 3 510.0 km,横坐标 220.0 km。

由经纬线分幅的地形图,内图廓呈梯形,如图 6-20 所示。西图廓经线为东经 128°45′,南图廓纬线为北纬 46°50′,两线的交点为图廓点。内图廓与外图廓之间绘有黑白相间的分度带,每段黑白线长表示经纬差 1′。

连接东西、南北相对应的分度带值便得到大地坐标格网,可供图解点位的地理坐标用。

分度带与内图廓之间注记了以 km 为单位的高斯直角坐标值。图中左下角从赤道起算的 5 189 km 为纵坐标,其余的 90、91 等为省去了百前面两位 51 的千米数。横坐标为 22 482 km,其中 22 为该图所在的投影带号,482 km 为该纵线的横坐标值,在图 6-20 中只标出了 82,省略了 4。

纵横线构成了千米格网。在四边的外图廓与分度带之间注有相邻接图号,供接边查用。

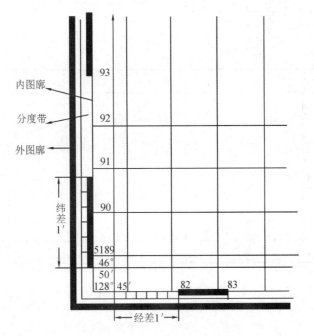

图 6-20　图廓与坐标网

4. 直线比例尺与坡度尺

直线比例尺也称图示比例尺,它是将图上的线段用实际的长度来表示,如图 6-21(a) 所示。因此,可以用分规或直尺在地形图上量出两点之间的长度,然后与直线比例尺进行比较,就能直接得出该两点间的实际长度值。三棱比例尺也属于直线比例尺。

为了便于在地形图上量测两条等高线(首曲线或计曲线)间两点直线的坡度,通常在中、小比例尺地形图的南图廓外绘有图解坡度尺,如图 6-21(b) 所示。坡度尺是按等高距与平距的关系 $d = h \cdot \tan\alpha$ 制成的。如图 6-21(b) 所示,在底线上以适当比例定出 0°、

$1°$、$2°$、…各点,并在点上绘垂线。将相邻等高线平距 d 与各点角值 α_i 按关系式求出相应平距 d_i。然后,在相应点垂线上按地形图比例尺截取 d_i 值定出垂线顶点,再用光滑曲线连接各顶点而成。应用时,用卡规在地形图上量取量等高线 a、b 点平距 ab,在坡度尺上比较,即可查得 ab 的角值约为 $1°45'$。

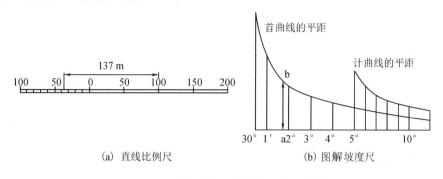

(a) 直线比例尺 (b) 图解坡度尺

图 6-21 直线比例尺与图解坡度尺组图

5. 三北方向

中、小比例尺地形图的南图廓线右下方,通常绘有真北方向、磁北方向和坐标北方向之间的角度关系。利用三北方向图,可对图上任一方向的真方位角、磁方位角和坐标方位角进行相互换算。

四、读图方法

读图的基本方法是在熟悉图式符号和了解区域地理概貌之后,需要先分要素或分地区、顺着考察路线详细地阅读,最后理解整个区域的全部内容;至于先读哪一种要素,后读哪一个地区以及详细研究的内容与要求,取决于读图的目的和地图本身的特点。同时,要运用已有的知识和经验,以综合的观点,分析研究各种现象之间的相互联系、相互依存、相互制约的关系,以及人与自然的相互关系,尽可能正确领会地图上未经图示的地理特征与各种事物间的相互关系,切不可孤立地进行某一种现象的研究。例如,研究居民地,就要研究它与地形、交通、水系的关系,研究植被时需要了解它与地形部位、气候、土壤之间的内在联系。

五、整理读图成果

详细读图之后,应就下列内容将图中分析研究的成果分别加以说明,予以系统整理。

1. 位置和范围

首先,说明所读地图的图名、图号;其次,用经纬线幅度表述研究区域的地理位置;最后,说明该区所在的各级行政区划名称,空间范围的东西与南北各长多少千米以及区内的主要地貌、水系、居民地和道路等。

2. 水系和地貌

先从水系分布和等高线图形及疏密特征,说明该区地貌的基本类型,进而详细叙述平原、丘陵、山地、河谷等每一种地貌单元的分布位置、绝对高程和相对高程,范围、走向、发育阶段,形态特征,地面倾斜的变化,各山坡的坡度、坡形和坡向,山谷的形态和宽度,地面切割密度和深度;尽可能读出地貌与地质构造的联系;对地貌起伏较复杂地区,作一些剖面图,以显示地貌起伏变化的特征。对于水系,要着重说明河网类型及从属关系,水流性质,河谷的形态特征及其各组成部分的状况,河谷中有无新的堆积物,阶地与河漫滩、沼泽、河曲等的发育程度以及它们的高程和比高等。

3. 土质植被

说明该区各种土质植被的类型,规模,数量和质量的特征,地带性特点,与地貌、水系、居民地的关系,对气候和土地利用的影响等。

4. 居民地

说明该区内居民地类型、密度、分布特点,在政治、经济、交通、文化等方面的地位以及与地貌、水系、交通和土地利用的关系。

5. 交通与通信

说明该区内交通与通信设施的类型、等级、密度以及与地貌、水系、居民地、工矿的联系,对本区经济发展的保障程度。

6. 土地利用和厂矿

说明该区土地利用和厂矿的类型、规模、数量和分布状况,工农业和交通用地的比例,本区土地利用程度,以及与地貌、水系、居民地和气候的关系。

综上所述,给该区自然和社会经济条件作综合评价,并根据读图的任务和要求,提出有利和不利条件,以及改造不利条件所要采取的措施。

六、读图注意事项

1. 了解地形图所使用的坐标系统和高程系统

对于比例尺小于1:10 000的地形图,旧地形图一般是使用国家统一规定"1954年北京坐标系"的高斯平面直角坐标系,高程系统为"1956年黄海高程系";1988年后测制的地形图则使用"1980西安坐标系"的高斯平面直角坐标系,高程系统为"1985国家高程基准";2018年后测制的地图则使用"2000国家坐标系"的高斯平面直角坐标系,高程系统为"1985年国家高程基准"。城市地形图多使用城市独立坐标系,工程建设用图使用工矿企业独立坐标系的较多,工程项目总平面图则多采用施工坐标系。因此,在使用各种地形图时,一定要注意其左下角所使用的坐标系统和高程系统的文字注明。

2. 熟悉图例

图例是地形图的语言,要使用好地形图,首先要知道某一种地形图使用的是哪一种图例。使用前应对有关图例进行认真的阅读,同时要熟悉一些常用的地物符号和地貌符号。对地物符号则要特别注意比例符号和非比例符号的区别,并了解符号和注记的确切含义。对地貌符号,特别是等高线,要能根据图上等高线判读出各种地貌,如山头、山脊、山谷、洼地、鞍部、陡壁、冲沟等。要能根据等高线平距和坡度的对应关系,分析地面坡度的变化,地势的走向,以便结合具体专业要求作出恰当的评价。

3. 了解测图成图的时间和图的类别

地形图反映的地物和地貌是测绘时的现状,而地形图成图出版周期较长,我们使用的地形图总是不能实时反映出测图后的实地变化情况。因此,在使用时,一定要注意地形图的测图时间。用图时还要注意图的类别,是基本图还是工程专用图,是详测图还是简测图。通常应选择最近测量的或出版的现势性强的基本图为设计用图,而其他图纸和资料作为参考。如果使用的是复制图,则要注意图纸的变形。

第五节　实地使用地形图

一、准备工作

根据实地考察的地区和外业工作的特定任务与要求,收集和选用相应比例尺的地形图;阅读和分析地图,评价其内容是否能够满足需要,并说明其使用程度和方法;为便于野外展图和填图,对选定的分幅地图要拼贴和折叠,即先将图幅按左压右、上压下的顺序拼贴成一张,再按纵向和横向分别对折再对折的方式折叠成类似手风琴的折叠皮风箱,大小与工作包或图夹相仿,将不同的部分折向背面,尽量避免在拼贴线上折叠;为避免遗漏,保证野外考察工作顺利进行,需要用彩色铅笔在地形图上标出考察的路线,观察点和疑难点等。

二、地形图实地定向

在野外借助地形图从事任何一项地理考察工作,均必须使地形图与实地的空间关系保持一致,以便正确地读图和填图;这就要求在每一观察点开展工作之前先要进行地形图的实地定向,其方法有两种。

1. 罗盘定向

根据地形图上的三北关系图,将罗盘刻度盘的北字指向北图廓,并使刻度盘上的南北线与地形图上的真子午线(或坐标纵线)方向重合,然后转动地形图,使磁针北端指到磁偏角(或磁坐偏角)值,完成地形图的定向。

2. 依据地物定向

在野外,于实地两个方向上分别找出一个与地形图上地物符号相应的明显地物,如桥梁、村舍、道口、河湾、山头、控制点上的觇标等,然后在站立点上转动地形图,使视线通过图上符号瞄准实地的相应地物,当两个方向上都瞄准好时,地形图就与实地空间位置关系取得一致了。依地物定向是野外地理工作中实施地形图定向的主要方法,只有在无明显地物可参照时才需要用罗盘仪定向。

三、确定站立点在地形图上的位置

在野外地理考察中,须随时注意确定自己站立的地点在地形图上的位置,这是每到一处实地观察前要做的第一件事情。其方法有依地貌、地物定点和后方交会法定点两种。

1. 依地貌地物定点

在实地考察时,根据自己所站地点的地貌特征点或附近明显地物,对照地形图上的等高线图形或与相应地物的位置关系,确定站立地点在地形图上的位置。例如,站立点的位置是在图上道路或河流的转弯点、房屋角点、桥梁一端以及在山脊的一个平台上等。

2. 后方交会法定点

当在站立点附近没有明显地貌或地物时,多采用后方交会法,即依靠较远处的明显地貌或地物来确定站立地点在地形图上的位置。其做法是,考察点站在未知点上,用三棱尺等照准器的直尺边靠在地形图上两三个已知点上,分别向远方相应地貌或地物点瞄准,并绘出瞄准的方向线,其交点即为考察者站立的地点。

四、实地对照读图

在确定站立点在地形图上的位置和实施地形图定向之后,便可以与实地对照读图。通常以联合运用从图到实地和由实地到图两种方式进行,即先根据地形图上站立点周围的地貌和地物符号与实地对照,找出实地上相对应的地貌和地物实体,此刻再将在这些实体附近考察到的其他地貌或地物实体,在地形图上找出它们的符号和位置;如此往复地对照读图,直至读完全图内容。此间要对地貌和地物类型、形态特征及其相互关系等方面进行仔细观察和分析研究。与实地对照读图,一般采用目估法测其方位、距离及地貌地物间的位置关系。为避免遗漏和能便捷地捕捉目标,必须遵循从左到右、由近及远、先主后次、分要素逐一读取的原则,对地形复杂,目标不易分辨的地段,可以用照准器瞄准与地形图上符号相应的某一物体,沿视线依其相关位置去识别那些不易辨认的物体,确定它们的位置。

实地对照读图,须特别注意考察现场所发生的一切变化。这些变化正是考察的关键所在,亦是考察者最感兴趣,可以着重书写的研究内容。

五、野外填图

野外填图是地理考察工作的一个重要组成部分。其主要的目的是给地理考察成果予以确切的空间位置和形态特征,以保证考察成果具有实际价值,这是任何文字记述所不可比拟的,无法替代的。另外,填图的成果亦是供室内分析研究和编制考察成果地图的基础资料。

填图前,应根据地理考察任务,收集和阅读考察地区的有关资料,初步确定填图对象的主要类型,备一本图式或拟订一些图例符号,选择填图路线,准备好罗盘仪、三棱尺和铅笔等填图工具。

填图过程中,应该经常注意沿途的方位物,随时确定站立点在地形图上的位置和形状和地形图的定向。站立地点应该尽量选择在视野开阔的制高点上,以便观测到更大范围内的填图对象,洞察其分布规律,依其与附近其他地貌、地物的空间结构关系,确定其分布位置或范围界线;对于地形图上没有轮廓图形或无法以空间结构关系定点定线的填图对象,需要用罗盘仪或目估法确定其方位,用目估或步长法确定其距离或长度。根据经验公式,一个人正常步伐的步长等于身高的 1/4 加 0.37 m。目估距离时,可以参照一些地物间的固定距离或视觉极限效果的距离,例如通信电线杆间距 50 m,高压电线杆间距 100 m,人的眼睛、鼻子和手指的清晰可辨最大距离为 100 m,衣服纽扣的可辨最大距离为 150 m,面部、头颈、肩部轮廓的可辨最大距离为 200 m,两足运动的清晰可见最大距离为 700 m,步兵和骑兵的可辨最大距离为 1 000 m,将军队远望如黑色人群的最大距离为 1 500 m;另外,还要注意光线明暗和位置高低对目估距离的影响,如在颜色鲜明的晴朗天气,由低处向高处观测,易将成群的目标估计的偏近;而在昏暗的雾天,由高处向低处观测,易将微小目标估计的偏远。目标误差的大小,各人不一,需要通过实地多次测试验证,求出个人习惯的偏值常数,目估时予以改正,即可以求得较标准的距离。获得观测数据后,按填图的比例尺在地图上标出填图对象的位置或范围界线,并填绘以相应的图例符号,回到室内进行整理。

第六节　地形图应用的基本内容

一、位置确定

(一) 确定点的平面位置

在我国大于 1∶100 000 比例尺地形图上,均绘有高斯-克吕格投影的平面直角坐标网,又称方里网,以此可以确定点的平面直角坐标。地形图的内图廓即是经纬网,并在内外图廓间设有分度带,以此可以确定点的地理坐标。主要研究求点的平面直角坐标。

图 6-22 所示是 1∶1 000 地形图的一部分。欲求图上 P 点的平面直角坐标,可以通过从 P 点作平行于直角坐标格网的直线,交格网线于 e、f、g、h 点。用比例尺(或直尺)量出 ae 和 ag 两段距离,则 P 点的坐标为

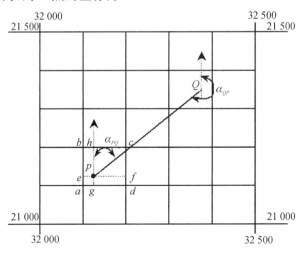

图 6-22　点的平面坐标和计算直线长度示意(单位:m)

$$x_P = x_a + ae \cdot l = 21\,100 + 27 = 21\,127 \text{ m}$$

$$y_P = y_a + ag \cdot l = 32\,100 + 29 = 32\,129 \text{ m}$$

为了防止图纸伸缩变形带来的误差,可以采用下列计算公式消除。

$$x_P = x_a + \frac{ae}{ab} \cdot l = 21\,100 + \frac{27}{99.9} \times 100 = 21\,127.03 \text{ m}$$

$$y_P = y_a + \frac{ag}{ad} \cdot l = 32\,100 + \frac{29}{99.9} \times 100 = 32\,129.03 \text{ m}$$

(二) 求算点的高程位置

现代地形图是用等高线表示地形的高低起伏的。用等高线表示地形的主要优点是,通过等高线可以直接量取图面上任一点的绝对高程和相对高程,获得关于地形起伏的定量概念。

在图上求点的高程,主要是根据等高线及高程注记(示坡线及该图的等高距)推算。若所求算的点位于等高线上,则该点的高程就是所在等高线的高程。如图 6-23 所示,p 点的高程为 20 m。当确定位于相邻两等高线之间的地面点 q 的高程时,可以采用目估的方法确定。更精确的方法是,先过 q 点作垂直于相邻两等高线的线段 mn,再依高差和平距成比例的关系求解。例如,如图 6-23 所示,等高线的基本等高距为 1 m,则 q 点高程为

$$H_q = H_n + \frac{mq}{mn} \cdot h = 23 + \frac{14}{20} \times 1 = 23.7 \text{ m}$$

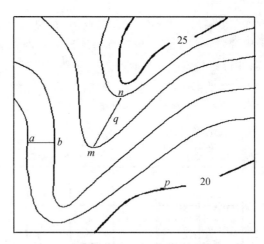

图 6-23　求点的高程示意(单位:m)

如果要确定两点间的高差,则可采用上述方法确定两点的高程后,相减即得两点间高差。

二、方向的确定

在地形图应用中,往往还要从图上判定两点的相对位置。如果仅有两点间的水平距离,而没有相互间的方位关系,则两点间的相对位置是不能确定的。而确定图上两点间的方位关系,则须规定起始方向,然后求出两点间连线与起始方向之间的夹角,这样两点

间的方位关系就能确定了。

1. 地形图上的起始方向

地形图上有三种起始方向:真北方向、磁北方向和坐标北方向。

2. 图上直线定向

图上的直线定向,可用方位角或象限角表示。

(1) 方位角。方位角是指从起始方向北端算起,顺时针至某方向线间的水平角,角值变化范围 0°~360°。

方位角按使用的起始方向不同而有真方位角、磁方位角和坐标方位角之分。起始方向为真子午线,其方位角为真方位角;起始方向为磁子午线,其方位角为磁方位角;起始方向为坐标纵线,其方位角为坐标方位角。

(2) 象限角。象限角是指从起始方向线北端或南端算起,顺时针或逆时针至某方向线间的水平角,角值变化范围 0~90°。象限角与方位角可以互相换算见第三章。

在图上量测角度可用量角器进行。如图 6-22 所示,若求直线 PQ 的坐标方位角,可以先过 P 点作一条平行于坐标纵线的直线,然后,用量角器直接量取坐标方位角。

要求精度较高时,可以利用前述方法先求得 P、Q 两点的直角坐标,再利用坐标反算公式计算出。

三、长度量测

在地形图上进行长度量测,有直线长度量测和曲线长度量测两种。

(一) 直线长度量测

直线长度量测的方法如下。

1. 两脚规量取直线长度

若求 PQ 两点间的水平距离,如图 6-22 所示,最简单的办法是用比例尺或直尺直接从地形图上量取。

为了消除图纸的伸缩变形给量取距离带来的误差,可以用两脚规量取 PQ 间的长度,然后与图上的直线比例尺进行比较,得出两点间的距离。更精确的方法是利用前述方法求得 P、Q 两点的直角坐标,再用坐标反算出两点间距离。

2. 依两点坐标计算直线长度

当跨图幅量测两点间的距离或直线长度时,往往采用坐标计算法,如图 6-22 所示。

$$PQ = \sqrt{(X_P - X_Q)^2 + (Y_P - Y_Q)^2}$$

式中 X_P、Y_P、X_Q、Y_Q 是从图上量取的坐标值。

用两点坐标计算直线长度,能避免图纸伸缩和具体量测过程中所造成的误差,可以得到精确的长度数据。

(二) 曲线长度量测

曲线长度量测的主要方法有两脚规法、曲线计法,常用于量测河流、道路、海岸线的长度。近些年来随着电子计算机技术和制图自动化技术的广泛应用,可利用手扶跟踪数

字化仪量测曲线长度,能得到更加精确的量测效果。

四、坡度量测

地面坡度是指倾斜地面对水平面的倾斜程度。研究地面坡度不仅对了解地表的现代发育过程有着重要意义,而且与人类的生产和生活有着更为密切的关系。

在科学研究、生产实践、国防建设中所需要的坡度资料和数据,一般都是从大比例尺地形图上量测获得的。

(一)坡度的表示方法

图上两点间的坡度,是由两点间的高差和水平距离所决定的,具体表示方法有两种。

1. 用坡度角表示

$$\tan\alpha = \frac{h}{D} \tag{6-3}$$

式中,α 为坡度角;D 为两点间水平距离;h 为两点间高差。

从上式可以看出,坡度角与水平距离和高差之间存在正切关系。当知道两点间水平距离和高差,即可求出坡度角。

由等高线的特性可知,地形图上某处等高线之间的平距愈小,则地面坡度愈大。反之,等高线间平距愈大,坡度愈小。当等高线为一组等间距平行直线时,则该地区地貌为斜平面。

2. 用比降表示

在工程技术上,往往采用 h/D 表示坡度。式中,h 为两点间高差,D 为两点间水平距离。在具体表示上,有的用分母化为 100、1 000 的百分比、千分比形式;有的用分子化为 1 的比例形式。

(二)用坡度尺量测坡度

当等高线比较稀疏时,可用量测相邻两条等高线间坡度的坡度尺量坡度量测。具体方法,先用两脚规量比图上欲求坡度的两条等高线间的水平距离,然后移至坡度尺上,使两脚规的一脚放在坡度尺水平基线上滑动,另一脚与曲线相交处所对应的水平基线上的度数,即为所求坡度。当等高线密集时,则使用量测相邻六条等高线间坡度的坡度尺进行量测,先在图上用两脚规量比欲求坡度的相邻六条等高线间的水平距离,然后移至坡度尺上量比,找到所求坡度数。

(三)求最大坡度和限定坡度

在地形图上量测坡度,有的是为了解某一区域范围内地表坡度的变化情况,有的是为了解某一方向、路线上的坡度变化情况。如在图上表示出地表水的径流方向,则需求最大坡度线;如在图上进行道路、水渠等方面的选线,则需求出限定坡度的最短距离即同坡度线。

1. 求最大坡度线

地形图上由一点出发,向不同方向上的坡度是不相同的,但其中必有一个方向坡度最大。最大坡度线,在地形图上是垂直斜坡等高线的直线。因此,在地形图上求最大坡度线,就是求相邻等高线间的最短距离。如图 6-23 所示,垂直于等高线方向的直线 *ab* 具有最大的倾斜角,该直线称为最大倾斜线(或坡度线),通常以最大倾斜线的方向代表该地面的倾斜方向。最大倾斜线的倾斜角,也代表该地面的倾斜角。此外,也可以利用地形图上的坡度尺求取坡度。

2. 求限定坡度线

就是在地形图上求两点间限定坡度的最短路线。对管线、渠道、交通线路等工程进行初步设计时,通常先在地形图上选线。按照技术要求,选定的线路坡度不能超过规定的限制坡度,并且线路最短。

五、沿图上已知方向绘制断面图

地形断面图是指沿某一方向描绘地面起伏状态的竖直面图。在交通、渠道以及各种管线工程中,可根据断面图地面起伏状态,量取有关数据进行线路设计。断面图可以在实地直接测定,也可根据地形图绘制。

绘制断面图时,首先要确定断面图的水平方向和垂直方向的比例尺。通常,在水平方向采用与所用地形图相同的比例尺,而垂直方向的比例尺通常要比水平方向大 10 倍,以突出地形起伏状况。

如图 6-24(a)所示,要求在等高距为 5 m、比例尺为 1:5 000 的地形图上,沿 *DB* 方向绘制地形断面图,方法如下。

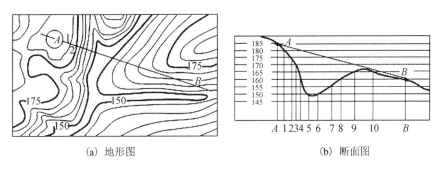

(a) 地形图　　　　(b) 断面图

图 6-24　绘制地形断面图和确定地面两点间通视情况组图

在地形图上绘出断面线 *AB*,依次交于等高线 1、2、3、…点。

(1) 如图 6-24(b)所示,在另一张白纸(或毫米方格纸)上绘出水平线 *AB*,并作若干平行于 *AB* 等间隔的平行线,间隔大小依竖向比例尺而定,再注记出相应的高程值。

(2) 把 1、2、3、…等交点转绘到水平线 *AB* 上,并通过各点作 *AB* 垂直线,各垂线与相应高程的水平线交点即断面点。

(3) 用平滑曲线连各断面点,则得到沿 *AB* 方向的断面图,如图 6-24(b)所示。

六、确定两地面点间是否通视

要确定地面上两点之间是否通视,可以根据地形图来判断。如果地面两点间的地形比较平坦时,通过在地形图上观看两点之间是否有阻挡视线的建筑物就可以进行判断。

但在两点之间地形起伏变化较复杂的情况下,则可以采用绘制简略断面图来确定其是否通视,如图 6-24 所示,则可以判断 AB 两点是否通视。

七、在地形图上绘出填挖边界线

在平整场地的土石方工程中,可以在地形图上确定填方区和挖方区的边界线。如图 6-25 所示,要将山谷地形平整为一块平地,并且其设计高程为 45 m,则填挖边界线就是 45 m 的等高线,可以直接在地形图上确定。

如果在场地边界 aa′ 处的设计边坡为 1:1.5(即每 1.5 m 平距下降深度 1 m),欲求填方坡脚边界线,则需在图上绘出等高距为 1 m、平距为 1.5 m、一组平行 aa′ 表示斜坡面的等高线。如图 6-25 所示,根据地形图同一比例尺绘出间距为 1.5 m 的平行等高线与地形图同高程等高线的交点,即为坡脚交点。依次连接这些交点,即绘出填方边界线。同理,根据设计边坡,也可绘出挖方边界线。

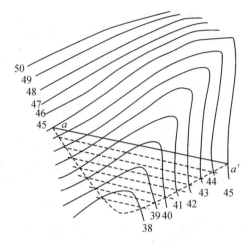

图 6-25 图上确定填挖边界线

八、建筑设计中的地形图应用

很多事实证明,剧烈改变地形的自然构成仅在特殊场合下才可能是合理的,因为这种做法需要花费大量的资金,更主要是破坏周围的坏境状态,如地下冰、土层、植物生态和地区的景观环境。这就要求在进行建筑设计时,应该充分考虑地形特点,进行合理的竖向规划。例如,当地面坡度为 2.5‰~5‰时,应尽可能沿等高线方向布置较长的建筑物,这样,房屋的基础工程较节约,道路和联系阶梯也容易布置。如果是由于朝向、日照、通风等原因,需要偏离等高线方向布置时,必须采用建造不同高程的基础、不同高度的勒脚等方法来解决。

地形对建筑物布置的间接影响,是自然通风和日照效果方面的影响。由地形和温差形成的地形风,往往对建筑通风起主要作用,常见的有山阴风、顺坡风、山谷风、越山风、山垭风等,在布置建筑物时,需结合地形并参照当地气象资料加以研究。为达到良好的通风效果,在迎风坡,高建筑物应置于坡上,在背风坡,高建筑物应置于坡下。把建筑物斜列布置在鞍部两侧迎风坡面,可充分利用垭口风,以取得较好的自然通风效果。建筑物布列在山堡背风坡面两侧和正下坡,可利用绕流和涡流获得较好的通风效果。在平地,日照效果和地理位置、建筑物朝向和高度、建筑物间隔有关;而在山区,日照效果除了与上述因素有关外,还和周围地形,建筑物处于向阳坡或背阳坡、地面坡度大小等因素密切相关,因此,日照效果问题就比平地复杂得多,必须对每个建筑物进行个别的具体分析来决定。

在建筑设计中,既要珍惜良田好土,尽量利用薄地、荒地和空地,又要满足投资省、工程量少,使用合理等要求。例如,建筑物应适当集中布置,以省农田,节约管线和道路,建筑物应结合地形灵活布置,以达省地、省工、通风和日照效果均好的目的;公共建筑应布置在小区的中心,对不宜建设的区域,要因地制宜地利用起来,例如在陡坡、冲沟,空隙地和边缘山坡上建筑公园和绿化地,自然形成或由采石、取土形成的大片洼地或坡地高差较大,可用来布置运动场和露天剧场,高地可设置气象台和电视转播站等。

以"5·12"汶川地震为例,这一次的四川大地震使很多重灾区面临重建而不是改建,由于地质的原因,新建的城市就要考虑抗震等因素。道路必须新建的合理,既要路程短又要求施工方便,不可建于土质不实的危险地带。对于居住区来说,就必须要求房屋抗震防火,并且根据当地的纬度考虑房屋朝向以及日照的影响。对于居住区,还应考虑到人的休闲活动场的位置以及设施的安置问题,人生活环境的安全舒适非常重要。一个地区经济的发展是不能忽视的,震后的地区应兴建一些工农业基地,以便加快经济的恢复。对于这些基地最为重要的就是选址,农副业要求环境好污染少;而工业不仅要考虑到对城市的污染问题,还要考虑到自身工业的要求(如地区风向的考虑,水源是否方便)。对于一些教育性的建筑,应该选择城郊安全卫生的幽雅环境,以保证学生学习环境的质量促进他们的学习。医院等建筑不应位于城市河流上游,同时不能离市中心区太远,以保证伤病者及时就医。

一系列的问题可以看出城市规划是一门复杂的学科,多方面的知识融合才能使规划设计的区域合理良性的向前发展。其中,地图学与城市规划就是关系密切的,只有熟练地识别地形图才能更好的应用于城市规划中。

九、给排水工程设计中的地形图应用

选择自来水厂的厂址时,要根据地形图确定位置。如厂址设在河流附近,则要考虑到厂址在洪水期内不会被水淹没,在枯水期内又能有足够的水量。水源离供水区不应太远,供水区的高差也不应太大。

在 0.5‰～1‰ 地面坡度的地段,排除雨水是方便的。在地面坡度较大的地区内,要根据地形分区排水。由于雨水和污水的排除是靠重力在沟管内自流的,因此,沟管应有适当的坡度,在布设排水管网时,要充分利用自然地形。例如,雨水干沟应尽量设在地形低处或山谷线处,这样,既能使雨水和污水畅通自流,又能使施工的土方量最小。

在防洪和排涝的涵洞和涵管等工程设计中,需要在地形图上确定汇水面积作为设计的依据。

十、城市规划用地分析的地形图应用

在城市建设的发展过程中,城市与地形的关系是十分密切的。一方面,地形在国防、卫生和美感方面与城市有很大的关系;另一方面,地形也给城市的建设和管理提出了一系列新的课题。在科学技术飞速发展的今天,由于生产和人口高度集中引起的用地紧张以及城市设计和建设水平的提高,有要求、也有可能在复杂的地形上来建设新的城市,因此,对城市用地的地形分析就显得日益重要。

地形的基本特征:长度、高度、线段和地段的坡度等,是分析地形的内容。但对于城市建设来说,还要求定量表示地形的分割程度。分割程度取决于以下两个方面。

(1) 地形水平分割频度,即谷底线的平均水平距离或用地内谷底线网络的密度。

(2) 地形垂直分割深度,即分水岭超出谷底线的平均高度或同一地段内的高差。

上述两者均与地区的平均坡度相关。在城市规划设计中,应以城市用地的大比例尺地形图为依据,统计出分割深度($2\times2\ km^2$ 面积内的相对高差)和断面平均坡度($1\times1\ km^2$ 网格)两项指标,按下述标准区分地形的复杂程度。

(1) 不很复杂,即分割深度是 $20\sim100\ m$,断面平均坡度不大于 5% 的丘陵区。这类地形主要影响城市结构划分(即市区和小区的划分)。

(2) 比较复杂,即分割深度达 $200\ m$,断面平均坡度大于 5% 的岗峦起伏地区。这类地形既影响城市结构划分也影响整个步行与车行交通网、文化生活服务系统和城市功能分区。

(3) 非常复杂,即分割深度超过 $200\ m$,断面平均坡度也大于 5% 的山岭区。这类地形除了上述影响外,还将决定城市用地的发展方向和建设用地的布置。

城市用地的地形分析,还须依据大比例尺地形图编绘地形简图,用地坡度图、假定干道网的平均坡度图、可用场地的划分和评价图等,以利于分析和评价工程。

就形成大城市的具体条件来说,各种建筑场地应满足以下要求:场地面积不小于 $10\ km^2$,以利于布置城市规划区,场地宽度不小于 $1.5\sim2\ km$,以利于布置复线干道,场地内不宜开拓和零星隙地,不超过 $10\%\sim15\%$;场地内适宜于建筑各类建设项目,包括公共中心和工业、公用事业、交通运输业所需的用地,不得少于 $10\%\sim15\%$。

下面列举一个城市用地地形分析的简单例子。地形分析包括下面三个具体内容。

(1) 根据各项建设对用地坡度的要求,在地形图上划分地面坡度为 $0\sim0.5\%$、$0.5\%\sim2\%$、$2\sim5\%$、$5\%\sim8\%$;$8\%\sim12\%$ 和 12% 以上的地区。

(2) 在地形图上标明分水线、集水线和地面水流方向。

(3) 将原有的冲沟、沼泽、漫滩、滑坡等地段划出,以便结合地质、水文等条件,进一步确定这些地段的适用情况。

从图 6-26(a)所示可以看出这个地区的地形特点如下。

(1) 光明村以西有一座不太高的小山,山的东边有一片坎地,山的南面有几条冲沟。

(2) 光明村以南有一条青河、河的南岸有一沼泽地。

(3) 在向阳公路以北有一个高出地面约 $30\ m$ 的小丘,小丘东西向地势较南北向平缓。

(4) 光明村以西的地形,从 $75\ m$ 等高线以上较陡,$55\sim75\ m$ 等高线一段渐趋平缓,从 $55\ m$ 等高线以下更为平坦。总的说来,这块地形除了小山和小丘以外是比较平缓的。

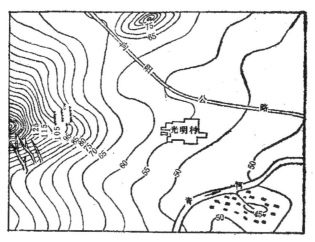

(a) 光明村地形图

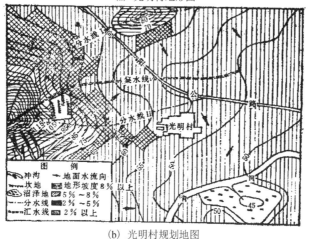

(b) 光明村规划地图

图 6-26 城市规划用地的地形分析组图 (单位: m)

了解上述地形特点以后,再做进一步的分析。

(1) 用不同符号表示各种坡度地段范围,从而可以计算出各种坡度地面的面积,作为分区规划设计的依据,如图 6-26(b)所示。

(2) 根据地形起伏情况。从小山山顶向东北到小丘可找出分水线 I,从小山向东到向阳公路可找出分水线 II,分水线 II 的一段和向阳公路东段相吻合。在分水线 I 和 II 之间可找到集水线。根据地势情况定出地面水流方向(最大坡度方向),如图 6-26(b)所示中箭头所示。在分水线 I 以北的地面水排向小丘和小丘以北,在分水线 II 以南的地面水则流向青河汇集。

(3) 小山南面的冲沟地段和青河南面的沼泽地区,需做工程地质和水文地质等条件的分析以后,才能确定它们的用途。

第七节　面积量测

在科学研究和生产实践中经常会遇到面积的量测问题,如求算各种土地利用类型的面积、厂区面积和矿区面积、水库的汇水面积、灌溉面积等。除特殊需要实测外,通常都可以直接从地形图上量测。

在图上量测面积的方法很多,如方格法、方里网法、平行线法(又称梯形法)、求积仪法、权重法等,此外还有利用电子计算机和光电扫描仪等量算方法。

一、几何图形法

当欲求面积的边界为直线时,首先把该图形分解为若干个规则的几何图形,例如三角形、梯形或平行四边形等,如图 6-27 所示;其次,量出这些图形的边长,这样就可以利用几何公式计算出每个图形的面积;最后,将所有图形的面积之和乘以该地形图比例尺分母的平方,即为所求面积。

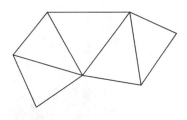

图 6-27　几何图形法测算面积

二、坐标计算法

如果图形为任意多边形,并且各顶点的坐标已知,则可以利用坐标计算法精确求算该图形的面积。如图 6-28 所示,各顶点按照逆时针方向编号,则面积为

$$S = \frac{1}{2}\sum_{i=1}^{n} x_i(y_{i-1} - y_{i+1}) \qquad (6-4)$$

或

$$S = \frac{1}{2}\sum_{i=1}^{n}(x_{i+1} + x_i)(y_{i+1} - y_i) \quad (6-5)$$

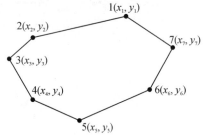

图 6-28　坐标计算法测算面积

上式中,当 $i=1$ 时,y_{i-1} 用 y_n 代替;当 $i=n$ 时,y_{i+1} 用 y_1 代替,x_{i+1} 用 x_1 代替。

三、透明方格法

对于不规则图形,可以采用图解法求算图形面积。通常使用绘有单元图形的透明纸蒙在待测图形上,统计落在待测图形轮廓线以内的单元图形个数来量测面积。

透明方格法通常是在透明纸上绘出边长为 1 mm 的小方格,如图 6-29(a)所示,每个方格的面积为 1 mm²,而所代表的实际面积则由地形图的比例尺决定。量测图上面积时,将透明方格纸固定在图纸上,先数出完整小方格数 n_1,再数出图形边缘不完整的小方格数 n_2。然后,按下式计算整个图形的实际面积。

$$S = \left(n_1 + \frac{n_2}{2}\right) \cdot \frac{M^2}{10^6} \ (\text{m}^2) \qquad (6-6)$$

式中,M 为地形图比例尺分母。

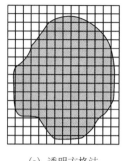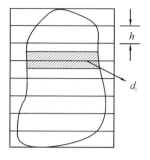

（a）透明方格法   （b）透明平行线法

图 6-29 透明纸法测算面积组图

四、透明平行线法

透明方格网法的缺点是数方格困难,为此,可以使用图 6-29(b)所示的透明平行线法。被测图形被平行线分割成若干个等高的长条,每个长条的面积可以按照梯形公式计算。例如,图中绘有斜线的面积,其中间位置的虚线为上底加下底的平均值 d_i,可以直接量出,而每个梯形的高均为 h,则其面积为

$$S = \sum_{i=1}^{n} d_i \cdot h = h \sum_{i=1}^{n} d_i \qquad (6-7)$$

五、电子求积仪的使用

电子求积仪是一种用来测定任意形状图形面积的仪器,如图 6-30 所示。

在地形图上求取图形面积时,先在求积仪的面板上设置地形图的比例尺和使用单位,再利用求积仪一端的跟踪透镜的十字中心点绕图形一周来求算面积。电子求积仪具有自动显示量测面积结果、储存测得的数据、计算周围边长、数据打印、边界自动闭合等功能,计算精度可以达到 0.2%。同时,具备各种计量单位,例

图 6-30 一种电子求积仪

如,公制、英制,有计算功能,当数据量溢出时会自动移位处理。由于采用了 RS-232 接口,可以直接与计算机相连进行数据管理和处理。

为了保证量测面积的精度和可靠性,应将图纸平整地固定在图板或桌面上。当需要测量的面积较大,可以采取将大面积划分为若干块小面积的方法,分别求这些小面积,最后把量测结果加起来。也可以在待测的大面积内划出一个或若干个规则图形(四边形、三角形、圆形等),用解析法求算面积,剩下的边、角小块面积用求积仪求取。

第八节　体积量测

在科学研究与工程建设中,常常会遇到要了解地面各种水体的体积、山体的体积、工程的土方工程量、矿体的储量,等等。这类体积的求算都可以在地形图上进行,即根据地形图上的等高线量算体积。利用地形图量算体积,必须先在地形图上确定量算体积的范围界线和厚度(高),然后进行量算。由于各种欲量算体积的对象形状各异,精度要求和工作条件不同,采取的量算方法也不一样。常用的量算方法有等高线法、方格网法、断面法等。

一、方格网法

如果地面坡度较平缓,可以将地面平整为某一高程的水平面。如图 6-31 所示,计算步骤如下。

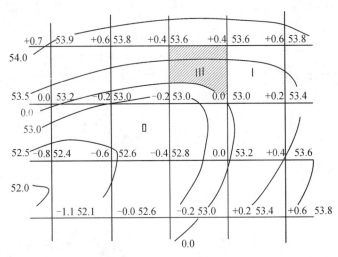

图 6-31　方格网法计算填挖体积

（1）绘制方格网。方格的边长取决于地形的复杂程度和土石体积估算的精度要求,一般取 10 m 或 20 m。然后,根据地形图的比例尺在图上绘出方格网。

（2）求各方格角点的高程。根据地形图上的等高线和其他地形点高程,采用目估法内插出各方格角点的地面高程值,并标注于相应顶点的右上方。

（3）计算设计高程。将每个方格角点的地面高程值相加,并除以 4 则得到各方格的平均高程,再把每个方格的平均高程相加除以方格总数就得到设计高程 $H_设$。$H_设$ 也可以根据工程要求直接给出。

（4）确定填、挖边界线。根据设计高程 $H_设$,在地形图 6-31 上绘出高程为 $H_设$ 的高程线(如图中虚线所示),在此线上的点即为不填又不挖,也就是填、挖边界线,亦称零等高线。

（5）计算各方格网点的填、挖高度。将各方格网点的地面高程减去设计高程 $H_设$,即得各方格网点的填、挖高度,并注于相应顶点的左上方,正号表示挖,负号表示填。

（6）计算各方格的填、挖体积。下面以图 6-31 所示中方格Ⅰ、Ⅱ、Ⅲ为例,说明各方格的填、挖体积计算方法。

方格 I 的挖体积：$V_1 = \dfrac{1}{4}(0.4+0.6+0+0.2) \cdot A = 0.3A$

方格 II 的填体积：$V_2 = \dfrac{1}{4}(-0.2-0.2-0.6-0.4) \cdot A = -0.35A$

方格 III 的填、挖体积：

$$V_3 = \frac{1}{4}(0.4+0.4+0+0) \cdot A_{挖} + \frac{1}{4}(0-0.2-0-0) \cdot A_{填} = 0.2A_{挖} - 0.05A_{填}$$

式中，A 为每个方格的实际面积；$A_{挖}$、$A_{填}$ 分别为方格 III 中挖方区域和填方区域的实际面积。

（7）计算总的填、挖体积。将所有方格的填体积和挖体积分别求和，即得总的填、挖土石体积。如果设计高程 $H_{设}$ 是各方格的平均高程值，则最后计算出来的总填体积和总挖体积基本相等。

当地面坡度较大时，可以按照填、挖土石体积基本平衡的原则，将地形整理成某一坡度的倾斜面。

由图 6-31 可知，当把地面平整为水平面时，每个方格角点的设计高程值相同。而当把地面平整为倾斜面时，每个方格角点的设计高程值则不一定相同，这就需要在图上绘出一组代表倾斜面的平行等高线。绘制这组等高线必备的条件：等高距、平距、平行等高线的方向（或最大坡度线方向）以及高程的起算值。它们都是通过具体的设计要求直接或间接提供的，如图 6-31 所示。绘出倾斜面等高线后，通过内插即可求出每个方格角点的设计高程值。这样，便可以计算各方格网点的填、挖高度，并计算出每个方格的填、挖体积及总填、挖体积。

二、等高线法

如果地形起伏较大时，可以采用等高线法计算土石体积。首先，从设计高程的等高线开始计算出各条等高线所包围的面积；其次将相邻等高线面积的平均值乘以等高距即得总的填挖体积。

如图 6-32 所示，地形图的等高距为 5 m，要求平整场地后的设计高程为 492 m。首先，在地形图中内插出设计高程为 492 m 的等高线（如图中虚线）；其次再求出 492 m、495 m、500 m 等 3 条等高线所围成的面积 A_{492}、A_{495}、A_{500}，即可算出每层土石方的挖方量为

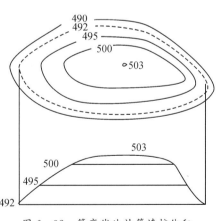

图 6-32　等高线法计算填挖体积

$$V_{492-495} = \frac{1}{2}(A_{492} + A_{495}) \cdot 3$$

$$V_{495-500} = \frac{1}{2}(A_{500} + A_{495}) \cdot 5$$

$$V_{500-503} = \frac{1}{3}A_{500} \cdot 3$$

则,总的土石方挖体积为

$$V_{总} = \sum V = V_{492-495} + V_{495-500} + V_{500-503}$$

三、断面法

　　道路和管线建设中,沿中线至两侧一定范围内带状地形的土石方计算常用此法。这种方法是在施工场地范围内,利用地形图以一定间距绘出地形断面图,并在各个断面图上绘出平整场地后的设计高程线。然后,分别求出断面图上地面线与设计高程线所围成的面积,再计算相邻断面间的土石体积,求其和即为总土石体积。

　　如图 6-33 所示,地形图比例尺为 1∶1 000,矩性范围是欲建道路的一段,其设计高程为 47 m。为求土石体积,先在地形图上绘出相互平行、间隔为 l(一般实地距离为 20～40 m)的断面方向线 1-1、2-2、…、5-5;按一定比例尺绘出各种断面图(纵、横轴比例尺应一致,常用比例尺为 1∶100 或 1∶200),并将设计高程线展绘在断面图上(图6-33,1-1、2-2断面);然后在断面图上分别求出各断面设计高程线与断面图所包围的填土面积 A_{Ti} 和挖土面积 A_{Wi}(i 表示断面编号),最后计算两断面间土石体积。例如,1-1 和 2-2 两断面间的土石方为

填方:$V_T = \frac{1}{2}(A_{T1} + A_{T2})l$

挖方:$V_W = \frac{1}{2}(A_{W1} + A_{W2})l$

　　同法依次计算出每两相邻断面间的土石体积,最后将填体积和挖体积分别累加,即得总土体积。

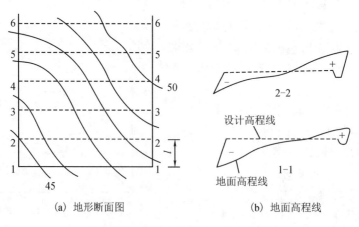

　　　　(a) 地形断面图　　　　　　　　　　(b) 地面高程线

图 6-33　断面法计算土石体积组图

　　上述三种计算体积方法各有特点,应根据场地地形条件和工程要求选择合适的方法。当实际工程土石方估算精度要求较高时,往往要到现场实测方格网图(方格点高程)、断面图或地形图。因此,上面介绍的三种方法均未考虑削坡影响,当高差较大时,这

部分土方量是很大的,因此,实际工程中应参照上述方法计算削坡的土石方量。

复习思考题

(1) 地形图有哪些主要用途?

(2) 面积测量和计算有哪几种方法?

(3) 何谓地形图比例尺?何谓比例尺精度?

(4) 何谓等高线?等高线有哪些特性?何谓山脊线和山谷线?

(5) 何谓等高距、等高线平距和地面坡度?它们三者之间的关系如何?

(6) 何谓地形图分幅?有哪几种分幅方法?

(7) 何谓地物特征点及地形特征点?

(8) 何谓数字测图?包含哪些主要内容?

(9) 数字地形图的数据采集有哪些方式?

(10) 如何应用全站仪进行数字测图?

(11) 地面数字测图野外数据采集需要得到哪些数据和信息?

(12) 设图 6 - 34 为 1:10 000 的等高线地形图,图下印有直线比例尺,用以从图上量取长度。根据该地形图,用图解法解决以下三个问题:

①求 A,B 两点的坐标及 A—B 连线的坐标方位角;

②求 C 点的高程及 A—C 连线的地面坡度;

③从 A 点到 B 点定出一条地面坡度 $i=7\%$ 的线路。

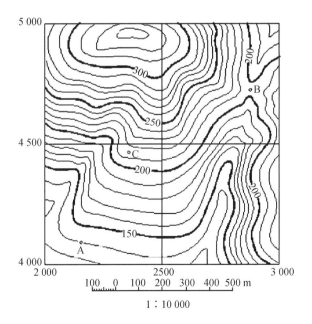

图 6 - 34　在地形图上量取坐标高程方位角及地面坡度

（13）根据图 6-35 所示的等高线地形图，沿图上 A—B 方向，按图下已画好的高程比例，作出其地形断面图。

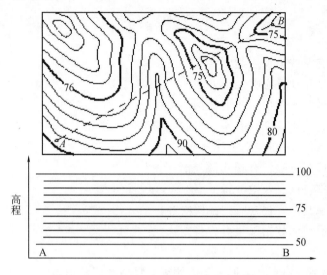

图 6-35　根据等高线地形图作断面

（14）在图 6-36 所示的等高线地形图上设计一倾斜平面，倾斜方向为 A—B 方向，要求该倾斜平面通过 A 点时的高程为 45 m，通过 B 点时的高程为 50 m，在图上作出填、挖边界线，并在填土部分画上斜阴影线。

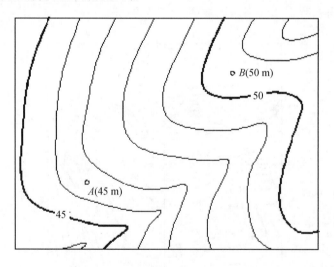

图 6-36　在地形图上设计倾斜平面

第七章 施工放样的基本工作

施工放样的基本工作

第一节 概　述

施工放样是测量工作的另一种形式,是通常测量的逆过程。通常意义上的测量,是对实地上已埋设标志的未知点用测量仪器进行观测,从而得到角度、距离和高差等数据;放样则是根据设计点与已知点间的角度、距离和高差,用测量仪器测定出设计点的实地位置,并埋设标志。

放样与普通测量相比,有以下一些不利因素。

(1)通常测量时可做多测回重复观测,放样时不便做多测回操作。

(2)通常测量时标志是事先埋好的,放样时观测与设点同时进行,标桩埋设地点也不允许选择。

(3)通常测量时由观测者瞄准固定目标进行读数,一人观测能够眼手协调工作,有利于提高观测速度和精度。放样时往往由观测者指挥助手移动目标进行瞄准,操作时间较长,且观测者与助手间的配合质量直接影响定点精度。

一、施工放样的目的与内容

施工测量的目的是把设计的建筑物、构筑物的平面位置和高程,按设计要求以一定的精度测设在地面上,作为施工的依据,并在施工过程中进行一系列的测量工作,以衔接和指导各工序间的施工。

施工测量贯穿于整个施工过程中。从场地平整、建筑物定位、基础施工,到建筑物构件的安装等,都需要进行施工测量,才能使建筑物、构筑物各部分的尺寸、位置符合设计要求。有些工程竣工后,为了便于维修和扩建,还必须测出竣工图。有些高大或特殊的建筑物建成后,还要定期进行变形观测,以便积累资料,掌握变形的规律,为今后建筑物的设计、维护和使用提供资料。

二、施工放样的特点

测绘地形图是将地面上的地物、地貌测绘在图纸上,而施工放样则和它相反,是将设计图纸上的建筑物、构筑物按其设计位置测设到相应的地面上。

测设精度的要求取决于建筑物或构筑物的大小、材料、用途和施工方法等因素。一般高层建筑物的测设精度应高于低层建筑物,钢结构厂房的测设精度应高于钢筋混凝土结构厂房,装配式建筑物的测设精度应高于非装配式建筑物。

施工测量工作与工程质量及施工进度有着密切的联系。测量人员必须了解设计的内容、性质及其对测量工作的精度要求。熟悉图纸上的尺寸和高程数据,了解施工的全过程,并掌握施工现场的变动情况,使施工测量工作能够与施工密切配合。

另外,施工现场工种多,交叉作业频繁,并有大量土、石方填挖,地面变动很大,又有动力机械的震动,因此,各种测量标志必须埋设稳固且在不易破坏的位置。还应做到妥善保护,经常检查,如有破坏,应及时恢复。

三、施工放样的原则

施工现场上有各种建筑物、构筑物,且分布较广,往往又不是同时开工兴建。为了保证各个建筑物、构筑物在平面和高程位置都符合设计要求,互相连成统一的整体,施工测量和测绘地形图一样,也要遵循"从整体到局部,先控制后碎部"的原则。即先在施工现场建立统一的平面控制网和高程控制网,然后以此为基础,测设出各个建筑物和构筑物的位置。施工测量的检核工作也很重要,必须采用各种不同的方法加强外业和内业的检核工作。

四、施工放样的精度

施工放样的精度要求取决于建筑物和构筑物的结构形式、大小、材料、用途和施工方法等因素。通常,高层建筑精度要高于多层建筑;自动化和连续性厂房的测量精度要高于一般工业厂房;钢结构建筑的测量精度要高于钢筋混凝土结构、砖石结构建筑;装配式建筑的测量精度要高于非装配式建筑。测量精度不够,将对工程质量造成影响。

在施工现场由于各种建筑物、构筑物的分布较广,往往又不是同时开工兴建,为了保证各个建筑物和构筑物在平面位置和高程上都能满足要求,且相互连成一个整体,施工放样和测绘地形图一样,必须遵循从整体到局部,先控制后碎部的原则,首先在施工现场建立统一的平面控制网和高程控制网,然后以此为基准,测设出各个建筑物和构筑物的细部。

建设工程的点位中误差 $m_{点}$ 通常由测量定位中误差和施工中误差 $m_{施}$ 组成,测量定位中误差由建筑场区控制点的起始中误差 $m_{控}$ 和放样中误差 $m_{放}$ 组成,其关系式为

$$m_{点}^2 = m_{控}^2 + m_{放}^2 + m_{施}^2 \qquad (7-1)$$

在工程项目的施工质量验收规范中,规定了各种工程的位置、尺寸、标高的允许误差 $\Delta_{限}$,施工测量的精度可按此限差进行推算。由于限差通常是中误差的两倍,所以

$$m_{点} = \frac{1}{2}\Delta_{限} \qquad (7-2)$$

可以根据 $m_{点}$ 来设计推算 $m_{控}$、$m_{放}$ 即 $m_{施}$。由于不同工程的控制点等级不同、控制点的密度不同、放样点离控制点的距离不同、放样点的类型不同、施工方法及要求不同,因此 $m_{控}$、$m_{放}$、$m_{施}$ 之间没有固定不变的比例关系。通常 $m_{控} < m_{放} < m_{施}$。应当根据工程的具体情况,适当确定 $m_{控}$、$m_{放}$ 之间的关系,因而设计出 $m_{控}$、$m_{放}$。

在工程测量规范中,规定了部分建筑物、构筑物施工放样的允许误差,取其一半可直

接确定出 $m_{放}$。

五、施工放样准备工作

在施工测量之前,应建立健全的测量组织和检查制度。并核对设计图纸,检查总尺寸和分尺寸是否一致,总平面图和大样图尺寸是否一致,不相符之处要向设计单位提出,进行修正。然后对施工现场进行实地勘察,根据实际情况编制测设样图,计算测设数据。对施工测量所使用的仪器、工具应进行检验校正,否则不能使用。工作中必须注意人身和仪器的安全,特别是在高空和危险地区进行测量时,必须采取防护措施。

第二节 测设的基本工作

不论测设对象是建筑物还是构筑物,测设的基本工作是测设已知的水平距离、水平角度和高程。

一、水平距离的测设

测设已知水平距离是从地面一已知点开始,沿已知方向测设出给定的水平距离以定出第二个端点的工作。根据测设的精度要求不同,可分为一般测设方法和精确测设方法。

用全站仪测设时,只要在直线方向上移动棱镜的位置,使显示距离等于已知水平距离,即能确定终点桩的标志位置。为了检核可进行复测。用全站仪放样距离,应进行加常数、乘常数和气象改正。

用全站仪测设,要将棱镜移动到正确位置较困难,实际作业时可用归化法。如图7-1所示,在 A 点要测设水平距离 AB,先定出一点 B',用全站仪测出 AB' 的水平距离 D',将 D' 与设计距离 D 比较,得 $\Delta D = D - D'$。因 ΔD 数值较小,只需将 B' 点沿直线方向用小钢尺进行修正,即归化,就可得到 B 点。改正时,当 $\Delta D < 0$,应向 AB' 延长线方向改正,即向外归化;反之,则应向内归化。定出 B 点后,再用全站仪检核。

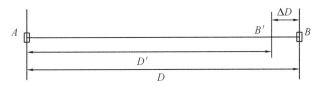

图 7-1 全站仪放样距离

为了检核,将反光镜安置在 B 点,测量 AB 的水平距离,若不符合要求,则再次改正,直至在允许范围之内为止。

现代的全站仪瞄准位于 B 点附近的棱镜后,能够直接显示出全站仪与棱镜之间的水平距离 D',因此,可以通过前后移动棱镜使其水平距离 D' 等于待测设的已知水平距离 D 时,即可定出 B 点。

二、水平角的测设

测设已知水平角,就是根据地面上一点及给定方向,定出另外一个方向,使得两方向间的水平角为给定的已知值。

(一) 正倒镜分中法

如图7-2所示,设地面上已有方向 OA 方向,要在 O 点以 OA 为起始方向,顺时针方向测设由设计给定的水平角 β 图上有这样的一个顶点和一个已知方向,现在要测设已知 β 角,定出 OB 方向。把经纬仪或全站仪安置在 O 点上,在 A 点上立一个目标杆,先用经纬仪或全站仪瞄准这个 A 点,首先将经纬仪或全站仪置为盘左的位置瞄准 A 点,并将水平度盘置0,其次转动照准部,转到 β 角的位置,那么这个转动的角度是一个 β 角。转动 β 角以后,就得到这个角度的另外一条方向线。这就是我们要

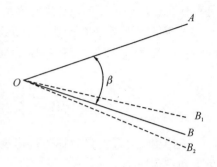

图7-2 一般方法测设水平角

测设的 β 角,那么在地面上就把它测设出来,然后在方向线上标定一个 B_1 点。为了检核盘左测设的 β 角对不对,接下来将经纬仪或全站仪置为盘右,重新瞄准 A 点,水平度盘同样的也要置0,将照准部再顺时针转过一个 β 角,然后得到 OB_2 方向线,这条方向线与原来盘左位置测设的方向线通常不会重合,因为有误差的存在。这就是盘左和盘右分别测设出的两条方向线,如果这两条方向线之间的误差在允许范围内,取 B_1、B_2 的中点作为最终测设的 B 点。将 OB 连接起来,角 AOB 就是要求测设出来的 β 角。这就是正倒镜分中法。

(二) 多测回修正法

当测设要求的精度较高时,可以采用多测回修正法。

先用前面介绍的方法,也就是正倒镜分中法测先设出一个 β 角,标定一个 B 点。然后再用测回法观测 A,B 方向几个测回,一般为2~3个测回,那么将这几个测回所测得的角度取平均值可以得到一个角度 β'。由于有误差的存在,设计值 β 与测设值 β' 之间必定有一个差值 $\Delta\beta$。如图7-3所示,过 B 点作 OB 的垂线,那么与 β' 的方向线会交于一点 B'。

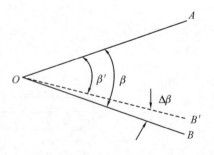

图7-3 精确方法测设水平角

$$BB' = OB \times \tan(\Delta\beta) \approx OB \times \Delta\beta/\rho$$

求出 BB' 的大小后,可以用小三角板从 B 点出发,沿垂直于 OB 的方向量取一个距离,大小为 BB' 的长度,这样点 B' 就确定了。连接 OB',角 AOB' 即为所要测设的 β 角。

三、高程的测设

（一）利用水准仪进行高程放样

高程测设通常利用水准仪进行,有时也用全站仪
或卷尺直接丈量。高程测设的依据是施工场地上依
建立的高程控制网。测设已知高程就是根据已知点
的高程,通过引测,把设计高程标定在固定的位置上。
如图 7-4 所示,已知高程点 A,其高程为 H_1,需要在
B 点标定出已知高程为 H_B 的位置。方法:在 A 点和
B 点中间安置水准仪,精平后读取 A 点的标尺读数为
a,则仪器的视线高程为 $H_i = H_1 + a$,由图 7-4 可知测设已知高程为 H_B 的 B 点标尺读
数应为

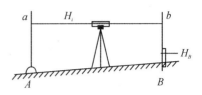

图 7-4　已知高程测设

$$b = H_i - H_B$$

将水准尺紧靠 B 点木桩的侧面上下移动,直到尺上读数为 b 时,沿尺底画一横线,此线即
为设计高程 H_B 的位置。测设时应始终保持水准管气泡居中。

在建筑设计和施工中,为了计算方便,通常把建筑物的室内设计地坪高程用 ±0 标高
表示,建筑物的基础、门窗等高程都是以 ±0 为依据进行测设。因此,首先要在施工现场
利用测设已知高程的方法测设出室内地坪高程的位置。

在地下坑道施工中,高程点位通常设置在坑道顶部。通常规定当高程点位于坑道顶
部时,在进行水准测量时水准尺均应倒立在高程点上。如图 7-5 所示,A 为已知高程
H_A 的水准点,B 为待测设高程为 H_B 的位置,由于 $H_B = H_A + a + b$,则在 B 点应有的标
尺读数 $b = H_B - (H_A + a)$。因此,将水准尺倒立并紧靠 B 点木桩上下移动,直到尺上读
数为 b 时,在尺底画出设计高程 H_B 的位置。

同样,对于多个测站的情况,也可以采用类似分析和解决方法。如图 7-6 所示,A 为
已知高程 H_A 的水准点,C 为待测设高程为 H_C 的点位,由于 $H_C = H_A - a - b_1 + b_2 + c$,则
在 C 点应有的标尺读数 $c = H_C - (H_A - a - b_1 + b_2)$。

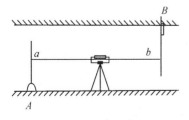

图 7-5　高程点在顶部的测设

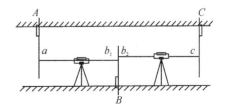

图 7-6　多个测站高程点测设

当待测设点于已知水准点的高差较大时,则可以采用悬挂钢尺的方法进行测设。如
图 7-7 所示,钢尺悬挂在支架上,零端向下并挂一重物,A 为已知高程为 H_A 的水准点,
B 为待测设高程为 H_B 的点位。在地面和待测设点位附近安置水准仪,分别在标尺和钢
尺上读数 a_1、b_1 和 a_2。由于 $H_B = H_A + a_1 - (b_1 - a_2) - b_2$,则可以计算出 B 点处标尺的

读数 $b_2 = H_A + a_1 - (b_1 - a_2) - H_B$。同样，图 7-8 所示情形也可以采用类似方法进行测设，即计算出前视读数 $b_2 = H_A + a_1 + (a_2 - b_1) - H_B$，再划出已知高程位 H_B 的标志线。

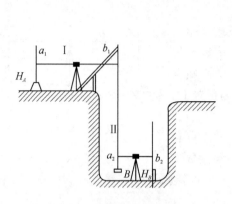

图 7-7　测设建筑基底高程　　　　图 7-8　测设建筑楼层高程

例如，建一栋房子，基础打好之后，房子有一条设计的地基线，设计的地基线是 86.312 m，这个高度线到底在什么位置，这就需要测量人员测设出来，并在实地标定出来。

测设的基本步骤如下：

1. 在 BM_1 和已知的 P 点间架设水准仪

那么架设好水准仪以后，在 BM_1 点上和 P 点上架设两根水准尺。为了在 P 点可以控制高度，通常的施工方式是在 P 点上打一个比较高的木桩。因为 P 点的高度是需要测设的，到底在哪个高度还没有确定，所以就要打一个木桩，方便后面进行高度的调整。木桩打好后，把水准尺架设在木桩上。仪器架好以后，先把仪器瞄准后视的 BM_1 点，读数为 1.254 m，读数读出来后就可以求出仪器视线的高度 $H_i = BM_1 + a$。后视读数用 a 来表示。把数据代入，求得视线高为 86.472 m。按照水准测量的惯例，现在就要瞄准前尺进行读数，然后求出高差，求出 P 点的高程。但大家现在要把思路理清楚，现在进行的是测设，不是测定。如果是测定，就按照这个方法来求。现在 P 点的高程是设计好的，我们现在要在地面上把这个高程的位置标定出来。

2. 求出 P 点尺上应该的读数

用 b 来表示应该的读数。则可以计算出

$$b = H_i - H = 86.472 - 86.312 = 0.160 \text{ m}$$

3. 控制 P 点木桩使读数为 0.160 m

现在 P 点尺上读数肯定不是 0.160 m，可以把木桩打下去或提上来点，使得水准尺上的读数刚好等于 0.160 m，这时桩顶的高程就是要测设的高程。

（二）全站仪无仪器高作业法放样

对一些高低起伏较大的工程放样，如大型体育馆的网架、桥梁构件、厂房及机场屋架等，用水准仪放样就比较困难，这时可用全站仪无仪器高作业法直接放样高程。

如图 7-9 所示，为了放样目标点 B 的高程，在 O 处架设全站仪，后视已知点 A（设目标高为 l，当目标采用反射片时 $l=0$），测得 OA 的距离 S_1 和垂直角 α_1，从而计算 O 点全

站仪中心的高程为

$$H_o = H_A + l - \Delta h_1 \tag{7-3}$$

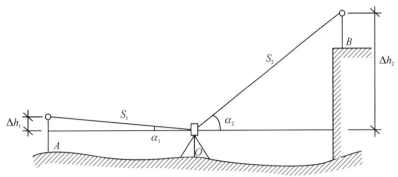

图 7 - 9 全站仪无仪器高作业法

然后测得 OB 的距离 S_2 和垂直角 α_2,并顾及式(7-3),从而计算出 B 点的高程为

$$H_B = H_o + \Delta h_2 - l = H_A + \Delta h_2 - \Delta h_1 \tag{7-4}$$

将测得的 H_B 与设计值比较,指挥并放样出高程 B 点。从式(7-4)可以看出,此方法不需要测定仪器高,因而用无仪器高作业法同样具有很高的放样精度。

必须注意的是当测站与目标点之间的距离超过 150 m 时,以上高差就应该考虑大气折光和地球曲率的影响,即

$$\Delta h = D \cdot \tan\alpha + (1 - K) \cdot \frac{D^2}{2R^2} \tag{7-5}$$

式中,D 为水平距离;α 为垂直角;K 为大气垂直折光系数 0.14;R 为地球曲率半径,$R = 6\ 371$ km。

第三节　点的平面位置的测设

一、直角坐标法

直角坐标法是建立在直角坐标原理基础上测设点位的一种方法。当建筑场地已建立有相互垂直的主轴线或建筑方格网时,一般采用此法。

如图 7 - 10 所示,A、B、C、D 为建筑方格网或建筑基线控制点,1、2、3、4 点为待测设建筑物轴线的交点,建筑方格网或建筑基线分别平行或垂直待测设建筑物的轴线。根据控制点的坐标和待测设点的坐标可以计算出两者之间的坐标增量。下面以测设 1、2 点为例,说明测设方法。

首先,计算出 A 点与 1、2 点之间的坐标增量,即

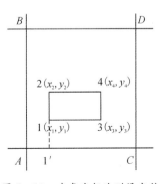

图 7 - 10　直角坐标法测设点位

$$\Delta x_{A1} = x_1 - x_A, \Delta y_{A1} = y_1 - y_A$$
$$\Delta x_{12} = x_2 - x_1, \Delta y_{12} = y_2 - y_1$$

测设 1、2 点平面位置时,在 A 点安置经纬仪或全站仪,照准 C 点,沿此视线方向从 A 沿 C 方向测设水平距离 Δy_{A1} 定出 $1'$ 点。再安置经纬仪于 $1'$ 点,盘左照准 C 点(或 A 点),转 $90°$ 给出视线方向,沿此方向分别测设出水平距离 Δx_{A1} 和 Δx_{12} 定 1、2 两点。同法以盘右位置再定出 1、2 两点,取 1、2 两点盘左和盘右的中点即为所求点位置。

采用同样的方法可以测设 3、4 点的位置。

检查时,可以在已测设的点上架设经纬仪或全站仪,检测各个角度是否符合设计要求,并丈量各条边长。

如果待测设点位的精度要求较高,可以利用精确方法测设水平距离和水平角。

它在实际工作中应用得不多。在公路建设、房屋建筑方面也有可能用到。

二、距离交会法

距离交会法是根据两段已知距离交会出点的平面位置。如建筑场地平坦,量距方便,且控制点离测设点又不超过一整尺的长度时,用此法比较适宜。在施工中细部位置测设常用此法。

具体作法如图 7-11 所示,由已知控制点 A、B、C,测设房角点 1、2,根据控制点的已知坐标及点 1、2 的设计坐标,反算出放样数据 D_1、D_2、D_3、D_4。分别从 A、B、C 点用钢尺测设已知距离 D_1、D_2 和 D_3、D_4。D_1 和 D_2 的交点即为 1 点;D_3 和 D_4 的交点即为 2 点。最后,量点 1 至 2 点的长度,与设计长度比较作为校核。

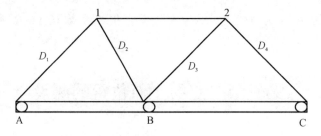

图 7-11 距离交会法放样点位

三、方向线交会法

方向线交会法就是利用两条相互垂直的方向线相交来定出放样点。一般在需要放样的点和线很多的情况先采用。例如,根据厂房矩形控制网和柱列轴线进行柱基放样时,采用本法具有计算简便、交会精度高的优点。如图 7-12 所示,T、U、R、S 为某厂房矩形控制网角点,为了放样 P 点,先在矩形网的边上量距,确定方向线的定向点 1 及 $1'$,2 及 $2'$ 的位置。然后在定向点 1 与 2 上安置全站仪瞄准对应的定向点 $1'$ 与 $2'$,形成方向线 $11'$ 与 $22'$,两方向线的交点就是所需的放样点 P。

在大型设备的基础施工时,不仅要定出基础中心 P 的位置,而且要定出通过基础中心的纵横轴线。因此,用方向线交会法放样时,除了交会出中心点 P 以外,还要沿方向线在基础中心的挖土范围以外设置 4 个定位点 a、b、c、d,并定出小木桩,以便显示出放样基础的轮廓。

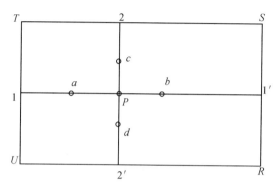

图 7 - 12　方向线交会法放样点位

四、全站仪坐标测设法

全站仪测设方法适用于各种场合,当距离较远、地势复杂时尤为方便。

(一) 全站仪极坐标法

用全站仪极坐标测设点的平面位置,不需预先计算放样数据。如图 7 - 13 所示,如要测设 P 点的平面位置,其放样方法如下。

(1) 将全站仪安置于 A 点上,瞄准控制点 B,置水平盘读数为 $0°00'00''$。

(2) 将 P 点和 A、B 两点的坐标输入全站仪,给出指令,以便自动计算出设计数据水平角 β 和水平距离 D。

(3) 旋转照准部,使显示的角值为 β,将反光镜置于视线上 P 点附近的 P',即显示水平距离 D',根据 D' 与 D 之差移动反光镜,使 D 与 D' 相差较小,可用小钢尺沿视线方向进行改正,从而得到 P 点,并固定之。

(4) 当测设完一个点后,随时测出该点的坐标,与设计坐标相比较,以资校核。

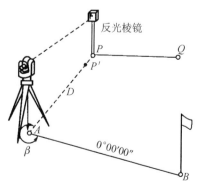

图 7 - 13　全站仪按极坐标法测设点位

（二）全站仪坐标法

如图 7-14 所示，将全站仪安置在 A 点，使仪器置于放样模式，输入控制点 A、B 的已知坐标及 1 点的设计坐标；瞄准 B 点进行定向；持镜者将棱镜立于 1 放样点附近，照准棱镜，按坐标放样功能键，可显示出棱镜位置与放样点的坐标差，指挥持镜者移动棱镜，直至移动到 1 点。

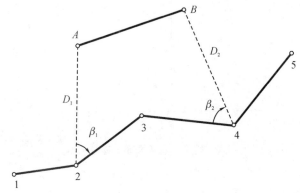

图 7-14　坐标法测设点位

对于 2，3，4 点只要重新输入或调用 2、3、4 的坐标即可，按下放样键，仪器会自动提示旋转的角度和距离，放样出 2、3、4 点。

（三）全站仪自由设站法

自由设站法即在合适的位置假设全站仪，当控制点与放样点间不通视，通过与已知点的联测，得到设站点的坐标，当得到设站点坐标以后，就可将此作为已知点，以此来放样建筑物的细部点。

目前，由于测距的精度高且方便快捷，在自由设站法中大多采用测距的方式来测定设站点（即利用边长交会的方式来测定）。当精度要求较高时，也可采用边、角同测的方法来定点。为了保证测量成果的可靠性，自由设站法应有一定的多余观测，通常采用联测多点的方式来进行。

自由设站法的数据处理可用常规的控制网平差软件进行，也可根据需要编制特定的计算程序进行。在采用自由设站法时，应根据工程实际情况进行精度估算，以使放样结果达到设计要求。

如图 7-15 所示，A、B、C 为控制点，P、Q 为要测设的放样点。自由选择一点 O，在 O 点安置全站仪，按全站仪内置程序，后视 A、B、C 点，测出 O 点坐标，然后按全站仪极坐标法或全站仪坐标法测设出 P、Q。

由于 O 点是自由选择的，定点非常方便。O 点也可作为增设的临时控制点，并建立标志。

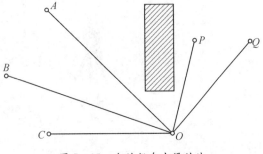

图 7-15　全站仪自由设站法

从上例可知,自由设站法有以下特点:

(1)不必在已知点上设站即可建立控制点。常规方法是在已知点上设站,用交会法等测定未知点的坐标,然后在新点上进行下一步工作。而自由设站法只需要在待定点上假设仪器,通过观测角度或边长就得到测站点的坐标,并可立即进行下一步的测量工作,因而工作量小、速度快。

(2)方便、灵活、安全。当原有控制点点位不理想或不安全时,自由设站法可在任意点设站安置仪器,使测量人员可以选择最佳位置进行施工放样,通视条件得到改善,外界影响减少,工作效率得到明显的提高。

(3)提高了测量精度。自由设站法在地面不设点位标志,不需对中,去掉了测量加密控制点的一些中间步骤,减少了误差的传递与积累,提高了测量点的精度。

六、GPS RTK 法

GPS RTK 需要一台基准站接收机和一台或多台流动站接收机以及用于数据传输的电台。RTK 定位技术是将基准站的相位观测数据及坐标信息通过数据链方式及时传送给动态用户,动态用户将收到的数据链和采集的相位观测数据进行实时差分处理,从而获得动态用户的实时三维位置。动态用户再将实时位置与设计值相比较,进而指导放样。

在平坦、不隐蔽地区采用 GPS RTK 实时动态定位放样已经成为广泛使用的放样方法之一。优点是放样速度快、放样各点精度基本一致、成本低、可全天候作业,10~20 km 只需一个基准站(已知控制点)。因此,对施工面积较小的工程,不需要布设施工控制网。

GPS RTK 的作业方法和作业流程如下。

(1)收集测区的控制点资料。任何测量工程进入测区,首先一定要收集测区的控制点坐标资料,包括控制点的坐标、等级、中央子午线、坐标系等。

(2)求定测区转换参数。GPS RTK 测量是在 WGS-84 坐标系中进行的,而各种工程测量和定位是在当地坐标或我国的 2000 坐标上进行的,这之间存在坐标转换的问题。GPS 静态测量中,坐标转换是在事后处理的,而 GPS RTK 是用于实时测量的,要求立即给出当地的坐标,因此,转换工作更显得重要。

(3)工程项目参数设置。根据 GPS 实时动态差分软件的要求,应输入的参数有当地坐标系的椭球参数、测区西南角和东北角的大致经纬度、测区坐标系间的转换参数、放样点的设计坐标。

(4)野外作业。将基准站 GPS 接收机安置在参考点上,打开接收机,除了将设置的参数输入 GPS 接收机外,还有输入参考点的当地施工坐标和天线高,基准站 GPS 接收机通过转换参数将参考点的当地施工坐标化为 WGS-84 坐标,同时连续接收所有可视 GPS 卫星信号,并通过数据发射电台将其测站坐标、观测值、卫星跟踪状态及接收机工作状态发送出去。流动站接收机在跟踪 GPS 卫星信号的同时,接收来自基准站的数据,进行处理后获得流动站的三维 WGS-84 坐标,再通过与基准站相同的坐标转换参数将 WGS-84 坐标转换为当地施工坐标,并在流动站的手控器上实时显示。接收机可将实时位置与设计值相比较,以达到精确放样的目的。

第四节　测设已知坡度的直线

在铺设管道、修筑道路工程中,经常需要在地面上测设给定的坡度线。测设已知的坡度线时,坡度较小时,一般采用水准仪来测设;而坡度较大时,一般采用全站仪来测设。

一、水准仪测设已知坡度

如图7-16所示,A点是地面上的一个已知点,A点的设计高程为H_A。现在要求从A点沿着AB方向测设出一条坡度为-1%的直线,也就是要测出AB两点间的一条坡度线,AB两点的水平距离为D。

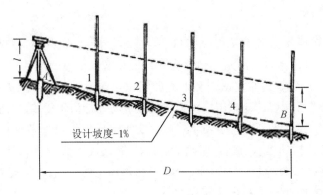

图7-16　测设坡度线

1. 求B点设计高程,(在地面上)测设AB(两点)的高程

$$H_B = H_A + i \times D = H_A - 0.01D$$

求出B点的设计高程后,就可以按照已知高程的测设方法将AB两点的设计高程在实地测设出来。现在,AB两点间的连线已成为符合要求的坡度线。

AB两点间距离通常比较远,因此还要在AB间加密一些点来满足施工建设的要求。

2. 架设仪器,量仪高i_A,瞄准B尺,转动脚螺旋,使B尺读数为i_A

在A点架设水准仪,然后调节脚螺旋,使基座上的一只脚螺旋对准AB方向,另外两只脚螺旋的连线与AB方向垂直。然后量出仪器高为i_A。接下来用望远镜瞄准立在B点上的水准尺,并转动在AB方向上的脚螺旋,使十字丝的横丝对准水准尺上的读数正好为i_A,也就是B尺上的读数正好为仪器高。这时候,水准仪的视线即平行于所设计的坡度线。

3. 调整木桩,使中间点尺上读数为i_A

可以将木桩在中间各点(1、2、3、4点)上打入地下,然后在木桩上立水准尺,并在A点上瞄准这些水准尺进行读数。如果读数小了,那么将木桩在敲下去一些,这样逐步逼近,直到水准尺上的读数逐渐增大到仪器高i_A为止。这样把每个木桩的桩顶连接起来就是在地面上测设出来的设计坡度线。

二、全站仪测绘已知坡度

当设计坡度较大，超出了水准仪角螺旋的最大调节范围时，应使用全站仪进行测设，先将全站仪的竖直度盘显示单位切换为坡度单位，直接将望远镜视线的坡度值调整到设计坡度值 i 即可。

如图 7-16 所示，要求在实地的 A、1、2、3、4、B 等点处的木桩立地面上，测设出过 A 点设计高程 H_A 的设计坡度为 i 的坡度线，可采用以下方法：

（1）计算坡度线与水平面的夹角 $\alpha = \tan^{-1}i$。

（2）按一般方法测设出 A 点的高程位置。

（3）将全站仪安置在 A 点，量取仪器高 i_A，并输入到全站仪，并使竖盘读数为 α。

（4）分别将水准尺立于 1、2、3、4、B 等点，上下移动水准尺，使横丝与读数 i_A 重合，则尺的底端（零点）即为坡度线在 1、2、3、4、B 等点处的高程位置。

第五节　铅垂线和水平面的测设

一、铅垂线的测设

建造高层建筑、电视发射塔、斜拉桥索塔等高耸建筑物和竖井等深入地下的建筑物时，需要测设以铅垂线为基准的点和线，称为"垂准线"。测设垂准线的测量作业称为"垂直投影"。建筑物的高差越大，垂直投影的精度越高。

（一）悬挂垂球法

最原始和简便的垂直投影方法是用细绳悬挂垂球，例如传统上用于建造高层房屋、烟囱、竖井等工程时，应直径不大于 1 mm 的钢丝悬挂 10～50 kg 的大垂球，垂球浸没于油桶中，以阻止其摆动，其垂直投影的相对精度可在 1/20 000 以上。但悬挂大垂球的方法操作费力，并且容易受风力和气流等干扰而产生偏差。

（二）垂直投影法

在垂直投影的高度不大并且有开阔的场地时，可以用两架全站仪（也可以用一架仪器两次安置），在两个大致相互垂直的方向上，利用置平仪器后的视准轴上下转动为一铅垂平面，两铅垂平面相交而测设铅垂线。如图 7-17 所示，安置于 A、B 两点的全站仪均瞄准 C 点后，制动照准部，则视准轴上下转动形成铅垂平面，相交于通过 C 点的铅垂线上的点，如 C_1、C_2 等。这是建筑施工中常用的点的垂直投影方法。

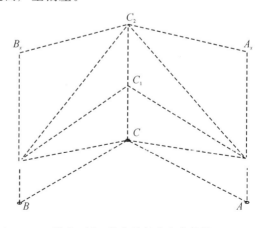

图 7-17　用全站仪作垂直投影

(三) 垂准仪法

测设铅垂线的专用仪器为垂准仪,又称天顶仪。如图 7 - 18 所示,图为 PD3 型垂准仪及其垂直剖面示意图。它有两个上下装置的望远镜,便于向上或向下作垂直投影;在望远镜光路中安装直角棱镜,使上、下目镜及十字丝分划板位于水平位置,便于观测;在基座上有两个垂直安装的水准管,用于置平仪器,使视准轴位于铅垂线方向。PD3 垂准仪垂直投影的相对精度为 1/40 000。最高精度的垂准仪(如 WILD－ZL、WILD－NL 型)的垂直投影的相对精度可达 1/200 000,用于大型精密工程的施工和变形观测。

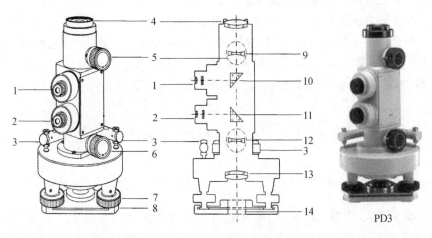

PD3

图 7 - 18   PD3 型垂准仪及其剖面图

1—上目镜;2—下目镜;3—水准管;4—上物镜;5—上物镜调焦螺旋;

6—下物镜调焦螺旋;7—脚螺旋;8—底板;9—上调焦透镜;10—上直角棱镜;

11—下直角棱镜;12—下调焦透镜;13—下物镜;14—连接螺旋孔及向下瞄准孔

二、水平面的测设

在基础、楼面、广场、跑道等工程施工过程中,经常要测设水准面。如图 7 - 19 所示,要测设一个高程为 H_A 的水平面,先用测设高程的方法在 A 点测设出 H_A,然后在适当的位置假设水准仪,瞄准 A 点水准尺,得读数 l,瞄准其他各点,只要尺上读数为 l,则尺底位置就在高程为 H_A 的水平面上。

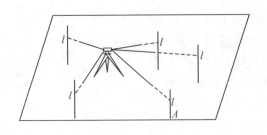

图 7 - 19   水平面的测设

复习思考题

（1）什么是放样？放样的基本任务是什么？

（2）放样与测定的区别是什么？

（3）角度放样的方法有哪些，如何操作？

（4）如何进行距离放样？

（5）平面点位的基本放样方法有哪几种，如何实施？

（6）已知控制点的坐标为 $A(1\ 000.000,1\ 000.000)$、$B(1\ 108.356,1\ 063.233)$，欲确定 $Q(1\ 025.465,938.315)$ 的平面位置。试计算以极坐标法放样 Q 点的测设数据（仪器安置于 A 点）。

（7）高程放样有哪几种情况，每种情况下采用怎样的方法测设？

（8）简述用全站仪如何进行角度、距离及坐标的放样。

（9）已知 A 点高程为 85.126 m，AB 间的水平距离为 48 m，设计坡度 $+10\%$，试述其测设过程。

（10）设水准点 A 的高程为 216.472 m，欲测设 P 点，使其高程为 216.430 m，设水准仪读得 A 尺上的读数为 1.358 m，P 点上的水准尺读数应为多少？

（11）测设点的平面位置有哪几种方法？各适用于什么场合？

（12）如图 7-20 所示，水准点 A 的高程为 17.500 m，欲测设基坑水平桩 C 点的高程为 13.960 m，设 B 点为基坑的转点，将水准仪安置在 A、B 间时，其后视读数为 0.762 m，前视读数为 2.631 m，将水准仪安置在基坑底时，用水准尺倒立于 B、C 点，得到后视读数为 2.550 m，当前视读数为多少时，尺底即是测设的高程位置？

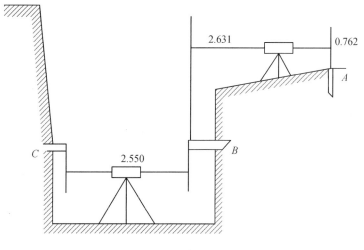

图 7-20　基坑示意

第八章 | 建筑施工测量

第一节　建筑施工测量概述

一、施工测量的目的和内容

　　施工测量的目的是把设计的建筑物、构筑物的平面位置和高程,按设计要求以一定的精度测设在地面上,作为施工的依据,俗称放线与抄平。并在施工过程中进行一系列的测量工作,以衔接和指导各工序间的施工。

　　施工测量贯穿于整个施工过程中。从场地平整、建筑物定位、基础施工,到建筑物构件的安装等,都需要进行施工测量,才能使建筑物、构筑物各部分的尺寸、位置符合设计要求。有些工程竣工后,为了便于维修和扩建,还必须测出竣工图。有些高大或特殊的建筑物建成后,还要定期进行变形观测,以便积累资料,掌握变形的规律,为今后建筑物的设计、维护和使用提供资料。

二、施工测量的特点

　　测绘地形图是将地面上的地物、地貌测绘在图纸上,而施工放样则和它相反,是将设计图纸上的建筑物、构筑物按其设计位置测设到相应的地面上。

　　测设精度的要求取决于建筑物或构筑物的大小、材料、用途和施工方法等因素。一般高层建筑物的测设精度应高于低层建筑物,钢结构厂房的测设精度应高于钢筋混凝土结构厂房,装配式建筑物的测设精度应高于非装配式建筑物。

　　施工测量工作与工程质量及施工进度有着密切的联系。测量人员必须了解设计的内容、性质及其对测量工作的精度要求,熟悉图纸上的尺寸和高程数据,了解施工的全过程,并掌握施工现场的变动情况,使施工测量工作能够与施工密切配合。

　　另外,施工现场工种多,交叉作业频繁,并有大量土、石方填挖,地面变动很大,又有动力机械的震动,因此,各种测量标志必须埋设稳固且在不易破坏的位置。还应做到妥善保护,经常检查,如有破坏,应及时恢复。

三、施工测量的原则

　　施工现场上有各种建筑物、构筑物,且分布较广,往往又不是同时开工兴建。为了保证各个建筑物、构筑物在平面和高程位置都符合设计要求,互相连成统一的整体,施工测量和测绘地形图一样,也要遵循"从整体到局部,先控制后碎部"的原则。即先在施工现场建立统一的平面控制网和高程控制网,然后以此为基础,测设出各个建筑物和构筑物的位置。施工测量的检核工作也很重要,必须采用各种不同的方法加强外业和内业的检核工作。

四、准备工作

在施工测量之前,应建立健全相应的测量组织和检查制度,并核对设计图纸,检查总尺寸和分尺寸是否一致,总平面图和大样详图尺寸是否一致,不相符之处要向设计单位提出,进行修正。然后对施工现场进行实地勘察,根据实际情况编制测设详图,计算测设数据。对施工测量所使用的仪器、工具应进行检验校正,否则不能使用。工作中由于施工测量是以设计图纸上给定的设计数据为依据的,因而施工测量人员应掌握并熟悉全套建筑施工图纸。测设所依据的图纸有以下几种。

1. 建筑总平面图

在总平面图上绘出了新建筑物在施工场地内的位置,大小以及与邻近原有建筑物的距离关系,是施工测设和建筑物总体定位的依据,如图 8-1 所示。

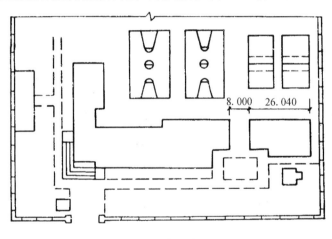

图 8-1　建筑总平面

2. 建筑平面图

它既给出建筑物的总尺寸,也给出了建筑物内部各定位轴线间的尺寸,是测设放线的数据。如图 8-2 所示。

3. 基础平面图与基础详图

它给出了基础轴线间的尺寸、轴线与基础边线的尺寸关系以及基础的形式和宽度,它给定了基槽开挖的宽度,是撒出施工灰线的依据。

4. 立面图与剖面图

它给出了基础深度,室内、室外、地平标高、门窗、各层梁、楼板、屋面的设计标高,是高程测设的依据。

施工测量人员在识读建筑施工图纸的基础上,于工程施工之前,应根据现场条件和设计与施工两方面的要求,研究测设方案,拟订施工测设计划。然后,在施工中按计划、方案进行测设,配合施工各工序的要求,做出标志,使施工能保证质量,按期完成工程项目。

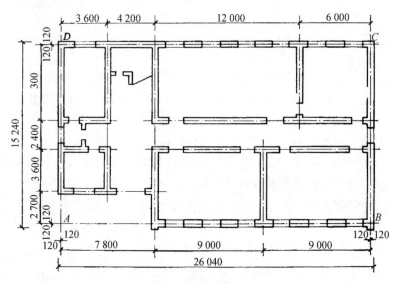

图 8-2　建筑平面

第二节　施工控制测量

在施工场地上,一般由于工种多、交叉作业频繁,并有大量的土方填挖,使地面变动很大,原来勘测阶段所建立的测量控制点大部分是为测图布设的,而不是用于施工,即使保存下来的,也不尽符合要求。所以为了使施工能分区分期地按一定顺序进行,并保证施工测量的精度和施工速度,在施工以前,在建筑场地上要建立统一的施工控制网。施工控制网包括平面控制网和高程控制网,它是施工测量的基础。

一、施工控制网建设

(一) 施工控制网特点

测图控制网是为了满足规划设计时所需地形图的测图需要而布设的,一般说来,点位较稀,点位布设及精度上也难以满足施工测量的需要,因此,在施工测量时,必须布设专门的施工控制网。按施测方法可把控制网分为测角网、测边网、边角网、GPS网。

施工控制网的控制范围一般较小,使用也比较频繁,且容易受到施工场地的施工机械及施工人员的遮挡而影响通视,故而,施工控制点的位置应布设恰当,密度也应较大,以便使用时能有所选择。

施工平面控制网的布设,应根据总平面设计和施工地区的地形条件来确定。对于起伏较大的山岭地区(如水利枢纽)及跨越江河的工程(如大桥),过去一般采用三角测量

(或边角测量)的方法建网;对于地形平坦但通视比较困难的地区,例如扩建或改建的工业场地,多采用导线网;而对于建筑物多为矩形且布置比较规则和密集的工业场地,亦可将施工控制网布置成规则的矩形格网,即所谓建筑方格网。现在,大多数已被 GPS 网所代替。对于高精度的施工控制网,则将 GPS 网与地面边角网或导线网相结合,使两者的优势互补。

施工平面控制点的布设,一般采用两级布网方式:第一级施工平面控制网主要用于场区主轴线的放样及各建筑物主轴线的放样;第二级则主要用于测设建筑物细部。由于各构筑物内部的相互轴线关系及构筑物细部与各构筑物之间的轴线关系相比更为重要,精度要求更高,因此,一般说来,第二级施工平面控制网的精度比第一级施工平面控制网的精度要求更高,这与测图控制网正好相反。

施工高程控制网的布设,通常也分为两级布设,即布满整个施工场地的基本高程控制网与根据各施工阶段放样需要而布设的加密网。首级高程控制网通常采用三等水准测量施测,加密高程控制网则用四等水准测量。加密网点一般均为临时水准点,布设在建筑物近旁的不同高度上,如直接在岩石露头上画记号作为临时水准点。这些水准点一开始作为沉陷的观测点使用,当所浇筑的混凝土块的沉陷基本停止以后,即可作为临时水准点使用。

对于起伏较大的山岭地区(如水利枢纽地区),平面和高程控制网通常单独布设;对于平坦地区(如工业场地),平面控制点通常兼作高程控制点。

(二) 施工平面控制网坐标系统的建立及换算

施工坐标系,就是以建筑物的主要轴线作为坐标轴而建立起来的局部直角坐标系统。在设计总平面图上,建筑物的平面位置是用施工坐标系的坐标来表示,例如水利枢纽通常用大坝轴线作为坐标轴,大桥用桥轴线作为坐标轴,隧道用中心线或其切线作坐标轴,工业建设场地则采用主要车间或主要生产设备的轴线作为坐标轴,建立施工直角坐标系。应尽可能将这些主要轴线作为控制网的一条边。

施工控制网通常与测图控制图不一致,如果工程需要,就应进行施工坐标系与测量坐标系(有时是独立坐标系)的换算,以保证坐标系的统一。

如图 8 − 3 所示,设 xOy 为测量坐标系,$x'O'y'$ 为施工坐标系,(x_0, y_0) 为施工坐标系原点 O' 在测量坐标系中的坐标,α 为施工坐标系的坐标纵轴 x' 在测量坐标系中的方位角。设 P 点在测量坐标系中的坐标为 (x_P, y_P),在施工坐标系中的坐标为 (x'_P, y'_P),其换算关系如下:

施工坐标换算成测量坐标

$$\left.\begin{array}{l} x_P = x_0 + x'_P \cdot \cos\alpha - y'_P \cdot \sin\alpha \\ y_P = y_0 + x'_P \cdot \sin\alpha + y'_P \cdot \cos\alpha \end{array}\right\}$$

(8 − 1)

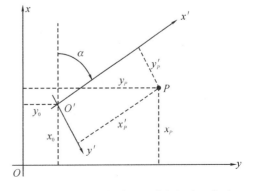

图 8 − 3　施工坐标系与测量坐标系示意图

测量坐标换算成施工坐标

$$x'_P = (x_P - x_0) \cdot \cos\alpha + (y_P - y_0) \cdot \sin\alpha \atop y'_P = -(x_P - x_0) \cdot \sin\alpha + (y_P - y_0) \cdot \cos\alpha \Bigg\}$$ (8-2)

式(8-1)和式(8-2)中的参数值 x_0, y_0, α 由工程设计单位负责提供。

二、施工平面控制网

施工控制网的布设形式,应根据建筑物的总体布置、建筑场地的大小以及测区地形条件等因素来确定,在大中型建筑施工场地上,施工控制网一般布置成正方形或矩形的格网,称为建筑方格网。在面积不大又不十分复杂的建筑施工场地上,常布置一条或几条相互垂直的基线,称为建筑基线。对于山区或丘陵地区建立方格网或建筑基线有困难的地区宜采用导线网或三角网来代替建筑方格网或建筑基线,下面分别介绍建筑基线和建筑方格网这两种控制形式。

(一)建筑基线的布设形式

1.建筑基线

建筑基线的布置应临近建筑场地中主要建筑物,并与其主要轴线平行,以便用直角坐标法进行放样,通常建筑基线可布置成三点直线形、三点直角形、四点丁字形和五点十字形等,如图 8-4 所示。

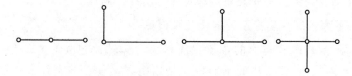

图 8-4 建筑基线的主要形式

2.建筑基线的布设要求

(1)建筑基线应尽可能靠近拟建的主要建筑物,并与其主要轴线平行,以便使用比较简单的直角坐标法进行建筑物的定位。

(2)建筑基线上的基线点应不少于 3 个,以便相互检核。

(3)建筑基线应尽可能与施工场地的建筑红线相联系。

(4)基线点位应选在通视良好和不易破坏的地方,为能长期保存,要埋设永久性的混凝土桩。

在城建地区,由于建筑用地的边界要经规划部门和设计单位商定,并由规划部门的拨地单位在现场标定出来边界点,它们的连线通常是正交的直线,称为建筑红线。

3.建筑基线的测设方法

根据施工场地的条件不同,建筑基线的测设有两种方法。

(1)根据建筑红线测设建筑基线。在城市建设区,建筑红线可用作建筑基线测设的依据。一般采用测设平行线或垂直线的方法进行。如图 8-5 所示,AB、AC 为建筑红线,1、2、3 为建筑基线点,利用建筑红线测设建筑基线的方法:从 A 点分别沿 AB、AC 方

向量取平距 d_2、d_1 钉出 P、Q 两点;过 B 点沿 AB 垂线方向量取 d_1 定出 2 点,并做出标志;过 C 点沿 AC 垂线方向量取 d_2 定出 3 点,并做出标志;用细线拉出直线 $P3$ 与 $Q2$,两条直线的交点即为 1 点,并做出标志;在 1 点安置仪器精确观测 $\angle 213$ 进行检核,其值与 $90°$ 的差值的绝对值应小于 $20''$。

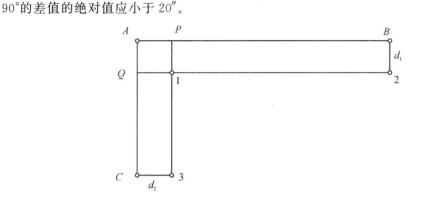

图 8 - 5　由建筑红线测设建筑基线

(2)根据已有控制点测设建筑基线。利用建筑基线的设计坐标和附近已有控制点的坐标,用全站仪采用极坐标法测设建筑基线。如图 8 - 6 所示,A、B 为控制点,1、2、3 为设计的建筑基线点,测设方法:根据控制点和建筑基线点的坐标,计算出测设数据 β_1、D_1、β_2、D_2、β_3、D_3;用极坐标法分别测设出 1、2、3 点。

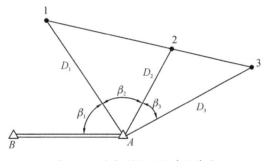

图 8 - 6　由控制点测设建筑基线

由于存在测量误差,测设的基线点往往不在同一直线上。如图 8 - 7 所示,设 $1'$、$2'$ 及 $3'$ 为放样的基线点,且点与点之间的距离与设计值也不完全相符。因此,需要精确测出 β' 和测设距离 $D'(D'=1'2'+2'3')$,以便进行调整。

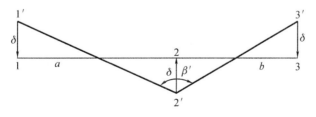

图 8 - 7　基线点的调整

如果 $|\Delta\beta|=|\beta'-180°|>15''$,则应对 $1'$、$2'$、$3'$ 点在与基线垂直的方向上进行等量调整,调整量按下式计算:

$$\delta = \frac{ab}{a+b} \times \frac{\Delta\beta}{2\rho''}$$

式中,δ 为各点的调整值;a、b 分别为 12、23 直线段的长度。

如果测设距离 D' 超限,即 $\dfrac{\Delta D}{D}=\dfrac{D'-D}{D}>\dfrac{1}{10\,000}$,式中 D 为设计距离,则可以 2 点为准,按设计距离沿基线方向调整 $1'$、$3'$ 点即可。

(二)建筑方格网

1. 建筑方格网的布置和主轴线的选择

建筑方格网的布置一般是根据建筑设计总平面图并结合现场情况来拟定。布网时应首先选定方格网的主轴线,如图 8-8 所示中的 AOB 和 COD,然后再布置其他的方格点。格网可布置成正方形或矩形。当场地面积较大时方格网常分两级布设,首级为基本网,可采用"十"字形、"口"字形或"田"字形,然后再加密方格网。当场地面积不大时,尽量布置成全面方格网。布网时应注意以下几点:

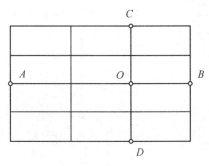

图 8-8 建筑方格网

(1) 方格网的主轴线与主要建筑物的基本轴线平行,并使控制点接近测设的对象。

(2) 方格网的边长、边长的相对精度应符合表 8-1 的要求。

表 8-1 建筑方格网的主要技术要求

等级	边长/m	测角中误差	边长相对中误差	测角检测误差	边长检测误差
Ⅰ	100~300	5″	1/30 000	10″	1/15 000
Ⅱ	100~300	8″	1/20 000	16″	1/10 000

(3) 相邻方格点应保持通视,各桩点应能长期保存。

(4) 选点时应注意便于测角、量距,点数应尽量少。

2. 建筑方格网的测设

建筑方格网测设方法如下:

(1) 利用测设建筑基线的方法测设主轴线,即计算测设数据,测设两条互相垂直的主轴线 AOB 与 COD,检核主轴线点间的相对位置关系。

(2) 分别在主点 A、B、C、D 安置仪器,照准主点 O 后测设 90°水平角及相邻两点间的设计距离,即可交会出方格网四边上的控制点。

(3) 检核时,测量相邻两点间的距离,查看是否与设计值相等;测量其角度是否为90°,误差均应在允许范围内,并埋设永久性标志。

三、建筑场地高程控制网的布置

场地高程控制点一般附设在方格点的标桩上,但为了便于长期检查这些水准点高程是否有变化,还应布设永久性的水准主点。大型企业建筑场地除埋设水准主点外,在要建的大型厂房或高层建筑等区域还应布置水准基点,以保证整个场地有一可靠的高程起算点控制每个区域的高程。水准主点和水准基点的高程用精密水准测量仪测定,在此基础上用三等水准测量的方法测定方格网的高程。对于中小型建筑场地的水准点,一般用三、四等水准测量的方法测其高程。最后包括临时水准点在内,水准点的密度应尽量满足放样要求。

第三节　建筑施工测量

一、建筑物的定位

对于建筑物的施工测量,应根据建筑总平面图上所给出的建筑物的尺寸定位,也就是根据施工平面控制或地面上原有建筑物,将拟建建筑物的一些特征点的平面位置标定于实地,再根据这些特征点进行细部轴线测设。对于民用建筑物,一般选其墙外轴线交点作为特征点;对于工业建筑,一般选其柱列轴线的交点为特征点。可见,所谓建筑物的定位,实质上就是点平面位置的测设。

随着全站仪的普及,目前点平面位置的测设方法可以利用全站仪采用极坐标法。

二、建筑物细部轴线测设

建筑物定位以后,测设出轴线交点桩(又称定位桩或角桩),建筑物的细部轴线测设就是根据建筑物定位的角点桩,详细测设建筑物各轴线的交点桩(或称中心桩)。根据中心桩,用白灰画出基槽边界线。

由于施工时要开挖基槽,各角桩及中心桩均要被挖掉,因此,在挖槽前要把各轴线延长到槽外,并作好标志,作为挖槽后恢复轴线的依据。延长轴线的方法有2种。一种是在建筑的外侧钉龙门桩和龙门板;另一种是在轴线延长线上打木桩,称为轴线控制桩(又称引桩)。

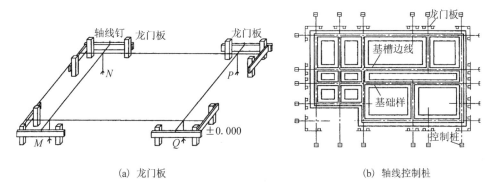

(a) 龙门板　　　　　　　　　　(b) 轴线控制桩

图 8-9　龙门板与轴线控制桩组图

(一) 龙门板的设置

龙门板也叫线板,如图 8-9(a)所示,在建筑物施工时,沿房屋四周钉立的木桩叫龙门柱,钉在龙门桩上的木板叫龙门板。龙门桩要钉得牢固、竖直,桩的外侧面应与基槽平行。

设计时常以建筑物底层室内地坪标高为高程起算面,也称"±0 标高"。施工放样时根据建筑物场地水准点的高程,在每个龙门柱上测设出室内地坪设计高程线,即"±0 标高线"。若现场条件不允许,也可测设比"±0 标高"高或低一定数值的标高线,但一个建筑物只能选用一个"±0 标高"。

龙门板钉好后,用全站仪将各轴线测设到龙门板的顶面上,并钉小钉表示,常称为轴线钉。施工时可将细线系在轴线钉上,用来控制建筑物位置和地坪高程。

龙门板应注记轴线编号。龙门板使用方便,但占地大影响交通,故在机械化施工时,一般都设置控制桩和引桩,以便恢复轴线的位置。

(二) 控制桩的设置

如图 8−9(b)所示,在建筑物施工时,沿房屋四周在建筑物轴线方向上设置的桩叫轴线控制桩(简称控制桩,也叫引桩)。它是在测设建筑物角桩和中心桩时,把各轴线延长到基槽开挖边线以外,不受施工干扰并便于引测和保存桩位的地方。桩顶面钉小钉标明轴线位置,以便在基槽开挖后恢复轴线之用。如附近有固定性建筑物,应把各线延伸到建筑物上,以便校对控制桩。

(三) 基础施工测量

建筑物±0 以下部分称为建筑物的基础。有些基础为桩基础,如灌注桩等,应根据桩的设计位置进行定位,灌注桩的定位误差不宜大于 5 cm。

基础开挖前,要根据龙门板或控制桩所示的轴线位置和基础宽度,并顾及基础挖深时应放坡的尺寸,在地面上用石灰放出基础的开挖边线。按开挖边线开挖基槽,待接近设计标高时,在槽壁上每隔 2～3 m 于拐角处测设一些水平桩,俗称腰桩,如图 8−10 所示。使桩的上表面距槽底设计标高为 0.5 m(或某一整分米数),作为清理槽底和打基础垫层时的高程依据。其标高容许误差为 10 mm。

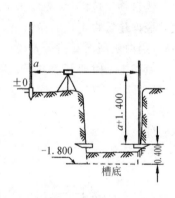

图 8−10 水平桩测设

三、主体施工测量

建筑物主体施工测量的主要任务是将建筑物的轴线及标高正确地向上引测。由于目前高层建筑越来越多,测量工作显得非常重要。

(一) 楼层轴线测设

建筑物轴线测设的目的是保证建筑物各层相应的轴线位于同一竖直面内。

建筑物的基础工程完成后,用全站仪将建筑物主轴线及其他中心线精确地投测到建筑物的底层,同时所有门、窗和其他洞口的边线也弹出,以控制浇筑混凝土时架立钢筋、支模板以及墙体砌筑。

投测建筑物的主轴线时,应在建筑物的底层或墙的侧面设立轴线标志,以供上层投测之用。轴线投测方法主要有以下几种:

1. 全站仪投测法

全站仪投测法通常将全站仪安置于轴线控制桩上,瞄准轴线方向后向上用盘左、盘右取平均的方法,将主轴线投测到上一层面。同一层面纵横轴线的交点,即为该层楼面的施工控制点,其连线也就是该层面上的建筑物主轴线。根据层面上的主轴线,再测设出层面上的其他轴线。

当建筑物的楼层随着砌筑的发展逐渐增高时,因全站仪向上投测时仰角也随之增大,观测很不方便,因此,必须将主轴线控制桩引测到远处或附近建筑物上,以减少仰角,方便操作。

2. 垂线法

垂线法亦称内控法。在每层楼板的 4 个角,距边缘 1 m 处,平行于轴线方向各预留 20～30 cm 的小方孔,用较重的重锤和钢丝悬吊在小孔中,当垂球尖对准在底层设立的轴线标志时,轴线在楼层的各层中得到传递。当测量时风力较大或楼层较高时,应在钢丝外加套 10～15 cm 的 UPVC 管挡风,以减少投测误差。

如在高层建筑施工时,常在底层适当位置设,如图 8-11 所示的底层预埋标志,当垂球线静止时,固定十字架,而十字架中心则为辅助轴线在楼面上的投测点,并在洞口四周做出标记,作为以后恢复轴线及放样的依据。在固定十字架处架设全站仪即可测设该层的所有轴线。

3. 激光铅垂仪投测法

激光铅垂仪投测法同垂线法。在预留孔洞中,利用激光铅垂仪投测轴线,使用较方便,且精度高、速度快。激光铅垂仪的型号有很多种,其原理都是相同的。由于激光的方向性好、发散角小、亮度高等特点,激光铅垂仪在高层建筑施工中得到了广泛的应用。

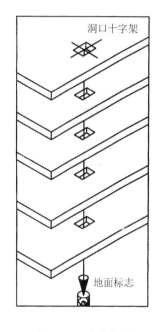

图 8-11 垂球投测

(二) 楼层标高传递

1. 钢尺丈量法

从底层 ±0 标高线沿墙面或柱面直接垂直向上丈量,画出上层楼面的设计标高线。

2. 水准测量法

在高层建筑的垂直通道(如楼梯间、电梯井、垂准孔等)中悬吊钢尺,钢尺下端挂一重锤,用钢尺代替水准尺,在下层与上层各架一次水准仪,将高程传递上去,从而测设出各楼层的设计标高。

3. 全站仪测高法

利用全站仪的测距功能,用三角高程测量的方法,将地面上已知高程传递到各楼层上,再测设出各楼层的设计标高,或将全站仪在楼板预留孔洞中放倒,垂直向下直接测距即可。

第四节　竣工测量

竣工测量是指各种工程建设竣工、验收时所进行的测绘工作。竣工测量的最终成果就是竣工总平面图,它包括反映工程竣工时的地形现状、地上与地下各种建筑物构筑物以及各类管线平面位置与高程的总现状地形图和各类专业图等。竣工总平面图是设计总平面图在工程施工后实际情况的全面反映和工程验收时重要依据,也是竣工后工程改建、扩建的重要基础技术资料。因此,工程单位必须十分重视竣工测量。

一、竣工测量的内容

1. 工业厂房及一般建筑物

测定各房角坐标、几何尺寸,各种管线进出口的位置和高程,室内地坪及房角标高,并附注房屋结构层数、面积和竣工时间等。

2. 地下管线

测定检修井、转折点、起终点的坐标,井盖、井底、沟槽和管顶等的高程,附注管道及检修井的编号、名称、管径、管材、间距、坡度和流向等。

3. 架空管线

测定转折点、结点、交叉点和支点的坐标,支架间距、基础面标高等。

4. 交通路线

测定线路起终点、转折点和交叉点的坐标,路面、人行道、绿化带界线等。

5. 特种构筑物

测定沉淀池的外形和四角坐标、圆形构筑物的中心坐标,基础面标高,构筑物的高度和深度等。

二、竣工测量的方法与特点

竣工测量的基本方法与地形测量类似,区别在于以下几点:

1. 图根控制点的密度

一般竣工测量控制点的密度要大于地形测量控制点的密度。

2. 碎部点的实测

地形测量可以采用视距测量方法测定碎部点的位置,而竣工测量则通常采用极坐标法测定碎部点的位置。

3. 测量精度

竣工测量精度要高于地形测量的精度。

4．测绘内容

竣工测量的内容比地形测量的内容更丰富，不仅要测量地面的地物和地貌，还要测量地下各种隐蔽工程，如上、下水及管线等。

三、竣工总平面图的编绘

1．编绘竣工总平面图的依据

（1）设计总平面图，单位工程平面图，纵、横断面图，施工图及施工说明。

（2）施工放样成果，施工检查成果及竣工测量成果。

（3）更改设计的图纸、数据、资料（包括设计变更通知单）。

2．竣工总平面图的编绘步骤

（1）在图纸上绘制坐标方格网。其方法和精度与地形测量绘制坐标方格网的方法和精度要求相同。

（2）展绘控制点。将施工控制点按坐标值展绘在图纸上，容许误差为 0.3 mm。

（3）展绘设计总平面图。根据坐标方格网，将设计总平面图的内容按其设计坐标展绘在图纸上，作为底图。

（4）展绘竣工总平面图。按设计坐标进行定位的工程，应按设计坐标展绘。对原设计进行变更的工程，应根据设计变更资料展绘。对有竣工测量资料的工程，若竣工测量成果与设计值之差不超过容许误差时，应按设计值展绘；否则，应按竣工测量资料展绘。

3．竣工总平面图的整饰要求

（1）竣工总平面图的符号应与原设计图的符号一致，有关地形图的图例应使用国家地形图图示符号。

（2）对于厂房应使用黑色墨线绘出该工程的竣工位置，并在图上注明工程名称、坐标、高程及有关说明等。

（3）对于各种地上、地下管线，应用各种不同颜色的墨线绘出其中心位置，并在图上注明转折点及井位的坐标、高程及有关说明等。

（4）对于没有进行设计变更的工程，用墨线绘出的竣工位置与按设计原图绘出的设计位置应重合。

（5）对于直接在现场指定位置进行施工的工程、以固定地物定位施工的工程或多次变更设计而无法查对的工程等，则应进行现场实测，这样绘出的竣工总平面图称为实测竣工总平面图。

复习思考题

（1）施工测量与地形图测绘主要区别是什么？

（2）施工测量的基本工作有哪几项？与量距、测角、测高程的区别是什么？

（3）建筑轴线控制桩的作用是什么？龙门板的作用是什么？

（4）设建筑坐标系的原点 O' 在城市坐标系中的坐标为 $x_o = 528.456$ m，$y_o = 496.332$ m，

建筑坐标系的纵轴 X' 在城市坐标系中的方位角 $\alpha = 19°56'18''$，如图 8–12 所示。建筑方格网的主轴线点 A、C、D 的建筑坐标如图中所示，计算主轴线点的城市坐标。

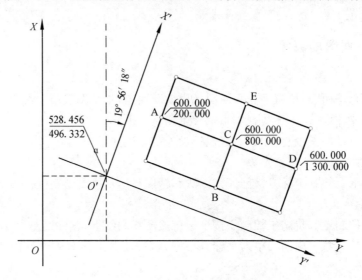

图 8–12　建筑坐标与城市坐标的换算

（5）如何测设施工控制桩和龙门板？

第九章 | 线路工程测量

本章主要介绍线路施工中线测量、曲线测设、纵横断面测量等。其重点是线路交点测设、里程桩的设置、曲线测设、基平测量、中平测量、纵横断面图的测绘等。难点是圆曲线、缓和曲线的测设。

第一节 线路工程测量概述

线路工程主要是指公路、铁路、渠道和城市管线及其相关设施等建设工程。这类工程呈线状特征。线路工程在勘测设计、施工建设、竣工各阶段及其运营过程中所进行的测量工作,称为线路工程测量。除渠道、管道不设曲线外,各种线路测量的程序和方法大致相同。

一、线路平面的组成

由于受地形、地质及技术条件等限制,线路的方向需要不断的改变。为了保持线路的圆顺性,在改变方向的两条相邻直线段间须用曲线连接起来,这种曲线称为平面曲线。平面曲线有两种形式即圆曲线和缓和曲线。

圆曲线是一段具有半径相同的圆弧。缓和曲线则是连接直线与圆曲线间的过渡曲线,曲率半径由无穷大(直线端)逐渐变化到圆曲线的半径。线路干线的平面曲线都应加设缓和曲线,地方和厂矿专用线在行车速度不高时,可不设缓和曲线。

此外,在地形复杂或特殊要求地区,当设置一条圆曲线,不能满足条件时,还可设置两条或两条以上不同半径的同向圆曲线互相衔接,构成复曲线。路线设置的半径较小、转角在$180°$左右的曲线称为回头曲线。

二、线路工程测量的主要任务

(1) 为工程项目的方案选择、立项决策、设计等提供地形图、断面图及其相关数据资料。

(2) 按设计要求提供点、线、面指导施工,进行施工测量并在工程完工后进行以竣工测量、绘制竣工图。例如,路线中线的标定、边线测量、纵断面测量等。

(3) 为保证施工质量和安全,以及运营过程中的管理,需对工程项目或构造物进行施工变形监测。

线路工程测量的主要内容包括中线测量(包括曲线测设),带状地形图测绘,纵、横断

面测量,公路施工测量等。

三、线路工程测量主要工作

（1）收集工程项目区域各种比例尺地形图、平面图和断面图、沿线水文与地质以及控制点等数据。

（2）根据工程要求,利用已有地形图,结合现场实际勘察,在地形图上规划或确定线路走向,编制比较方案初步设计,必要时,根据工程建设需要,测绘适当比例尺的带状地形图或平面图,典型结构物(如特大桥梁、服务设施等)的局部大比例尺地形图或平面图,为初步设计提供数据。

（3）根据批准的设计方案在实地标定出路线的基本走向,并沿基本走向进行平面与高程控制测量。

（4）把设计中线上的各类点位测设到实地,称为中线测量。中线测量包括路线起止点、转折点、曲线主点和路线中心里程桩、加桩等。

（5）根据需要进行纵横断面测量,绘制纵横断面图。

（6）根据施工详图及设计要求进行施工测量和施工监测;竣工后进行竣工测量,编制竣工平面图和断面图。

（7）根据建设项目的营运安全需要,对特殊工程进行变形观测。

四、线路工程测量的基本特点

根据线路工程的作业内容,线路工程测量具有全局性、阶段性和渐近性的特点。全局性是指测量工作贯穿于线路工程建设的全过程。例如,公路工程中项目立项、决策、勘测设计、施工、竣工图编制、营运监测等都需进行必要的测量工作。阶段性体现了测量技术本身的特点,在不同的实施阶段,所进行的测量工作内容与要求也不同,并要反复进行,而且各阶段之间测量工作不连续。渐近性说明了线路工程测量在项目建设的全过程中,历经由粗到细、由高到低的过程。线路工程的完美设计是逐步实现的。完美设计需要勘测与设计的完美结合,设计人员懂测量、测量人员懂设计。线路工程项目高标准、高质量、低投资、高效益目标的实现,必须是严肃、认真、全面的勘察,科学、合理、经济、完美的设计,精心、高质的施工等的有机结合。

五、线路工程测量的基本程序

线路工程的勘测设计一般采用初步和施工图两阶段设计。当任务紧迫、方案明确、技术要求低的线路,也可采用一阶段设计。为初步设计提供图件和数据所进行的测量工作称为初测,为施工图设计提供图件和数据所进行的测量工作称为定测。

初测是根据初步提出的各个线路方案,对地形、地质及水文等进行较为详细的勘察与测量,为线路的初步设计提供必要的地形数据。初测的外业工作主要是对所选定的线路进行控制测量和测绘线路大比例尺带状地形图。

定测是把初步设计的线路位置在实地定线,同时结合现场的实际情况调整线路的位置,并为施工图设计收集数据。定测工作包括中线测量和纵横断面测量等。

综上所述,线路工程测量的基本程序见表 9-1,在这里仅介绍定测和施工测量的相关内容,其余部分在本教材的其他章节会有详细介绍。

表 9-1　线路工程测量程序

阶段	规划设计阶段	勘测设计阶段		施工阶段	竣工阶段及其他
		初测	定测		
工作内容	收集资料 图上选线 实地勘察 方案比较与论证	平面控制测量 高程控制测量 地形测量 特殊用途地形测量	实地定线 中线测量 曲线测设 纵、横断面测量 纵、横断面图绘制	恢复定线 线路边线测设 施工测设 施工监测 验收测量	竣工测量 竣工图编制 工程营运状况监测 安全性评价

第二节　线路中线测量

线路中线测量是把线路的设计中心线测设在实地上。线路中线的平面几何线型由直线和曲线组成(图 9-1)。中线测量工作主要包括测设中线上各交点(JD)和转点(ZD)、量距和钉桩,测量转点上的偏角、测设圆曲线和缓和曲线等。

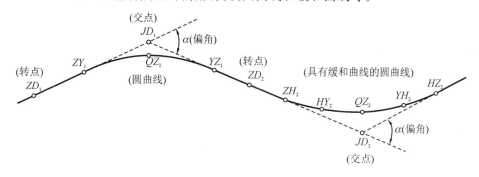

图 9-1　线路中线

一、线路的交点和转点

线路的各个交点是相邻直线段的相交之点。交点(包括起点和终点)是详细测设线路中线的控制点。一般先在初测的带状地形图上进行纸上定线,设计交点的位置,然后实地测设交点位置。

转点是线路直线段上的点。定线测量中,当相邻交点互不通视或直线段较长时,需要在其连线(直线段)上测定一个或几个转点,以便在交点测量转折角和直线量距时作为照准和定线的目标。路线直线段上,一般每隔 $200\sim300$ m 设一转点,另外,在路线与其他道路交叉处以及路线上需设置桥、涵等构筑物处,也要测设转点。

交点和转点的测设可用全站仪的放样功能来实现。在地图上算出交点和转点的实际坐标即可。

二、线路转折角的测定

在线路的交点上,应根据交点前、后的转点测定路线的转折角。通常测定线路前进方向的右角,如图 9-2 所示,用全站仪观测一个测回。按 β 角算出路线交点处的偏角 α,当 $\beta < 180°$ 时,为右偏角(路线向右转折),当 $\beta > 180°$ 时,为左偏角(路线向左转折)。

左偏角或右偏角的角值按下式计算:

$$\alpha_右 = 180° - \beta$$
$$\alpha_左 = \beta - 180°$$

在测定 β 角后,测设其分角线方向(图 9-3),定点打桩标定,以便以后测设线路曲线的中点。

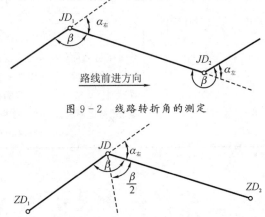

图 9-2　线路转折角的测定

图 9-3　测设转折角的分角线方向

三、极坐标一次放样法

随着全站仪的普及,无论是设计单位还是施工单位,线路中线放样都采用全站仪用极坐标放样法来进行。这样就可以将定线测量和中线测量同时进行,所以称为一次放样法。

"极坐标一次放样法"的关键工作是计算中桩点的坐标。直线段的中桩坐标计算方法是根据中桩里程在相邻交点之间内插。曲线段的中桩坐标计算相对复杂一些,有兴趣的读者可参阅有关文献。

"极坐标一次放样法"具体实施步骤:①预先计算好线路所有中桩点的坐标(逐桩坐标表),一般按 10 m 或 20 m 间隔,通过软件计算得到;②收集沿线所有平面控制点的坐标;③利用路线中桩放样坐标软件(很多全站仪均内置有该软件),在实地放样时,只需输入测站点、定向点和中桩桩号及其坐标等相关信息即可显示放样数据,为提高野外工作效率,可事先将"逐桩坐标表"和"控制点坐标"导入全站仪中,放样时只需输入点号即可;④根据显示的放样数据,利用全站仪测量直接放样出该中桩点。

四、线路中线在地面上的表示方法

(一) 中桩及其里程

地面上表示中线位置的桩点称为中线桩,简称中桩。中桩的密度根据地形情况而定,对于平坦地区,直线段间隔 50 m、曲线段间隔 20 m 一个中桩;对于地形较复杂地区,直线段间隔 20 m、曲线段间隔 10 m 一个中桩。中桩除了标定路线平面位置外,还标记线路的里程。所谓里程是指从线路起点沿线路方向计算至该中桩点的距离,其中曲线上的中桩里程是以曲线长计算的。具体表示方法是将整千米数和后面的尾数分开,中间用"+"号连接。如离起点距离为 14 368.472 m 的中桩里程表示为 14+368.472,在里程前还常常以字母 K 表示,即写成:K14+368.472。

(二) 中桩的分类

线路上所有桩点分为三类:线路控制桩、一般中线桩和加桩。

1. 线路控制桩

线路控制桩是指对路线位置起决定作用的桩点,主要包括直线上的交点 JD、转点 ZD、曲线上的曲线控制点和各个副交点。控制桩点通常用 5 cm×5 cm×(30~40) cm 的大方桩打入地面内,桩顶与地面相平,桩上要钉以小钉表示准确位置。同时,控制桩旁要设立标志桩。标志桩可用大阪桩,上部露出地面 20 cm,写明该点的名称和里程。标志桩钉在控制桩的一侧约 T 处,在直线上钉在左侧,曲线上钉在外侧,字面对着控制桩。

目前采用的控制桩符号以汉语拼音标识为主,也有英文缩写,如表 9-2 所列。

表 9-2　线路标志点名称

标志名称	简称	中文缩写	英文缩写	标志名称	简称	缩写	英文缩写
交点		JD	PT	公切点	拐点	GQ	PRC
转点		ZD		第一缓和曲线起点	直缓	ZH	TS
圆曲线起点	直圆点	ZY	TC	第一缓和曲线终点	缓圆	HY	SC
圆曲线中点	曲中点	QZ	QZ	第二缓和曲线起点	圆缓	YH	CS
圆曲线终点	圆直点	YZ	CT	第二缓和曲线终点	缓直	HZ	ST

2. 一般中桩

一般中桩是指中线上除控制桩以外沿直线和曲线每隔一段距离钉设的中线桩,它都钉在整 50 m 或 20 m 的倍数处。中桩一般用 2 cm×5 cm×40 cm 的大阪桩(又称竹片桩)表示,露出地面 20 cm,上面写明该点的里程,字母对着道路的起始方向,中桩一般不钉小钉。

3. 加桩

加桩主要是沿线路中线上有特殊意义的地方钉设的中线桩,包括地形加桩和地物加桩。地形加桩是指沿中线方向地形起伏变化较大的地方钉设的加桩,它对于以后设计施工尤其是纵坡的设计起很大的作用;地物加桩则是指沿中线方向遇到对线路有较大影响的地物时布设的加桩,如遇到河流、村庄等,则在两侧均布设加桩,遇到灌溉渠道、高压线、公路交叉口等也都要布置加桩。加桩还包括下面两种桩:百米桩,即里程为整百米的中线桩;千米桩,即里程为整千米的中线桩。所有的加桩都要注明里程,里程标注至米即可。

中桩应进行编号(称为桩号),其编号为路线起点至该桩的里程,所以又称里程桩。桩号的书写方式是"千米数+不足千米的米数",其前加字母 K,以及控制桩的点名缩写,线路起点桩号为 K0+000。如图 9-4 中，E 表示线路起点距该桩 3 150 m，涵 K4+752.8 表示该涵洞中心距起点 4 752.8 m。

中桩的设置是在路线中线标定的基础上进行的，从线路起点开始，用全站仪定线和距离丈量。钉桩时，对于控制桩均打下边长为 6 cm 的方桩，桩顶距地面约 2 cm，顶面钉一小钉表示点位，并在方桩一侧约 20 cm 处写明桩名和桩号，并设置指示桩。

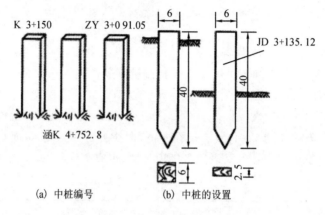

(a) 中桩编号   (b) 中桩的设置

图 9-4 中桩及其桩号组图

第三节 线路圆曲线测设

当线路由一个方向转到另一个方向时，在平面上必须用曲线来连接。曲线的形式较多，其中，圆曲线是最基本的一种平面曲线。如图 9-5 所示，偏角 α 根据所测右角（或左角）计算；圆曲线半径 R 根据地形条件和工程要求选定，根据 α 和 R 可以计算其他各个元素（切线长 T、曲线长 α 外矢距 E）圆曲线的测设分两步进行，先测设曲线上起控制作用的主点（ZY,QZ,YZ）；依据主点再测设曲线上每隔一定距离的里程桩，详细地标定曲线位置。

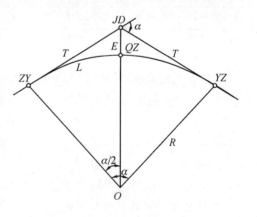

图 9-5 圆曲线主点元素

一、圆曲线的要素计算

1. 圆曲线的曲线控制点

交点是曲线最重要的曲线控制点，用 JD 来表示，如图 9-5 所示，圆曲线的其他 3 个控制点是：

（1）直圆点，即线路按前进方向由直线进入圆曲线的起点，用直圆两个汉字的第一拼音 ZY 表示。

　　(2) 圆中点,即整个曲线的中间点,用 QZ 表示。

　　(3) 圆直点,即由圆曲线进入直线的曲线终点,用 YZ 表示。

　　2. 圆曲线的要素

　　为了测设这些控制点并求出这些点的里程,必须计算圆曲线要素,主要有:

　　(1) 由交点至直圆点或圆直点之长,称切线长,用 T 表示。

　　(2) 由交点沿分角线方向至曲中点的距离,称为外矢距,用 E 表示。

　　(3) 由直圆点沿曲线计算到圆直点之长,称为曲线长,以 L 表示。

　　(4) 从 ZY 点沿切线到 YZ 点和从 ZY 点沿曲线到 YZ 点的长度是不相等的,它们的差值称为切曲差,用 D 表示。

　　3. 圆曲线主点元素的计算

　　路线选定后,转折角为已知角,曲线半径 R 是设计选定的,也是已知数。现有要计算切线长 T、曲线长 L、E。若 T、L、E 已知,则圆曲线主点即可确定,为便于校核计算,还需要计算切曲差 D(也称校正值)。因此,T、L、E、D 就是圆曲线的要素,其计算公式为

$$\left.\begin{array}{l} T = R\tan\dfrac{\alpha}{2} \\[2mm] L = R \cdot \dfrac{\pi}{180°} \cdot \alpha \\[2mm] E = R\left(\sec\dfrac{\alpha}{2} - 1\right) \\[2mm] D = 2T - L \end{array}\right\} \qquad (9-1)$$

式中,R 为圆曲线的半径;α 为转向角,其大小均有设计而定。

　　4. 圆曲线主点桩号的计算

　　圆曲线上各点的里程都是从已知里程的点开始沿曲线逐点推算。一般已知 JD 点的里程(ZY 里程是从前一直线段推算而得),再由它推算其他各控制点的里程,计算如下。

$$ZY(里程) = JD(里程) - T \qquad (9-2)$$

$$QZ(里程) = ZY(里程) + L/2 \qquad (9-3)$$

$$YZ(里程) = QZ(里程) + L/2 \qquad (9-4)$$

检核公式:

$$YZ(里程) = JD(里程) + T - D \qquad (9-5)$$

　　但必须指出,上式仅为单个曲线主点里程计算。由于交点桩里程在路线中线测量时已由测定的 JD 间距离推定,所以从第二个曲线开始,其主点桩号计算应考虑前一曲线的切曲差 D,否则会导致路线桩号错误。

　　例 9 - 1　某线路 JD 的里程桩号为 K12＋382.40,转角 α 为 24°36′48″,半径 R＝500 m,计算该曲线的要素及曲线逐点里程。

　　解　(1) 按式(9-1)计算

$$T = R \cdot \tan\dfrac{\alpha}{2} = 500 \times \tan\dfrac{24°36′48″}{2} = 109.08 \text{ m}$$

$$L - R \cdot \alpha \cdot \frac{\pi}{180°} = 500 \times 24°36'48'' \times \frac{\pi}{180°} = 214.79 \text{ m}$$

$$E = R\left(\sec\frac{\alpha}{2} - 1\right) = 500 \times \left(\sec\frac{24°36'48''}{2} - 1\right) = 11.76 \text{ m}$$

$$D = 2T - L = 2 \times 109.08 - 214.79 = 3.37 \text{ m}$$

(2) 曲线主点里程计算及检核：

$$
\begin{array}{lll}
 & JD & \text{K12}+382.40 \\
1) \quad T & & -109.08 \\
\hline
 & ZY & \text{K12}+273.32 \\
+) \quad L/2 & & 107.395 \\
\hline
 & QZ & \text{K12}+380.715 \\
+) \quad L/2 & & 107.395 \\
\hline
 & YZ & \text{K12}+488.11 \\
\end{array}
$$

检核计算：

$$
\begin{array}{lll}
 & JD & \text{K12}+382.40 \\
+T & & +109.08 \\
-D & & -3.37 \\
\hline
 & YZ & \text{K12}+488.11 \\
\end{array}
$$

二、圆曲线的主点测设方法

算出主点的坐标，用全站仪进行放样即可。放样法测设时，在初测导线点上用极坐标法直接测设曲线主点和曲线的细部点。

三、圆曲线的详细测设

圆曲线主点测设完成后，曲线在地面上的位置就初步确定了。当地形变化较大、曲线较长(大于 40 m)时，仅三个主点不能将圆曲线的线形准确地反映出来，也不能满足设计和施工的需要。因此，必须在主点测设的基础上，按一定桩距 l_0 沿曲线设置里程桩和加桩。圆曲线上里程桩和加桩可按整桩号法(桩号为 l_0 的整倍数)或整桩距法(相邻桩间的弧长为 l_0)设置。

曲线详细测设也是算出各细部点的坐标，用全站仪采用极坐标方法放样即可。

第四节　缓和曲线测设

一、缓和曲线的特性

缓和曲线是用于连接直线和圆曲线、圆曲线和圆曲线间的过渡曲线。它的曲率半径是沿曲线按一定的规律变化的。设置缓和曲线使直线和圆曲线之间、圆曲线和圆曲线之间的连接更为合理，使车辆行驶平顺而安全。

缓和曲线起点处的半径 $r = \infty$，终点处 $r = R$，其特性是曲线上任一点的半径与该点至起点的曲线长 l 成反比，即

$$c = r \cdot l = R \cdot l_0 \qquad\qquad (9-6)$$

式中，c 为常数，称为曲线半径变化率；l_0 为缓和曲线全长；r 为任一点处缓和曲线的曲率半径。

当圆曲线两端加入缓和曲线后，圆曲线应内移一段距离，才能使缓和曲线与直线衔接。内移圆曲线可采用移动圆心或缩短半径的方法实现。我国在曲线测设中，一般采用内移圆心的方法，如图 9-6 所示，在圆曲线的两端插入缓和曲线，把圆曲线和直线平顺地连接起来。

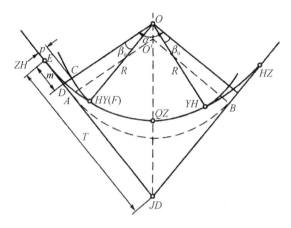

图 9-6　缓和曲线连同圆曲线

缓和曲线的主点如下：

直缓点 ZH：直线与缓和曲线的连接点。

缓圆点 HY：缓和曲线和圆曲线的连接点。

曲中点 QZ：曲线的中点。

圆缓点 YH：圆曲线和缓和曲线的连接点。

缓直点 HZ：缓和曲线与直线的连接点。

二、缓和曲线的常数

1. 缓和曲线常数的计算方法

缓和曲线的常数有缓和曲线的倾角 β_0、圆曲线的内移值 P 和切线的外延量 m。

如图 9-6 所示，虚线部分为一转向角为 α、半径为 R 的圆曲线，今欲在两侧插入长为 l_0 的缓和曲线。圆曲线的半径 R 不变而将圆心从 O' 移至 O 点，使得移动后的曲线离切线的距离为 p。曲线起点沿切线向外侧移至 E 点，设 $DE = m$，同时将移动后圆曲线的一部分（图中的 $C \sim F$）取消，从 E 点到 F 点之间用弧长为 l_0 的缓和曲线来代替，故缓和曲线大约有一半在圆曲线范围内，而另一半在原直线范围内。缓和曲线的倾角 β_0、圆曲线的内移值 P 和切线的外延量 m 称为缓和曲线常数，其计算公式如下：

$$\left.\begin{array}{l} \beta_0 = \dfrac{l_0}{2R}(\text{弧度}) = \dfrac{l_0}{2R} \cdot \dfrac{180°}{\pi} \\[3mm] p = \dfrac{l_0^2}{24R} - \dfrac{l_0^4}{2\,688 \cdot R^3} \approx \dfrac{l_0^2}{24R} \\[3mm] m = \dfrac{l_0}{2} - \dfrac{l_0^3}{240R^2} \approx \dfrac{l_0}{2} \end{array}\right\} \qquad (9-7)$$

2. 缓和曲线主点要素计算

如图 9-6 所示,带有缓和曲线的主点要素,按式(9-8)计算。

$$\text{切线总长} \quad T = m + (R+p)\tan\dfrac{\alpha}{2}$$

$$\text{曲线总长} \quad L = R(\alpha - 2\beta_0)\dfrac{\pi}{180°} + 2l_0$$ $(9-8)$

$$\text{外矢距} \quad E = (R+p)\sec\dfrac{\alpha}{2} - R$$

$$\text{切曲差} \quad D = 2T - L$$

当 R、l_0、α 选定后,即可根据以上公式计算曲线要素。

根据交点里程和曲线要素,即可按下式计算主点里程:

直缓点 $ZH(\text{里程}) = JD(\text{里程}) - T$

缓圆点 $HY(\text{里程}) = ZH(\text{里程}) + l_0$

曲中点 $QZ(\text{里程}) = HY(\text{里程}) + \left(\dfrac{L}{2} - l_0\right)$

圆缓点 $YH(\text{里程}) = QZ(\text{里程}) + \left(\dfrac{L}{2} - l_0\right)$

缓直点 $HZ(\text{里程}) = YH(\text{里程}) + l_0$

计算检核 $HZ(\text{里程}) = JD(\text{里程}) + T - D$

例 9-2 已知一带有缓和曲线的圆曲线,转向角 $\alpha = 24°36'48''$,设计半径 $R = 500$ m,缓和曲线长 $l_0 = 80$ m,交点 JD 里程为 K12+382.40,计算缓和曲线常数、曲线的要素及曲线主点里程。

解 (1)缓和曲线常数计算

$$\beta_0 = \dfrac{l_0}{2} \times \dfrac{180°}{\pi} = \dfrac{80}{2} \times \dfrac{180°}{\pi} = 4°35'01''$$

$$p = \dfrac{l_0^2}{24R} = \dfrac{80^2}{24 \times 500} = 0.53 \text{ m}$$

$$m = \dfrac{l_0}{2} - \dfrac{l_0^3}{240R^2} = 39.99 \text{ m}$$

(2)圆曲线的要素计算

$$T = (R+p) \cdot \tan\dfrac{\alpha}{2} + m = 189.18 \text{ m}$$

$$L = R \cdot \alpha \cdot \dfrac{\pi}{180°} + l_0 = 294.79 \text{ m}$$

$$E = (R+p) \times \sec\dfrac{\alpha}{2} - R = 12.30 \text{ m}$$

$$D = 2T - L = 3.57 \text{ m}$$

(3) 曲线主点里程计算及检核：

计算

JD：　　　　　　K12＋382.40
　$-T$　　　　　　　-149.18

ZH：　　　　　　K12＋233.22
　$+l_0$　　　　　　　$+ \ 80$

HY：　　　　　　K12＋313.22
　$+(L/2-l_0)$　　　$+ \ 67.395$

QZ：　　　　　　K12＋380.615
　$+(L/2-l_0)$　　　$+ \ 67.395$

YH：　　　　　　K12＋448.01
　$+l_0$　　　　　　　$+ \ 80$
　HZ　　　　　　K12＋528.01

检核计算

JD：　　　　　K12＋382.40
　$+T$　　　　　　$+149.18$
　$-D$　　　　　　$- \ \ 3.57$
　HZ　　　　　K12＋528.01

3. 缓和曲线的直角坐标

如图 9-7 所示，设以 ZH 为坐标原点，过 ZH 点的切线为 x 轴，半径方向为 y 轴，任一点 P 的直角坐标为

$$\left. \begin{array}{l} x = l - \dfrac{l^3}{40R^2} + \dfrac{l^5}{3456R^4} + \cdots \\[2mm] y = \dfrac{l^2}{6R} - \dfrac{l^4}{336R^3} + \dfrac{l^6}{4224R^5} + \cdots \end{array} \right\} \tag{9-9}$$

上式中高次项略去，便得出曲率按线性规则变化的缓和曲线方程式为

$$\left. \begin{array}{l} x = l - \dfrac{l^5}{40c^2} \\[2mm] y = \dfrac{l^3}{6c} \end{array} \right\} \tag{9-10}$$

缓和曲线终点坐标为（取 $l=l_0$）

$$\left. \begin{array}{l} x_0 = l_0 - \dfrac{l_0^3}{40R^2} \\[2mm] y_0 = \dfrac{l_0^2}{6R} \end{array} \right\} \tag{9-11}$$

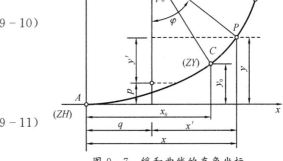

图 9-7　缓和曲线的直角坐标

三、缓和曲线主点的测设方法

算出各主点坐标,用全站仪放样即可。测设时,在初测导线点上用极坐标法直接测设曲线主点和曲线的细部点。

四、缓和曲线的详细测设

计算出各细部点的坐标,利用全站仪进行放样即可。

第五节　线路中桩坐标计算

当前,通常利用全站仪进行中线测量,因此,需要计算直线、圆曲线和缓和曲线上各中桩(逐桩)的坐标。如图 9-8 所示,交点 JD 的坐标(X_{JD}、Y_{JD})已经测定(如采用纸上定线,可在地形图上量取),路线导线的坐标方位角 A 和边长 S 按坐标反算求得。在选定各圆曲线半径 R 和缓和曲线长度 l_0 后,根据各桩的里程桩号,按下述方法即可计算相应的中桩坐标值 X、Y。

一、直线上的中桩坐标计算

如图 9-8 所示,HZ 点(包括路线起点)至 ZH 点为直线,桩点的坐标按式(9-12)计算。

$$\left. \begin{array}{l} X_i = X_{HZ_{i-1}} + S_i \cos A_{i-1,i} \\ Y_i = Y_{HZ_{i-1}} + S_i \sin A_{i-1,i} \end{array} \right\} \qquad (9-12)$$

式中,$A_{i-1,i}$ 为路线导线 JD_{i-1} 至 JD_i 的坐标方位角;S_i 为桩点至 HZ_{i-1} 点的距离,即里程桩号差;$X_{HZ_{i-1}}$、$Y_{HZ_{i-1}}$ 为 HZ_{i-1} 点的坐标,由式(9-13)计算。

$$\left. \begin{array}{l} X_{HZ_{i-1}} = X_{JD_{i-1}} + T_{H_{i-1}} \cos A_{i-1,i} \\ Y_{HZ_{i-1}} = Y_{JD_{i-1}} + T_{H_{i-1}} \sin A_{i-1,i} \end{array} \right\} \qquad (9-13)$$

式中,$X_{JD_{i-1}}$、$Y_{JD_{i-1}}$ 为交点 JD_{i-1} 的坐标;$T_{H_{i-1}}$ 为切线长。

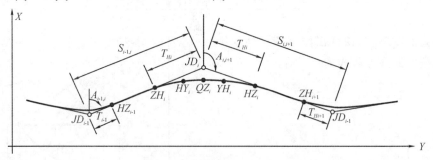

图 9-8　路线中线坐标计算示意

ZH 点为直线段的终点,亦可按式(9-14)计算。

$$\left. \begin{array}{l} X_{ZH_i} = X_{JD_{i-1}} + (S_{i-1,i} - T_{H_I}) \cos A_{i-1,i} \\ Y_{ZH_i} = Y_{JD_{i-1}} + (S_{i-1,i} - T_{H_i}) \sin A_{i-1,i} \end{array} \right\} \qquad (9-14)$$

式中,$S_{i-1,i}$为路线导线JD_{i-1}至JD_i的边长。

二、圆曲线上的中桩坐标计算

从HY点至YH点为圆曲线段,其任一点的坐标计算公式如下。

设圆曲线上有起算数据点:里程k_{HY_i},坐标(x_{HY_i},y_{HY_i}),切线坐标方位角A_{HY_i},圆曲线半径为R,则里程k点的坐标(x,y)为

$$\left.\begin{array}{l} A = A_{HY_i} + \dfrac{(k - k_{HY_i})}{R} \\ x = x_{HY_i} + R(\sin A - \sin A_{HY_i}) \\ y = y_{HY_i} + R(\cos A - \cos A_{HY_i}) \end{array}\right\} \quad (9-15)$$

三、缓和曲线上的中桩坐标计算

从ZH点至HY点或从YH点至HZ点都是缓和曲线上的点,可按式(9-10)先算出直角坐标(x,y),然后通过坐标变换将其转换为测量坐标(X,Y)。变换公式为

$$\left.\begin{array}{l} X_i = X_{ZH_i} + x_i\cos A_{i-1,i} - y_i\sin A_{i-1,i} \\ Y_i = Y_{ZH_i} + x_i\sin A_{i-1,i} + y_i\cos A_{i-1,i} \end{array}\right\} \quad (9-16)$$

例 9-3　线路交点JD_2的坐标为$(2\,588\,711.270,20\,478\,702.880)$,$JD_3$的坐标为$(2\,591\,069.056,20\,478\,662.850)$,$JD_4$的坐标为$(2\,594\,145.875,20\,481\,070.750)$。$JD_3$的桩号为K6+790.306,圆曲线半径$R=2\,000$ m,缓和曲线长$l_0=100m$。计算结果如表9-3所示(过程略)。

表 9-3　主点桩坐标计算结果汇总

序号	点号	桩号 K	坐标 X/m	坐标 Y/m	切点方位角 α
1	JD_2	K4+432.18	2 588 711.270	20 478 702.880	359°01′38″
2	ZH	K6+031.619	2 590 310.479	20 478 675.729	359°01′38″
3	HY	K6+131.619	2 590 410.472	20 478 674.865	0°27′35″
4	YH	K7+393.645	2 591 587.270	20 479 069.459	36°36′50″
5	HZ	K7+493.646	2 591 666.530	20 479 130.430	38°02′47″
6	JD_4	K10+641.978	2 594 145.875	20 481 070.750	38°02′47″

由于一条路线的中桩数以千计,通常中线逐桩坐标需要用计算机程序计算,并编制中线逐桩坐标表。

第六节　线路纵横断面测量

一、线路纵断面测量

线路纵断面测量的任务是当中桩测设完成后,沿线路进行路线水准测量,测定中桩地面高程,然后根据地面高程绘制线路纵断面图,为线路工程纵断面设计、填挖方计算、土方调配等提供线路竖面位置图。在线路纵断面测量中,为了保证精度和进行成果检核,仍必须遵循控制性原则,即线路水准测量分两步进行,首先是线沿设置水准点,建立高程控制,称为基平测量;其次根据各水准点,分段以附合水准线路形式,测定各中桩的地面高程,称为中平测量。

1. 基平测量

纵断面水准点应根据需要和用途设置永久性或临时性的水准点。线路起点和终点、大桥与隧道两端、垭口、大型构造物和需长期观测高程的重点工程附近均应设置永久性水准点。一般地段每隔 $25\sim30$ km 布设一个永久性水准点。临时水准点一般 $0.5\sim2.0$ km 设置一个。水准点是恢复线路和线路施工的重要依据,要求点位选择在稳固、醒目、安全(施工线外)、便于引测和不易破坏的地段。

基平测量时,应先将起始水准点与附近的国家水准点进行联测,以获得绝对高程。在沿线路测量中,也尽量与国家水准点联测以获得检核条件。其容许高差闭合差应满足:

$$f_h = 20\sqrt{L} \text{ 或 } f_h = 6\sqrt{n} \text{ (一级公路) 单位 mm}$$

$$f_h = 30\sqrt{L} \text{ 或 } f_h = 9\sqrt{n} \text{ (二、三、四级公路) 单位 mm}$$

式中,L 为单程水准路线长度,以 km 计,n 为测站数。

2. 中平测量

中平测量一般以相邻两水准点为一测段,从一水准点开始,用视线高法施测逐点中桩的地面高程,直至附合到下一个水准点上。相邻两转点间观测的中桩,称为中间点。为了削弱高程传递的误差,观测时应先观测转点,后观测中间点。转点传递高程,因此,转点水准尺应立在尺垫、稳固的固定点或坚石上,尺上读数至毫米,视线长度不大于 150 mm。中间点不传递高程,水准尺上读数至厘米。观测时,水准尺应立在紧靠中桩的地面上。

如图 9-9 所示,水准仪置于 I 站,后视水准点 BM_1,读数 a_0;前视转点 ZD_1,读数 b_0,记入表 9-5 中"后视"和"前视"栏内;而后立尺员依次在中桩点 $0+000$、…、$0+080$ 等各中桩点立尺,观测逐个中桩,将中视读数 b_i 分别记入"中视栏"。将仪器搬至 II 站,后视转点 ZD_1,前视转点 ZD_2,然后观测 ZD_1 与 ZD_2 之间各中间点。用同法继续向前观测,直到附合到下一个水准点 BM_2,完成测段观测。

高差闭合差限差:一级公路为 $30\sqrt{L}$ mm,二级以下公路为 $50\sqrt{L}$ mm(L 以 km 计),在容许范围内,即可进行中桩地面高程的计算,但无需进行闭合差调整,否则重测。

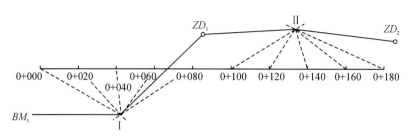

图 9－9　纵横断面测量

表 9－4　中线水准测量手簿

| 仪器型号：DS3 | 观测日期：2012－6－25 | 观测：关胜况 | 计算：范远芳 |
| 仪器编号：2007289 | 天　气：晴 | 记录：陈艳铃 | 复核：翟书礼 |

点号	水准尺读数/m			视线高程/m	高程/m	备注
	后视	中视	前视			
BM_1	2.191			57.606	55.415	$H_{BM_1}=55.415$ m
K0＋000		1.62			55.99	
＋020		1.90			55.71	
＋040		0.62			56.99	
＋060		2.03			55.58	
＋080		0.90			56.71	
ZD_1	2.162		1.006	58.762	56.600	
＋100		0.50			58.26	
＋120		0.52			58.24	
＋140		0.82			57.94	
＋160		1.20			57.56	
＋180		1.01			57.75	
ZD_2	2.246		1.521	59.487	57.241	
…	…	…	…	…	…	
K1＋380		1.65			66.98	
BM_2			0.600		68.034	$H_{BM_2}=68.062$ m
检核	$\Sigma a-\Sigma b=12.609$ m $H'_2-H'_1=68.024$ m -55.415 m $=12.609$ m $f_h=H_{BM_2测}-H_{BM_2}=68.030$ m -68.062 m $=-32$ mm $f_{h容}=50\sqrt{l}=50\sqrt{1.4}$ mm $=59$ mm $\mid f_h\mid<f_{h容}$，符合精度要求。					

3. 纵断面图的绘制

纵断面图是表示线路中线方向的地面起伏和纵坡设计的线状图,它主要反映路段纵坡大小、中桩填挖高度以及设计结构物立面布局等,是设计和施工的重要资料。

图 9-10 为公路纵断面图,是以里程为横坐标,高程为纵坐标,按中桩地面高程绘制的,里程比例尺一般用 1:5 000、1:2 000 或 1:1 000。为了明显反映地面起伏变化,高程比例尺为里程比例尺的 10 倍。在图的上半部,从左至右绘有两条贯穿全图的线,一条是细的折线,表示中线实际地面线,另一条粗线为包括竖曲线在内的纵坡设计线,是纵断面设计时绘制的。此外,图上还标注有水准点的位置、编号和高程,桥涵的类型、孔径、跨数、长度、里程桩号和设计水位,竖曲线元素,同其他公路、铁路交叉点的位置、里程和有关说明等。在图的下部几栏表格中,注记有关测量和纵坡设计的资料,主要包括以下内容:

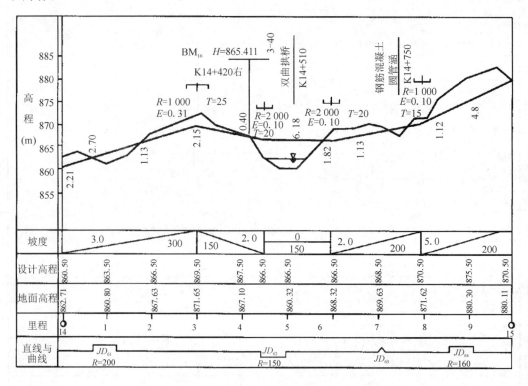

图 9-10 公路纵断面

(1) 直线与曲线。为路线中线平面示意图,曲线部分用折线表示,上凸的表示右转,下凸表示左转,并注明交点编号和曲线半径。圆曲线用直角折线,缓和曲线用斜折线,在不设曲线的交点位置,用锐角折线表示。

(2) 里程。按里程比例尺标注百米桩和公里桩,有时也需逐桩标注。

(3) 地面高程。按中平测量成果填写相应里程桩的地面高程。

(4) 设计高程。按中线设计纵坡和平距计算的里程桩的设计高程。

（5）坡度。从左至右向上斜的线表示上坡(正坡)，向下斜的线表示下坡(负坡)，水平线表示平坡。斜或水平上的数字为坡度的百分数，水平路段坡度为零，下面数字为相应的水平距离，称为坡长。

纵断面图的绘制步骤如下：

（1）打格制表，填写有关测量资料。采用透明毫米方格纸，按照选定的里程比例尺和高程比例尺打格制表，填写直线与曲线、里程、地面高程等资料。

（2）绘地面线。为了便于绘图和阅读，首先要合理选择纵坐标的起始高程位置，使绘出的地面线能位于图上适当位置。在图上按纵、横比例尺依次展绘各中桩点位，用直线顺序连接相邻点，该折线即为绘出的地面线。由于纵向受到图幅限制，在高差变化较大的地区，若按同一高程起点绘制地面线，往往地面线会逾越图幅，这时可在这些地段适当变更高程的起算位置，地面线在此构成台阶形式。

（3）计算设计高程。根据设计纵坡和两点间的水平距离(坡长)，可由一点的高程计算另一点的高程。设起算点的高程为 H_0，设计纵坡为 i(上坡为正，下坡为负)，推算点的高程为 H_P，推算点至起算点的水平距离为 D，则

$$H_p = H_0 + i \cdot D \qquad (9-17)$$

（4）计算各桩的填挖高度。同一桩号的地面高程与设计高程之差，称为该桩的填挖高度，正号为挖土高度，负号为填土深度。在图上，填土高度写在相应点的纵坡设计线的上面，挖土深度写在相应点的纵坡设计线的下面，也有在图中专列一栏注明填挖高度的。地面线与设计线的交点为不填不挖的"零点"，零点桩号可由图上直接量得。最后，根据路线纵断面设计，在图上注记有关资料，如水准点、桥涵、构造物等。

二、线路横断面测量

横断面测量的任务是测定垂直于中线方向中桩两侧的地面起伏变化状况，并绘成横断面图，供路基、边坡、特殊构筑物的设计，土石方计算和施工放样之用。横断面测量的宽度，一般自中线两侧各测出 10 m 以上。高差和距离一般准确到 0.05～0.1 m 即可满足工程要求。

（一）横断面方向的测定

直线横断面方向是垂直于中线的方向。一般用简易直角方向架测定，如图 9-11 所示，将方向架置于中桩点 A 上，以其中一方向 ab 对准路线前进方向(或后方)某一中桩，另一方向 cd 即为横断面施测方向。

当线路中线为圆曲线时，其横断面方向就是中桩点与圆心的连线。因此，只要找到圆曲线的半径方向，就确定了中桩点的横断面方向。

（二）横断面测量方法

横断面方向确定以后，便测定从中桩至两侧，

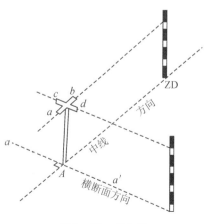

图 9-11　方向架

左右两侧至变坡的距离和高差。

1. 水准仪—皮尺法

当此法适用于实测横断面较宽的平坦地区。如图 9-12 所列,在横断面方向附近安置水准仪,以中桩两侧横断面方向变坡点为前视点,水准尺读数读至厘米,用皮尺分别量出各立尺点到中桩的距离。测量记录格式见表 9-5,按路线前进方向分左侧与右侧,分母表示测段水平距离 d_i,分子表示测段高差 h_i,正号表示上坡,负号表示下坡。

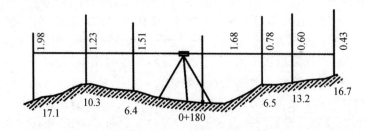

图 9-12 水准仪法测横断

表 9-5 用水准仪横断面记录

左侧			中桩	右侧		
$\dfrac{1.98}{17.1}$	$\dfrac{1.23}{10.3}$	$\dfrac{1.51}{6.4}$	$\dfrac{1.68}{0+180}$	$\dfrac{0.78}{6.5}$	$\dfrac{0.60}{13.2}$	$\dfrac{0.43}{16.7}$

2. 全站仪测量法

在地形复杂、横坡较陡的地段,可采用全站仪测量。安置全站仪于中桩点,确定横断面方向;然后用全站仪测出变坡点至中桩点的水平距离和高差,边测边计算,将计算结果记录见表 9-5,分母和分子中,同时在现场绘制横断面草图。

(三) 横断面图的绘制

根据横断面测量成果,将地面变坡点与中桩间距离和高差在毫米方格纸上绘制横断面图,距离和高程采用同一比例尺(通常取 1:100 或 1:200)。一般是在野外边测边绘,以便及时对横断面图进行检核。绘图时,先在图纸上标定中桩位置,然后在中桩左右两侧按测点间的距离和高程逐一点绘于图纸上,并用直线连接相邻点,即得该中桩处横断面地面线。如图 9-13 所示为一横断面图,并绘有路基横断面设计线(俗称戴帽子)。每幅图的横断面图应从下至上,由左到右依桩号顺序绘制。

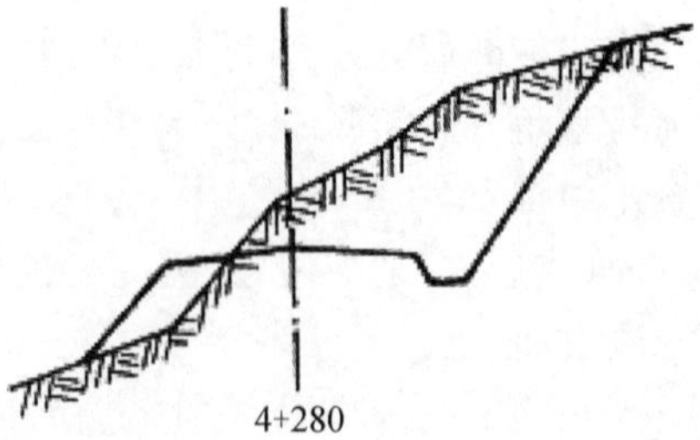

4+280

图 9-13 横断面

第七节 竖曲线测设

在线路中,除了水平的路线外,还不可避免的有上坡和下坡。两相邻坡段的交点称为变坡点。为了车辆运行的平稳和安全,在变坡处要设立竖曲线,先上坡后下坡时,设凸曲线,反之设凹曲线,如图9-14所示。我国铁路一律采用圆曲线作竖曲线。

图 9-14 竖曲线

一、基本原理

竖曲线的测设是根据设计给出的曲线半径和变坡点前后的坡度 i_1 和 i_2 进行的。由于坡度的代数差较小,所以曲线的转折角 α 可视为两坡度的绝对值之和,即

$$\alpha = |\, i_1 \,| + |\, i_2 \,| \tag{9-18}$$

由于 α 很小,可以认为

$$\tan \frac{\alpha}{2} = \frac{\alpha}{2}$$

所以就有

$$T = R\tan \frac{\alpha}{2} = R \cdot \frac{\alpha}{2} = \frac{R}{2}(|\, i_1 \,| + |\, i_2 \,|) \tag{9-19}$$

$$L = R \cdot \alpha = R(|\, i_1 \,| + |\, i_2 \,|)$$

又考虑到 α 较小,如图9-15所示,可以把 y 看成与半径方向一致,所以

$$(R + y_i)^2 = x_i^2 + R^2$$

由于 y_i 相对于 x_i 是很小的,如果把 y_i^2 忽略不计,则上式变为

$$2Ry_i = x_i^2 \Rightarrow y_i = \frac{x_i^2}{2R} \tag{9-20}$$

当给定一个 x_i 值,就可以求得相应的 y_i 值。当 $x_i = T$ 时,则

$$E = \frac{T^2}{2R} \tag{9-21}$$

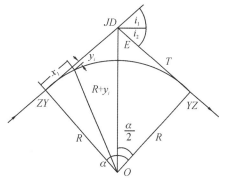

图 9-15 竖曲线的计算示意

由上述过程看出,当给定 R、i_1、i_2 后,根据式(9-19)和式(9-21)求得竖曲线元素 T、L、E。

另外,既然把 y 看成与半径方向一致,所以,y 又可以看成是切线上与曲线上点的高程差。因而,竖曲线上任一点的标高(H_i)可按式(9-22)求得

$$H_i = H'_i \pm y_i \qquad (9-22)$$

式中，H'_i 为该点在切线上的高程，也就是它在坡道线上的高程，称为坡道点高程；y_i 为该点的标高改正，当竖曲线为凸形曲线时取"－"，当为凹形曲线时取"＋"。

坡道点高程 H'_i 可根据变坡点 JD 的设计高程 H_0、坡度 i 及该点至坡点的间距来推求，计算公式为

$$H'_i = H_0 \pm (T - x_i) \cdot i \qquad (9-23)$$

例 9-4 已知边坡点的里程桩号为 K13＋650，变坡点设计高程为 $H_0 = 290.95$ m，设计坡度为 $i_1 = -2.5\%$，$i_2 = +1.1\%$。现欲设置 $R = 2500$ m 的竖曲线，要求间隔为 10 m，求竖曲线元素和各曲线点的桩号及标高。

解 (1) 由式(9-19)和式(9-21)计算竖曲线元素

$$L = R(1.1\% + 2.5\%) = 2500 \times 3.6\% = 90 \text{ m}$$

$$T = \frac{1}{2}R(1.1\% + 2.5\%) = 45 \text{ m}$$

$$E = \frac{T^2}{2R} = \frac{45^2}{2 \times 2500} = 0.4 \text{ m}$$

(2) 计算竖曲线起、始点的里程

变坡点 J	K13＋650
$-T$	-45
起点 Z	K13＋605
$+L$	$+90$
终点 Y	K13＋695

其余各项计算见表 9-6。

表 9-6 竖曲线算例

点号	桩号	x	标高改正 y/m	坡道点 $H' = H_0 \pm (T - x_i) \cdot i$/m	路面设计高程 $H = H' \pm y$/m
	K13＋605	0	0.00	292.08	292.08
	＋615	10	0.02	291.82	291.84
起点 Z	＋625	20	0.08	291.58	291.66
	＋635	30	0.18	291.32	291.50
	＋645	40	0.32	291.08	291.40
	K13＋650	$T=45$	$E=0.40$	$H_0=290.95$	291.35
	＋655	40	0.32	291.00	291.32
变坡点 J	＋665	30	0.18	291.12	291.30
	＋675	20	0.08	291.22	291.30
	＋685	10	0.02	291.34	291.36
终点 Y	K13＋695	0	0.00	291.44	291.44

二、竖曲线的测设

竖曲线起点、终点的位置测设方法与圆曲线相同,而竖曲线上点的测设,实质上是在曲线范围内的里程桩上测出竖曲线的高程。因此,在实际工作中,测设竖曲线一般与测设路面高程桩一起进行。测设时只需要将已经求得的各点坡道高程再加上(对于凹形竖曲线)或减去(对于凸形竖曲线)相应点上的标高改正值即可。

第八节　管道施工测量

管道工程包括给排水、供气、输油、电缆等管线工程。这些工程一般属于地下构筑物,在较大的城镇及工矿企业中,各种管道常相互穿插,纵横交错。因此,在施工过程中,要严格按设计要求进行测量工作,确保施工质量。管道工程测量的主要任务有两方面,一是为管道工程的设计提供地形图和断面图;二是按设计要求将管道位置敷设于实施。

一、管道中线测量

管道的起点、终点和转向点通常称为管道主点,主点位置及管道方向是设计确定的。管道中线测量的任务就是将已确定的管道中心线测设于实地。其内容包括主点测设、中桩测设、转向角测量等,方法与本章第二节所述线路中线测量基本相同,不在赘述。而管道的转向处是用不同规格的弯头连接的,所以不需要用曲线连接。

二、管道纵横断面测量

管道纵断面图测量就测量中线所定各中线桩处地面高程,根据各桩点高程和桩号绘制纵断面图,作为设计管道坡度、埋深和计算土地的体积的依据。

管道横断面测量就是测定管道中桩两侧地面起伏情况、绘制横断面图,作为开挖沟槽宽度与深度及计算土的体积的依据。

纵横断面测量方法及纵横断面图绘制方法与本章第五节相同。

三、管道施工测量

在纵断面图上完成管道设计之后,即着手进行施工测量。在破土开工之前,应做好有关的准备工作。

(1)熟悉图纸和现场情况。

(2)校核中线。若设计阶段在地面上标定的中线位置就是施工时所需要的中线位置,且各桩点完好,则仅需校核一次,不重新测设;若有一部分桩点丢损,或施工的中线位置有所变动,则应根据设计资料重新恢复旧点或按改线资料测设新点。

(3)测设施工控制桩。在施工时,中线上各桩将被挖掉,所以应在不受施工干扰、便于引测和保存点位处测设施工控制桩,用以恢复中线、测设地物位置控制桩以及恢复附属构筑物的位置。

(4)加密水准点。为了在施工过程中引测高程方便,应根据设计阶段布设的水准点,于沿线附近大约每 150 m 增设临时水准点。

现就地下管道施工过程中的测量工作简要介绍如下。

1. 设置坡度板、测设中线钉

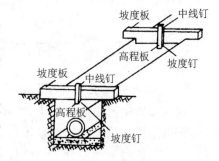

坡度板是控制中线、掌握管道设计高程的基本标志,通常跨槽设置,板面应基本水平。如图 9-16 所示,在中线控制桩上安置仪器,将管道中线投测到坡度板上,钉上小铁钉(中线钉)作标志。各中线钉的连线即为管道中心线。当槽口开挖后,在中线钉上挂垂球,即可将中线测设到管槽内。

图 9-16 管道坡度板

2. 测设坡度钉

坡度钉的作用是控制管槽按照设计深度和坡度开挖。坡度钉设置在坡度立板上,而坡度立板竖直钉在坡度上,其一侧应与管道中线平齐,如图 9-16 所示。在坡度板上中线钉的一侧钉一高程板,在高程板的侧面测设一坡度钉,使各坡度钉的连线平行于管道设计坡度线,并距管底设计高程恰好为一整分米数 C,此数称为下返数。施工时就利用这一坡度钉的连线来控制管道的坡度和高程。具体做法是在立板上横向钉一小钉,称为坡度钉,按式(9-24)计算坡度钉距板顶的调整距离 δ。

$$\delta = C - (H_{板顶} - H_{管底}) \qquad (9-24)$$

式中,$H_{板顶}$ 为坡度板顶高程;$H_{管底}$ 为管底设计高程。

根据计算出的 δ 在坡度立板上用小钉标定其位置,δ 为正自坡度板顶上量 δ,反之向下量 δ。

例 9-5 某管道工程选定下返数 $C=1.5$ m,0+100 桩处板顶实测高程 $H_{板顶}=24.584$ m,该处管底设计高程为 $H_{管底}=23.000$ m,试问坡度钉的位置。

解 根据式(9-24),可得

$$\delta = 1.500 - (24.584 - 23.000) = -0.084 \text{ m}$$

以该板钉向下量取 0.084 m,在坡度立板上钉一小钉,作为坡度钉。

应当指出,为了防止观测或计算错误,坡度钉测设应附合到另一水准点加以校核。在施工过程中,亦应定期检测坡度钉高程,以检查坡度板是否移位。除检测本段的坡度钉高程外,还应检测已建成的管道或已测好的坡度钉,以便相互衔接。

四、顶管施工测量

地下管线通过地面建筑物、构筑物、重要道路和各种地下管道交叉处,往往采用顶管方式施工。

采用顶管施工时,应先挖好工作坑,在工作坑内案放导轨,并将管材放在导轨上,沿着中线方向顶进土中,然后将管内土方挖出来,再顶进,再挖,循环渐进。在顶管施工中测量工作的任务就是控制管道中线方向、高程和坡度。

1. 中线测设

如图 9-17 所示,根据地面上标定的中线控制桩,用全站仪将中线引测到坑底,在坑内标出中线方向。在管内前端水平放置一把木尺,尺上有刻划并标明中心点,则可以用全站仪测出管道中心偏离中线方向的数值,依次在顶进中进行校正。

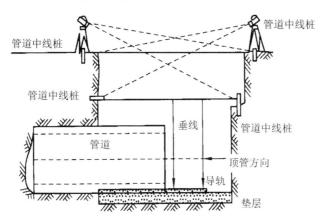

图 9-17　顶管中线桩测设

2. 高程测设

在工作坑内测设临时水准点,用水准仪测量管底前后端高程,可以得到管底高程和坡度,将其与设计值进行比较,求得校正角,在顶进中进行校正。

复习思考题

(1) 线路中线测量的任务、内容是什么?

(2) 什么是路线的转角? 如何确定转角是左转角还是右转角?

(3) 里程桩有何作用? 加桩有哪几种? 如何注记桩号?

(4) 什么是缓和曲线? 如何计算缓和曲线主点要素?

(5) 已知交点 JD 的桩号为 K2+513.00,转角 $\alpha_{右}=40°20'$,半径 $R=200$ m。

①计算圆曲线测设元素;

②计算主点桩号。

(6) 已知交点的里程桩号为 K21+476.21,转角 $\alpha_{右}=37°16'$,圆曲线半径 $R=300$ m,缓和曲线长 $l_0=60$ m,试计算该曲线的主点要素、里程、测设数据,并说明主点的测设。

(7) 何谓道路中线的转点、交点和里程桩? 如何测设里程桩?

(8) 设道路中线测量某交点 JD 的桩号为 K2+182.32,测得右偏角 $\alpha=39°15'$,设计圆曲线半径 $R=220$ m。

①计算圆曲线主点测设元素 T、L、E、D；

②计算圆曲线主点 ZY、QZ、YZ 的桩号；

(9) 根据表 9-7 所列路线纵断面水准测量记录,算出各里程桩高程;并按距离比例尺为 1:1 000、高程比例尺为 1:100 绘出路线纵断面图;设计一条坡度为 -1% 的纵坡线,井计算各桩的填土高度和挖土深度。

表 9-7　路线纵断面水准测量记录

测站	桩号	水准尺读数/m			仪器视线高程/m	点的高程/m
		后视	中视	前视		
1	BM.1	1.321	1.28			47.385
	0+000		1.64			
	0+020		1.73			
	0+040		1.89			
	0+060			1.900		
	0+080					
2	0+080	1.340				
	0+100			1.92		

(10) 设路线纵断面图上的纵坡设计如下：$i_1 = +1.5\%$、$i_2 = -0.5\%$,变坡点的桩号为 K2+360.00,其设计高程为 42.36 m。按 $R = 3\,000$ m 设置凸形竖曲线,计算竖曲线元素 T、L、E 和竖曲线起点和终点的桩号。

第十章 隧道与桥梁施工测量

随着现代化建设的发展,我国隧道与桥梁工程建设日益增多,随着交通运输业的发展,为了确保车辆、行人的通行安全,高等级交通线路建设日新月异,跨越河流、山谷的桥梁以及隧道越来越多。为了保证隧道和桥梁施工质量达到设计要求,测量工作在隧道和桥梁的勘测、设计、施工和运营监测中都起着很重要作用。

本章主要介绍桥梁工程与隧道工程施工阶段的测量工作。隧道施工测量的内容主要有隧道洞外控制测量、隧道开挖中的测量工作、竖井联系测量等。桥梁施工测量的内容主要包括桥梁施工控制网的建立、桥梁墩台中心定位、桥墩细部放样及桥梁上部结构的放样等。

第一节 概 述

当道路越过山岭地区,在遇到地形障碍时,为了缩短路线长度,提高车辆运行速度等,常采用隧道的形式。在城市,为了节约土地,也常在建筑物下、道路下、水体下建造隧道。隧道通常由洞身、衬砌、洞门等组成。隧道按长度可分为特长隧道、长隧道、中隧道和短隧道。如直线形隧道,长度在 3 000 m 以上的为特长隧道;长度在 1 000～3 000 m 属长隧道;长度在 500～1 000 m 为中隧道;长度在 500 m 以下为短隧道。同等级的曲线形隧道,其长度界限为直线形隧道的一半。

开挖隧道时,由于挖掘速度较慢,为了加快工程进度,一般总是由隧道两头对向挖掘。有时,为了增加挖进面,还要在中间打竖井、斜井,进行多头对向开挖。由于隧道工程一般投资大,施工时间较长,为保证隧道在施工期间按设计的方向和坡度贯通,并使开挖断面的形状符合设计要求的尺寸,尽量做到不欠挖、不超挖,要求各项测量工作必须反复核对,确保准确无误。如由于测量工作的失误,引起对向开挖的隧道无法正确贯通,将会造成巨大的损失。在对向开挖隧道的遇合面(贯通面)上,其中线如果不能完全吻合,这种偏差称为"贯通误差"。如图 10 - 1 所示。

贯通误差包括纵向误差 Δs、横向误差 Δu、高程误差 Δh。其中,纵向误差仅影响隧道中线的长度,施工测量时,较易满足设计要求。因此,一般只规定贯通面上横向限差 Δu 及高程限差 Δh,如规定:50 mm＜Δu＜100 mm, 30 mm＜Δh＜50 mm(按不同要求而定)。城市地下铁道的隧道施工中,从一个沉井用盾构机向另一接收沉井掘进时,也同样有上述贯通误差的限差规定。

桥梁是道路跨域河流、山谷或其他公路铁路交通线的主要构筑物。桥梁按功能可分为

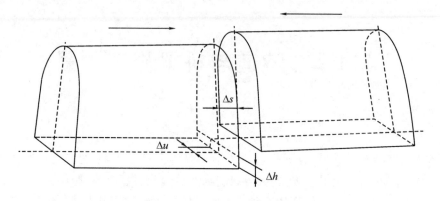

图 10-1　隧道开挖的贯通误差

铁路桥、公路桥、铁路公路两用桥、人行桥等。桥梁按其轴线长度一般分为特大型（＞500 m）、大桥（100～500 m）、中型（30～100 m）和小型（＜30 m）等四类。按结构类型可以分为梁式桥、拱桥、钢架桥、斜拉桥等。桥梁结构通常分为上部结构和下部结构。上部结构是桥台以上的部分，即桥跨结构，一般包括梁、拱、桥面和支座等；下部结构包括桥墩、桥台和它们的基础。

现代桥梁无论是钢梁还是钢筋混凝土梁，一般先按照设计尺寸预制，然后在现场安装拼接而成。为了保证施工精度，必须做好各部分的测量工作，将桥梁设计的意图准确地转移到实地上去，指导桥梁各部分的施工。

第二节　隧道控制测量

一、地面控制测量

为保证隧道工程在多个开挖面的掘进中，使施工中线在贯通面上的横向及高程能满足贯通精度的要求，必须建立地面控制测量。

地面控制测量包括平面控制测量和高程控制测量。一般要求在每个洞口应放样不少于 3 个平面控制点和 2 个高程控制点。直线隧道上，两端洞口应各设一个中线控制桩，以两控制桩连线作为隧道的中线。平面控制应尽可能包括隧道洞口的中线控制点，以利于提高隧道贯通精度。在进行高程控制测量时，要联测各洞口水准点的高程，以便引测进洞，保证隧道在预期的高程方向正确贯通。

地面控制测量的主要内容：复核洞外中线方向以及长度和水准基点的高程；设置各开挖洞口的引测点，为洞内控制测量做好准备；测定开挖洞口各控制点的位置，并和路线中心线联系以便根据洞口控制点进行开挖，使隧道按设计的方向和坡度以及规定的精度贯通。

（一）地面平面控制测量

1. 中线法

对于长度较短的山区直线隧道，可以采用中线法。如图 10-2 所示，A、D 两点是设计选定的直线隧道的洞口点,直线定线法就是直线隧道的中线方向在地面标定出来,即在地面测设出位于 AD 直线方向上的 B、C 两点,作为洞口点,A、D 向洞内引测中线方向时的定向点。

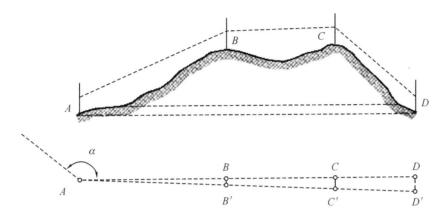

图 10 - 2　中线法平面控制

在 A 点安置全站仪,根据概略方位角 α 定出 B′ 点。搬全站仪到 B′ 点,用正倒镜分中法延长直线定出 C′ 点。搬经纬仪至 C′ 点,同法再延长直线到 D 点的近旁 D′ 点。在延长直线的同时测定 AB′、B′C′、C′D′ 之间的距离和 DD′ 的长度。C 点的位置移动量 CC′ 可按下式计算:

$$CC' = DD' \frac{AC}{AD}$$

在 C 点垂直于 C′D′ 方向量取 C′C,定出 C 点。安置经纬仪于 C 点。用正倒镜分中法延长 DC 到 B 点,再从 B 点延长至 A 点。如果不与 A 点重合,则用同样的方法进行第二次趋近,直至 B、C 两点正确位于 AD 方向上。B、C 两点即可作为 A、D 点指明掘进方向的定向点。

2. 三角网法

对于隧道较长、地形复杂的山岭地区或城市地区的地下铁道,地面的平面控制网一般布设成三角网形式,如图 10 - 3 所示。用全站仪测定三角网的边角,使成为边角网。边角网的点位精度较高,有利于控制隧道贯通的横向误差。

3. 导线测量法

连接两隧道口布设一条导线或大致平行的两条导线,用全站仪测定其角度和距离,相对误差不大于 1:10 000。经洞口两点坐标的反算,可求得两点联线方向(对于直线隧道,即为中线方向)的距离和方位角,据此可以计算从洞口掘进的方向。

4. 全球定位系统法

用全球定位系统(GPS)定位技术做地下建筑施工的地面平面控制时,只需要在洞口布设洞口控制点和定向点。除了洞口点及其定向点之间因需要作施工定向观测而应通视之外,洞口点与另外洞口点之间不需要通视,与国家控制点或城市控制带之间的连测也不需要通视。因此,地面控制点的布设灵活方便。

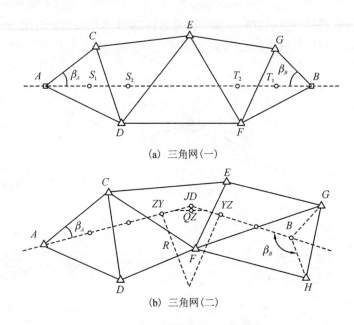

(a) 三角网(一)

(b) 三角网(二)

图 10-3 三角网平面控制组图

由上述各种方法比较看出,中线法控制形式简单,但由于方向控制较差,故只能用于较短的隧道;三角测量方法其方向控制精度最高,但其三角点的布设要受到地形、地物条件的限制,而且基线边要求精度高,使丈量工作复杂,平差计算工作量大;导线测量法由于布设简单、灵活、地形适应强、外业工作量少且用三角高程法测量高程可以同时进行,因而逐渐成为隧道控制的主要形式和首选方案。

(二) 地面高程控制测量

高程控制测量的任务是按规定的精度施测隧道洞口(包括隧道的进出口、竖井口、斜井口和坑道口)附近水准点的高程,作为高程引测进洞内的依据。水准路线应选择连接洞口最平坦和最短的线路,以期达到设站少、观测快、精度高的要求。每一洞口埋设的水准点应不少于 3 个,且以能安置一次水准仪即可联测,便于检测其高程的稳定性。两端洞口之间的距离大于 1 km 时,应在中间增设临时水准点。高程控制通常采用三、四等水准测量的方法,按往返或闭合水准路线施测。

二、隧道联系测量

(一) 隧道洞口联系测量

山区隧道洞外平面和高程控制测量完成后,即可求得洞口点(各洞口至少要有两个)的坐标和高程,同时按设计要求计算洞内设计中线点的设计坐标和高程。按坐标反算方法求出洞内设计点位与洞口控制点之间的距离、角度和高差关系(测设数据),测设洞内设计点位,据此进行隧道施工,称为洞口联系测量。

1. 掘进方向测设数据计算

如图 10-3(a)所示为一直线隧道的平面控制网,A、B、C、…、G 为地面平面控制点,其中，A、B 为洞口点，S_1、S_2 为 A 点洞口进洞后的隧道中线的第一个、第二个里程桩。为了求得 A 点洞口隧道中线掘进方向及掘进后测设中线里程桩 S_1，计算下列极坐标法测设数据：

$$\alpha_{AC} = \arctan \frac{y_C - y_A}{x_C - x_A} \qquad (10-1)$$

$$\alpha_{AB} = \arctan \frac{y_B - y_A}{x_B - x_A} \qquad (10-2)$$

$$\beta_A = \alpha_{AB} - \alpha_{AC} \qquad (10-3)$$

$$S_{AS_1} = \sqrt{(x_{S_1} - x_A)^2 + (y_{S_1} - y_A)^2} \qquad (10-4)$$

对于 B 点洞口的掘进测设数据，可以做类似的近似计算。对于中间具有曲线的隧道，如图 10-3(b)所示，隧道中线交点 JD 的坐标和曲线半径 R 已由设计所指定。因此，可以计算出测设两端进洞口隧道中线的方向和里程。掘进达到曲线段的里程以后，可以按照测设道路圆曲线地方法测设曲线上的里程桩。

2. 洞口掘进方向标定

隧道贯通的横向误差主要由测设隧道中线方向的精度所决定，而进洞时的方向尤为重要。因此，在隧道洞口，要埋设若干个固定点，将中线方向标定于地面上，作为开始掘进及以后洞内控制点联测的依据。如图 10-4 所示，用 1、2、3、4 号桩标定掘进方向。再在洞口点 A 和中线垂直的方向上埋设 5、6、7、8 号点桩作为校核。所有固定点应埋设在施工中不易受破坏的地方，并测定 A 点至 2、3、6、7 号点的平距。这样，在施工过程中，可以随时检查或恢复洞口控制点 A 的位置、进洞中线的方向和里程。

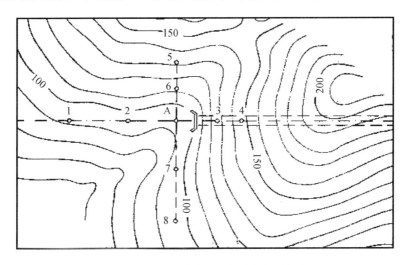

图 10-4　山区隧道洞口掘进方向的标定

3. 洞内施工点位高程测设

对于平洞，根据洞口水准点，用一般的水准测量方法，测设洞内施工点位的高程。对于深洞，则采用深基坑传递高程的方法，测设洞内施工点的高程。

(二) 竖井联系测量

在长隧道施工中,常用竖井在隧道中间增加掘进工作面,从多向同时掘进,以缩短贯通段的长度,提高工程进度。为了保证各相向开挖面能正确贯通,必须将地面控制网中的坐标、方向及高程,经由竖井传递到洞内,这些传递工作称为竖井联系测量,其中坐标和方向的传递称为竖井定向测量。

竖井联系测量可由导线测量、水准测量、三角高程测量完成,其测量工作分为平面联系测量和高程联系测量。定向方法有一井、两井、平(斜)峒定向和陀螺经纬仪定向。这里主要介绍一井定向。

1. 竖井定向测量

如图 10-5 所示,一井定向是在井筒内挂两条吊垂线,在地面根据近井控制点测定两吊垂线的坐标 x、y 及其连线的方位角。在井下,根据投影点的坐标及其连线的方位角,确定洞内导线点的起算坐标及方位角。一井定向分为投点和连接测量。

(1) 投点。投点就是由地面向井下投点,常用方法有单重稳定投点和单重摆动投点。投点设备包括垂球、钢丝和稳定垂球线的设备。

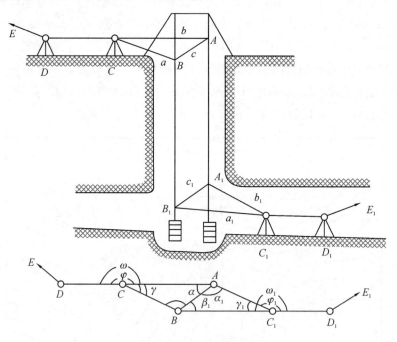

图 10-5 一竖井定向测量

(2) 连接测量。如图 10-5 所示,A、B 为井中悬挂的两极重锤线,C、C_1 为井上、井下定向联接点,从而形成了以 AB 为公共边的两个联系三角形 ABC 与 $A_1B_1C_1$,D 点坐标和方位角 α_{DE} 为已知。全站仪安置 C 点,精确观测连接角 ω、φ 和三角形 ABC 的内角 γ,用钢尺准确丈量 a、b、c,用正弦定律计算 α、β,根据 C 点坐标和 CD 方位角算得 A、B 的坐

标和 AB 方位角。在井下全站仪安置于 C_1 点，精确测量联接角 ω_1、φ_1 和井下三角形 ABC_1 内角 γ_1，丈量边长 a_1、b_1、c_1，按正弦定理可求得 α_1、β_1。在井下根据 B 点坐标和 AB 方位角便可推算 C_1、D_1 点的坐标及 D_1、E_1 的方位角。

2. 竖井高程传递

通过竖井传递高程的目的是将地面上水准点的高程传递到井下水准点上，建立井下高程控制系统，使地面和井下高程系统统一。

在传递高程时，应同时用两台水准仪、两根水准尺和一把钢尺进行观测，其布置如图 10－6 所示。将钢尺悬挂在架子上，其零端放入竖井中，并在该端挂一重锤（一般为 10 kg）。一台水准仪安置在地面上，另一台水准仪安置在隧道中。地面上水准仪在起始水准点 A 的水准尺上读取数 a，而在钢尺上读取数 a_1；洞内水准仪在钢尺上读取数 b_1，在水准点 B 的水准尺上读取读数 b。a_1 及 b_1 必须在同一时刻观测，而观测时应量取地面及洞内的温度。

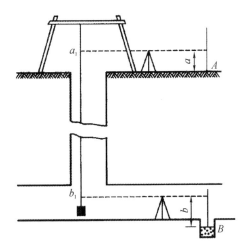

图 10－6　钢尺传递高程

在计算时，对钢尺要加入尺长、温度、垂直和自重等 4 项改正。前两项改正计算方法见第三章。用钢尺垂直悬挂传递高程与检定钢尺时钢尺的状态不同，因此，还要加入垂曲改正和由于钢尺自重而产生的伸长改正值。这时洞内水准点 B 的高程可用式(10－5)计算。

$$H_B = H_A + a - [(a_1 - b_1) + \Delta l_t + \Delta l_d + \Delta l_c + \Delta l_s] - b \qquad (10-5)$$

式中，Δl_t 为温度改正数；Δl_d 为尺长改正数；Δl_c 为垂曲改正数；Δl_s 为钢尺自重伸长值。Δl_c、Δl_s 按式(10－6)计算。

$$\Delta l_c = \frac{l(P - P_0)}{EF}, \quad \Delta l_s = \frac{\gamma \cdot l^2}{2E} \qquad (10-6)$$

式中，$l = a_1 - b_1$；P 为重锤质量，kg；P_0 为钢尺检定时的标准拉力，kg；E 为钢尺的材料弹性模量（一般为 2×10^6 kg/cm²）；F 为钢尺截面积，cm²；γ 为钢尺密度（一般取为 7.85 g/cm³）。

用全站仪测出井深 L_1，即可将高程导入洞内。如图 10-7 所示，将全站仪安置在井口一侧的地面上，在井口上方与测距仪等高处安置一直角棱镜将光线转折 90°，折射到井下平放的反射镜，测出全站仪至洞内反射镜的折线距离 L_1+L_2；在井口安置反射镜，测出距离 L_2。在分别测出井口和井下的反射镜与水准点 A、B 的高差 h_1、h_2，可求得 B 点的高程，即

$$H_B = H_A + a_1 - b_1 - L_1 + a_2 - b_2 \quad (10-7)$$

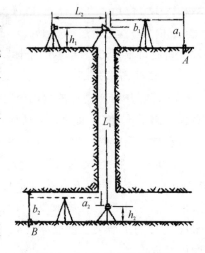

图 10-7　全站仪传递高程

三、洞内控制测量

为了保证隧道掘进方向的正确，并准确贯通，应进行洞内控制测量。由于隧道场地狭小，故洞内平面控制采用中线或导线两种形式。其目的是建立与地面控制测量相符的地下坐标系统，根据地下导线点坐标，放样出隧道中线，指导隧道开挖的方向，保证隧道贯通符合设计和规范要求。

(一) 地下中线形式

地下中线形式是指洞内不设导线，用中线控制点直接进行施工放样。测设中线点的距离和角度数据由理论坐标值反算，以规定的精度测设出新点，再将测设的新点重新测角、量距，算出实际的新点精确点位，和理论坐标相比较，若有差异，应将新点移到正确的中线位置上。这种方法一般用于较短的隧道。

(二) 地下导线形式

地下导线形式是指洞内控制依靠导线进行，施工放样用的中线点由导线测设，中线点的精度能满足局部地段施工要求即可。导线控制的方法较中线灵活，点位易于选择，测量工作也比较简单，而且具有多种检核方法；当组成导线闭合环时，角度经过平差，还可以提高点位的横向精度。导线控制方法适用于长隧道。

导线的起始点通常设在由地面控制测量测定隧道洞口的控制点上，其特点：它为隧道开挖进程向前延伸的支导线，沿坑道内敷设导线点选择余地小，而不可能将全部导线一次测完；导线的形状完全取决于坑道的形状；为了很好地控制贯通误差，应先敷设精度较低的施工导线，然后再敷设精度较高的基本控制导线，采取逐级控制和检核。导线点的埋石顶面应比洞内地面低 20～30 cm，上面加设护盖、填平地面，以免施工中遭受破坏。

由于地下导线布设成支导线，而且测一个新点后，中间要间断一段时间，所以当导线继续向前测量时，须先进行原测点检测。在直线隧道中，只进行角度检核；在曲线隧道中，还须检核边长，在有条件时，尽量构成闭合导线。

(三) 洞内中线测量

隧道洞内施工，是以中线为依据进行的。隧道衬砌后，两个边墙间隔的中心即为隧道中心。在直线部分则与线路中心重合；曲线部分由于隧道衬砌断面的内外侧加宽不

同,所以线路中心线就不是隧道中心线。当洞内测设导线之后,应根据导线点的实际坐标和中线点的理论坐标,反算出距离和角度,利用极坐标法,根据导线点测设出中线点。一般直线地段 150～200 m,曲线地段 60～100 m,应测设一个永久的中线点。

由导线建立新的中线点之后,还应将经纬仪(或全站仪)安置在已测设的中线点上,测出中线点之间的夹角,将实测的检查角与理论值相比较作为另一检核,确认无误即可挖坑埋入带金属标志的混凝土桩。

为了方便施工,可在近工作面处采用串线法确定开挖方向。先用正倒镜分中法延长直线在洞顶设置三个临时中线点,点间距不宜小于 5 m。定向时,一人在始点指挥,另一人在作业面上用红油漆标出中线位置。随着开挖面的不断向前推进,地下导线应按前述方法进行检查复核,不断修正开挖方向。

(四) 地下高程控制测量

当隧道洞内坡度小于 8°时,采用水准测量方法测量高程;当坡度大于 8°时,可采用三角高程方法测量高程。

随着隧道的掘进,结合洞内施工特点,可每隔 50 m 在地面上设置一个洞内高程控制点,也可埋设在洞壁上,亦可将导线点作为高程控制点。每隔 200～500 m 设立两个高程点以便检核。地下高程控制测量采用支水准路线测量时,必须往返观测进行检核,视线长度不宜大于 50 m,若有条件尽量闭合或附合,测量方法与地面基本相同。采用三角高程测量时,应进行对向观测,限差要求与洞外高程测量的要求相同。洞内高程点作为施工高程的依据,必须进行定期复测。

当隧道贯通之后,求出相向两支水准的高程贯通误差,并在未衬砌地段进行调整。所有开挖、衬砌工程应以调整后的高程指导施工。

第三节　隧道施工测量

一、隧道洞内中线和腰线测设

(一) 中线测设

根据隧道洞口中线控制桩和中线方向桩,在洞口开挖面上测设开挖中线,并逐步往洞内引测隧道中线上的里程桩。一般情况为隧道每掘进 20 m,要埋设一个中线里程桩。中线桩可以埋设在隧道的底部或顶部,如图 10-8 所示。

(二) 腰线测量

在隧道施工中,为了控制施工测量的标高和隧道横断面的放样,在隧道岩壁上,每隔一定的距离(5～10 m)测设出比洞底设计地坪高出 1 m 的标高线。腰线的高程由引测入洞内的施工水准点进行测设。由于隧道的纵段断有一定的设计坡度,因此,要先

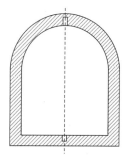

图 10-8　隧道中线桩

的高程按设计坡度随中线的里程而变化,它与隧道设计地坪高程线是平行的。

(三) 掘进方向指示

由于隧道洞内工作面狭小,光线暗淡,因此,在施工掘进的定向工作中,经常使用激光垂直经纬仪,用以指示中线和腰线的方向。它具有直观、对其他工序影响小、便于实现自动控制等优点。例如,采用机械化掘进设备,用固定在一定位置上的激光指向仪配以装在掘进机上的光电接收靶,在掘进机向前推进中,方向如果偏离了指向仪发出的激光束,则光电接收装置会自动指示出偏移方向及偏移值,为掘进机提供自动控制的信息。

二、隧道洞内施工导线测量和水准测量

1. 洞内导线测量

测设隧道中线时,通常每掘进 20 m 埋一中线桩,由于定线误差,所有中线桩不可能严格位于设计位置上。所以,隧道每掘进至一定长度(直线隧道约每隔 100 m,曲线隧道按通视条件尽可能放长),就应布设一个导线点,也可以利用原测设的导线桩作为导线点,作为洞内施工导线。导线观测需要用全站仪至少测量两个测回。洞内施工导线只能布置成支导线的形式,并随着隧道的掘进不断延伸。支导线缺少检核条件,观测应特别注意,导线的转折角应观测左角或右角,导线边长应往返测量。为了防止施工中可能发生的点位变动,导线必须定期复测,进行检核根据导线点的坐标来检查和调整中线桩位,随着隧道的掘进,导线测量必须及时跟上,以确保贯通精度。

2. 洞内水准测量

用洞内水准测量控制隧道施工的高程。隧道向前掘进,每隔 50 m 应设置一个洞内水准点,并据此测设中腰线。通常情况下,可利用导线点位作为水准点,也可降水准点埋设在洞顶或洞壁上,但都应力求稳固和便于观测。洞内水准测量均为支水准路线,除应往返观测外,还需经常进行复测。

三、盾构施工测量

盾构法隧道施工是一项综合性的施工技术,它是将隧道的定向掘进、土方和材料的运输、衬砌安装等各工种组合成一体的施工方法。其作业深度可以很深,不受地面建筑和交通的影响;机械化和自动化程度很高,是一种先进的隧道施工方法,广泛用于城市地下铁道、越江隧道等的施工中。

盾构的标准外形是圆筒形,也有矩形、半圆形、双圆筒形等与隧道断面一致的特殊形状。如图 10-9 所示为圆筒形盾构及隧道衬砌管片的纵剖面示意图。切削钻头是盾构掘进的前沿部分,利用沿盾构圆环四周均匀布置的推进千斤顶,顶住已拼装完成的衬砌管片(钢筋混凝土预制)向前推进,由激光指向仪控制盾构的推进方向。

盾构施工测量主要是控制盾构的位置和推进方向。利用洞内导线点和水准点测定盾构的三维空间位置和轴线方向,用激光经纬仪或激光指向仪指示推进方向,用千斤顶编组施以不同的推力,调整盾构的位置和推进方向(纠编)。盾构每推进一段,随即用预制的衬砌管片对隧道壁进行衬砌。

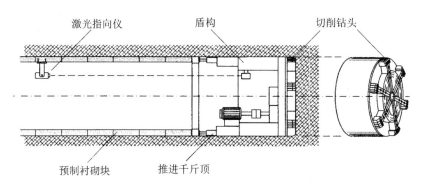

图 10-9　盾构掘进及隧道衬砌

四、竣工测量

隧道竣工后为了检查工程是否符合设计要求,并为设备安装和运营管理提供基础信息,需要进行竣工测量,绘制竣工图。由于隧道工程是在地下,因此,隧道竣工测量具有独特之处。

验收时,检测隧道中心线,在隧道直线段每隔 50 m、曲线段每隔 20 m 检测一点。地下永久性水准点至少设置两个,长隧道中,每千米设置一个。

隧道竣工图测绘中包括纵断面测量。纵断面应验中垂线方向测定地板和拱顶高度,每隔 10~20 m 测一点,绘出竣工纵断面图,在图上套画设计坡度线进行比较。直线隧道每隔 10 m,曲线隧道每隔 5 m 测一个横断面。横断面测量可以用直线坐标法或极坐标法。

如图 10-10(a)所示为用直角坐标法测量隧道竣工横断面。测量时,是以横断面上的中垂线为纵轴,量出起拱线为横轴,量出起拱线至拱顶的纵距 x_i 和中垂线至各点的垂线的横距 y_i,还要量出起拱线至底板中心的高度 h 等,依此绘制竣工横断面图。

如图 10-10(b)所示为用极坐标法测量隧道竣工横断面。用全站仪安置于需要测定的横断面上,并安置直角目镜,使能向隧道顶部观测。根据隧道中线定横断面方向,用极坐标法测定横断面上若干特征点的三维坐标,据此绘制竣工横断面图。

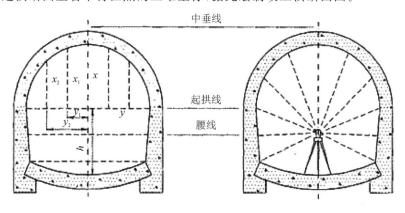

(a) 直角坐标法测量遂道　　　　　(b) 极坐标法测量遂道

图 10-10　隧道横断面测量组图

229

当隧道中线检测闭合后,在直线上每 200~500 m 处和曲线上的主点,均应埋设永久中线桩;洞内每 1 km 应埋设一个水准点。无论是中线点还是水准点,均应在隧道边墙上画出标志,以便以后养护维修时使用。

第四节 隧道贯通误差预计

一、概述

隧道施工难度大、进度慢,为了保证工程精度、加快施工进度,除了隧道进、出口两个开挖面外,还常采用横洞、斜井、竖井等方法增加开挖面。因此,无论是直线形隧道还是曲线形隧道,开挖总是沿线路中线不断向洞内延伸,因此,洞内线路中线位置测设的误差就会逐渐积累;另一方面,隧道施工时通常采用边开挖、边衬砌的方法,等到隧道贯通时未衬砌部分也所剩不多,故可进行中线调整的地段长度有限。因此,如何保证隧道在贯通时,两相向开挖的隧道在横向(线路水平方向)、纵向(线路走向方向)、高程(线路垂直方向)与设计值的偏差不超过规定的限值,就是隧道施工测量必须满足的基本要求。

在纵向方向所产生的贯通误差,一般对隧道施工质量不产生重要影响。隧道贯通对高程要求的精度,可以通过使用水准测量的方法较容易满足。而横向贯通误差(即线路中线方向的偏差)的大小,则直接影响隧道的建设质量,甚至可能导致隧道报废。因此,一般提到的隧道贯通误差主要是指隧道的横向贯通误差,其限差见表 10-1。

表 10-1 隧道贯通误差限制

两开挖洞口长度/km	<4	4~8	8~10	10~13	13~17	17~20
横向贯通误差/mm	100	150	200	300	400	500
高程贯通误差/mm	50					

二、横向贯通误差预计

影响隧道横向贯通误差的因素主要有洞外、洞内平面控制测量误差。通常,分别预计洞外、洞内平面控制测量产生的横向贯通误差,再计算洞外、洞内误差对隧道横向贯通精度的总影响。一般在隧道贯通面上产生的横向误差不应超过表 10-2 的规定。

表 10-2 洞外、洞内控制测量的精度要求

	横向贯通中误差						高程中误差/mm
两开挖洞口间长度/km	<4	4~8	8~10	10~13	13~17	17~20	
洞外/mm	30	45	60	90	120	150	18
洞内/mm	40	60	80	120	160	200	17
洞外、洞内总和/mm	50	75	100	150	200	250	25

例如,当采用导线作为平面控制网时,可按下列公式分别预计洞外、洞内平面控制测量造成的隧道横向贯通误差 M。

$$M = \sqrt{m_\beta^2 + m_D^2} \tag{10-8}$$

而
$$\left. \begin{aligned} m_\beta &= \frac{m}{\rho''}\sqrt{\sum R^2} \\ m_D &= \frac{m_l}{l}\sqrt{\sum d^2} \end{aligned} \right\} \tag{10-9}$$

式中,m_β 为由测角误差产生的隧道横向贯通误差,mm;m_D 为由测边误差产生的隧道横向贯通误差,mm;m 为由导线环闭合差求算的测角中误差,($''$);R 为导线环在隧道相邻两洞口连线上各点至贯通面的垂直距离,m;m_l/l 为导线边长相对中误差;d 为导线环在隧道相邻两洞口连线上各导线边在贯通面上的投影长度,m。

当地面控制测量采用边角网形式时,其横向误差的预计公式可参考有关规范,也可以利用导线形式的预计公式。预计的方法是选取边角网中沿中线附近的连续边作为一条导线进行预计,但在式(10-8)、式(10-9)中,m_β 为由边角网闭合差求算的测角中误差($''$);R 为所选边角网中连续传算边形成的导线点各转折点至贯通面的垂直距离;m_l/l 取边角网最弱边的相对中误差;d 为所选边角网中连续传算边形成的各边在贯通面上的投影长度。

目前,洞外、洞内控制测量误差对横向精度影响值的预计方法,即横向贯通误差通常采用专门软件进行预计。

第五节　桥梁控制测量

建造大中型桥梁时,因河道宽阔,桥墩在水中建造,墩台较高,基础较深,墩间跨距大,梁部结构复杂,因此,对桥轴线测设、墩台定位等要求精度较高。为此,需要在施工前布设平面控制网和高程控制网,用较精密的方法进行墩台定位和测设梁部结构。

一、平面控制测量

桥梁平面控制网的图形一般包括为含桥轴线的双三角形、具有对角线的四边形或双四边形,如图 10-11 所示,中点划线为桥轴线。如果桥梁有引桥,则平面控制网还应向两岸陆地延伸。

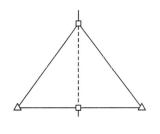 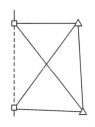 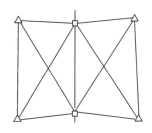

(a) 双三角形控制网　　(b) 四边形控制网　　(c) 双四边形控制网

图 10-11　桥梁平面控制网组图

桥梁平面控制网的观测可以采用常规测量的方法,挂侧平面控制网中的照度和变边长。最后计算各平面控制点(包括桥轴线点)的坐标。大型桥梁的平面控制网也可以采用全球定位系统(GPS)测量技术布设。

二、高程控制测量

桥梁高程控制网的布设一般是在桥址两岸设置一系列基本水准点和施工水准点,用精密水准测量连侧,组成桥梁高程控制网。当精密水准测量从河的一岸测到另一岸时,由于距离较长,使水准仪瞄准水准尺时读数困难,且前视距和后视距相差悬殊,使水准仪的 i 角误差(视准轴不平行于水准管轴)和地球曲率影响增大,此时需要过河水准测量的方法或三角高程测量对向观测的方法,以保证高程测量的精度。

(一) 过河水准测量

过河水准测量用两台水准仪同时作对向观测,两岸测站点和立尺点布置如图 10-12 所示。图中,A、B 为立尺点,C、D 为测站点,要求 AD 与 BC 距离基本相等,AC 与 BD 距离基本相等,构成对称图形,以抵消水准仪的 i 角误差和大气折光影响。

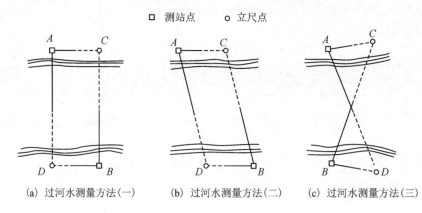

图 10-12 过河水准测量测站和立尺点布置组图

用两台水准仪作同时对向观测时,C 站先向本岸 A 点尺(近尺)读数 a_1;后向对岸 B 点尺(远尺)读数 2~4 次,取其平均数得 b_1;其高差为 $h_1=a_1-b_1$。此时,在 D 站上,同样先向本岸 B 点尺读数 b_2;后向对岸 A 点尺读数 2~4 次,取其平均数得 a_2,其高差为 $h_2=a_2-b_2$。取 h_1 和 h_2 的平均数,完成过河水准测量的一个测回。一般需进行 4 个测回。

由于过河观测的视线较长,远尺读数困难,可以自水准尺上安装一个能沿尺面上下移动的觇牌,如图 10-13 所示。由观测者根据水准仪的横丝指挥立尺者上下移动觇牌,使觇牌中部的横条或三角形图案被水准仪的横丝所平分,由立尺者根据觇牌中心孔的指标线在水准尺上读数。

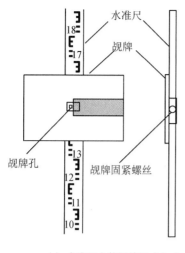

（a）水准尺上的觇牌形式（一）

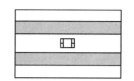

（b）水准尺上的觇牌形式（二）

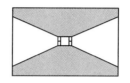

（c）水准尺上的觇牌形式（三）

图 10－13　水准尺上的觇牌组图

（二）三角高程测量

用电子全站仪光电测距三角高程测量。在河的两岸布置 A、B 两个临时水准点，在 A 点安装临时全站仪，量取仪高 i；在 B 点安置棱镜，量取棱镜高 l；全站仪瞄准棱镜中心，测得垂直角 α 和距离 S，计算出 A，B 点间的高差。由于过河的距离较长，高差测量受到地球曲率和大气垂直折光的影响，但是大气的结构在短时间内不会变化太大，因此。可以采用对向观测的方法，能有效地抵消地球曲率和大气折光影响。对向观测而方法如下：在 A 点观测完毕，将全站仪和棱镜的位置对调，用同样的方式再进行一次三角高程测量，取对向观测所得高差的平均值作为 A，B 点的高差。

第六节　桥梁施工测量

一、桥梁墩、台中心的测设

桥梁墩台定位测量，是桥梁施工测量中关键性工作。它是根据桥轴线控制点的里程和墩台中心的设计里程，以桥轴线控制点和平面控制点为依据，准确地放样出墩台中心位置和纵横轴线，以固定墩台位置和方向。若为曲线桥梁，其墩台中心不一定位于线路中线上，此时应考虑设计资料、曲线要素和主点里程等。直线桥梁墩台中心定位一般可采用下述方法。

（一）直接测距法

在河床干涸、浅水或水面较窄的河道，用钢尺可以跨越丈量时，可用钢尺直接丈量。如图 10－14 所示，根据桥轴线控制点 A、B 和各墩、台中心的里程，即可求得其间距离。其次使用检定过的钢尺，考虑尺长、温度、倾斜三项改正，采用第七章精密放样已知水平距离的方法,沿桥轴方向从一端测到另一端,依次放样出各墩台的中心位置。最后与 A、B 控制点闭合,并检核。经检核合格后,用大木桩加钉小铁钉标定于地上,定出各墩、台中心位置。亦可采用全站仪施放样墩、台中心位置。

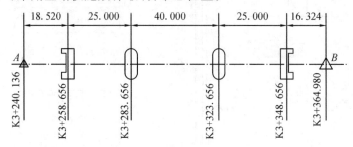

图 10-14　直接测距法(单位:m)

(二) 全站仪法

在墩台位置安置反射棱镜,可以采用坐标法放样墩台的中心位置。在设计图纸或文件中,一般给出了墩台中心的直角坐标,这时可应用全站仪的坐标放样功能直接放样。

由于在河道上或水中进行施工测量,立尺员跑尺困难,因此,免棱镜型全站仪已广泛应用到桥梁的施工测量中。

二、桥、梁、墩、台纵横轴线放样

在墩、台定位以后,还应放样墩台的纵横轴线,作为墩台细部放样的依据。直线桥的墩台的纵轴线是指过墩台中心平行于线路方向的轴线;曲线桥的墩台的纵轴线则为墩台中心处曲线的切线方向的轴线。墩台的横轴线是指过墩台中心与其纵轴线垂直(斜交桥则为与其纵轴线垂直方向成斜交角度)的轴线。

直线桥上各墩台的纵轴线为同一个方向,且与桥轴线重合,无需另行放样。墩、台的横轴线是过墩、台中心且与纵轴线垂直或与纵轴垂直方向成斜交角度的,放样时应在墩台中心架设全站仪,自桥轴线方向用正倒镜分中法放样 90°角或 90°减去斜交角度,即为横轴线方向。

由于在施工过程中需要经常恢复纵横轴线的位置,所以需要在基坑开挖线外 1~2 m处设置墩台纵、横轴线方向控制桩(即护桩),如图 10-15所示。它是施工中恢复墩台中心位置的依据,应妥善保存。墩台轴线的护桩在每侧应不小于两个,以便在墩台修出地面一定高度以后,在同一侧仍能用以恢复轴线。施工中常常在每侧设置三个护桩,以防止护桩被破坏;如果施工期限较长,应需固桩保护。位于水中的桥墩,如采用筑岛或围堰施工时,则可把轴线放样于岛上或围堰上。

在曲线桥上,若墩台中心位于路线中线上,则墩台

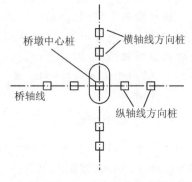

图 10-15　墩台轴线控制桩

的纵轴线为墩台中心曲线的切线方向,而横轴与纵轴垂直。如图 10-16 所示,假定相邻墩、台中心间曲线长度为 l,曲线半径为 R,则有

$$\frac{\alpha}{2} = \frac{180^\circ}{\pi} \cdot \frac{l}{2R} \tag{10-10}$$

放样时,在墩台中心安置全站仪,自相邻的墩台中心方向放样 $\alpha/2$ 角,即得纵轴线方向,自纵轴线方向再放样 90° 角,即得横轴线方向。若墩台中心位于路线中线外侧时,首先按上述方法测没中线上的切线方向和横轴线方向,其次根据设计资料给出的墩台中心外移值将放样的切线方向平移,即得墩台中心纵轴线方向。

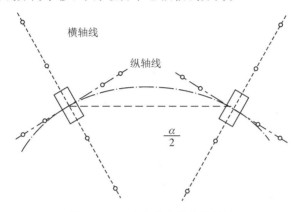

图 10-16 曲线墩台轴线控制桩

三、墩台施工放样

桥梁墩台主要由基础、墩台身、台帽或盖梁三部分组成,它的细部放样,是在实地标定好的墩位中心和桥墩纵、横轴线的基础上,根据施工的需要,按照施工图自下而上分阶段地将桥墩各部位尺寸放样到施工作业面上。

(一) 基础施工放样

桥梁基础通常采用明挖基础和桩基础。明挖基础的构造如图 10-17 所示。根据已经放样出的墩中心位置及纵、横轴线,基坑底部的长度和宽度及基坑深度、边坡,即可放样出基坑的边界线。边坡桩至墩、台轴线的距离 D 按式 (10-11) 计算。

$$D = \frac{b}{2} + l + m \cdot h \tag{10-11}$$

式中,b 为基础宽度;l 为预留工作宽度;m 为边坡坡度;h 为基底距地表的深度。

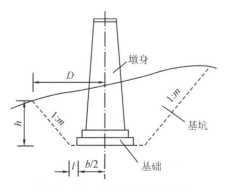

图 10-17 明挖基础基坑放样

桩基础可分为单桩和群桩,单桩的中心位置放样方法同墩台中心定位。群桩的构造如图 10-18(a) 所示,首先在基础下部打入一组基桩,其次在桩上灌注钢筋混凝土承台,使桩和承台连成一体,最后在承台以上浇筑墩身。基桩位置的放样如图 10-18(b) 所示,

它以墩台纵横轴线为坐标轴,按设计位置用直角坐标法放样逐桩桩位。

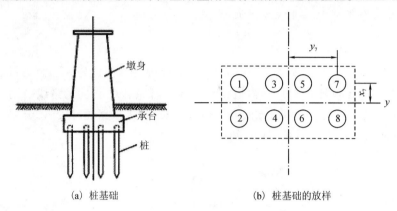

(a) 桩基础　　　　　　　(b) 桩基础的放样

图 10 - 18　桩基础施工放样组图

(二) 桥墩细部放样

基础完工后,应根据岸上水准基点检查基础顶面的高程。细部放样主要依据桥墩纵横轴线或轴线上的护桩逐层投测桥墩中心和轴线,再根据轴线设立模板,浇灌混凝土。

圆头墩身的放样如图 10 - 19 所示。设墩身某断面长度为 a、宽度为 b、圆头半径为 r,可以墩中 O 点为准,根据纵横轴线及相关尺寸,用直角坐标法可放样 I、K、P、Q 点和圆心 J 点。然后以 J 点为圆心,以半径 r 可放样圆弧上各点。同法放样出桥墩的另一端。

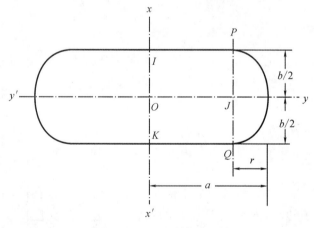

图 10 - 19　圆头墩身的放样

(三) 台帽与盖梁放样

墩台施工完成后,再投测出墩中心及纵横轴线,据此安装台帽或盖梁模板、设置锚栓孔、绑扎钢筋骨架等。在浇注台帽或盖梁前,必须对桥墩的中线、高程、拱座斜面及各部分尺寸进行恢复或复核,并准确地放样台帽或盖梁的中线及拱座预留孔(拱桥)。灌注台帽或盖梁至顶部时应埋入中心标及水准点各 1～2 个,中心标埋在桥中线上并与墩台中心呈对称位置。台帽或盖梁顶面水准点应从岸上水准点测定其高程,作为安装桥梁上部结构的依据。高程传递可采用悬挂钢尺的办法进行。

在施工过程中,由于跑模等因素的影响,不可避免地产生比测量本身大得多的施工误差,因此,台帽或盖梁施工完成之后,要全线检查桥梁的轴线偏差和高程施工误差,并在垫石上或其他构造物施工时给予调整,以保证梁体架设。

四、桥梁竣工测量与变形监测

1. 桥梁竣工测量

桥梁建设完成后,应对桥梁进行竣工测量。竣工测量的主要内容有测定桥梁中线,丈量跨径,丈量墩台(或塔、锚)各部分尺寸,检查桥面高程等。对于隐蔽且在竣工后无法测绘的部分工程,如墩台基础等必须在施工过程中随时测绘、记录及存档。

2. 桥梁变形监测

通过对桥梁进行变形监测与成果处理,可以获得桥梁的建造质量、受力情况、工作状况及结构安全性等方面的信息,同时也是研究桥梁结构设计合理性与使用安全性的重要评估依据。桥梁变形监测是对桥梁整体及部分结构的变形情况进行观测的过程。桥梁变形监测的主要内容包括桥梁挠度,桥面及梁拱线形,主缆线形,桥梁墩台的位移和沉降以及桥塔的倾斜及旋转等。一般要求建立多个稳固的变形监测基准点,然后观测重要构件相对于基准点的位移量。有关建筑物变形监测方法与数据处理内容详见本书第十一章。

复习思考题

(1)桥梁施工阶段的测量工作有哪些?

(2)桥梁平面控制网的布置有哪些形式?

(3)过河水准测量与一般水准测量有哪些不同?

(4)桥墩定位有哪几种方法?

(5)桥梁平面控制网布设如图 10-20 所示,A、B 为桥梁轴线点。已测定平面控制点 A、B、C、D 的坐标列于表 10-3。设计桥墩中心点 P_1、P_2 离 A 点的距离 D_1、D_2 分别为 36 m 和 96 m。

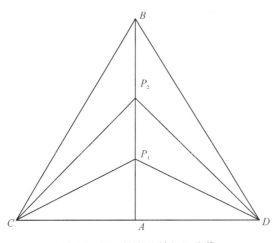

图 10-20 桥墩放样数据计算

①计算 P_1 和 P_2 点的坐标,填写于表 10-3;

②用全站仪放样 P_1 和 P_2 点的方法和步骤。

表 10-3　桥梁控制点及桥墩中心点坐标

点号	X/m	Y/m
A	500.000	500.000
B	629.203	528.659
C	509.494	386.266
D	492.643	581.964
P_1		
P_2		

(6) 在隧道测量中,布置地面平面控制网有哪几种形式?

(7) 设隧道施工的地面控制网如图 10-21 所示,A、B 为直线隧道的两个洞口点。控制网经过观测和计算,得到各点的平面坐标值如表 10-4 所示。

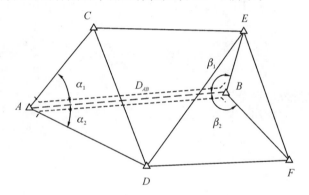

图 10-21　隧道施工平面控制网

表 10-4　隧道施工控制点坐标

点号	x/m	y/m
A	590.000	544.000
B	601.375	714.288
C	647.372	600.124
D	548.318	646.378
E	645.200	730.178
F	553.278	769.300

①计算隧道两洞口点 A、B 间的中轴长度 D_{AB}。

②计算从洞口点指示掘进方向的 α_1、α_2、β_1、β_2 的水平角值。

计算结果填写于表 10-5。

表 10‐5　隧道轴线测设数据计算

边号	坐标增量		边长 D/m	方位角	交会角度	角号
	$\Delta y/m$	$\Delta y/m$				
AB						
AC						α_1
AD						α_2
BA						
BE						β_1
BF						β_2

（8）如何进行竖井联系测量？

（9）隧道施工测量有哪些主要内容？

（10）桥梁施工控制网有什么特点？如何建立？

（11）桥梁施工测量的基本内容？

（12）为什么要进行隧道地面和洞内的联系测量？

第十一章 工程建设中变形监测

第一节 概　述

一、变形、变形体与变形监测

变形是自然界中普遍存在的现象,它是指变形体在各种载荷作用下,其形状、大小及位置在时间和空间中的变化。变形体的变形在一定范围内被认为是允许的,如果超出允许值,则可能造成破坏或引发灾害,例如地震、滑坡、岩崩、地表沉陷、溃坝、桥梁与建筑物倒塌等。

变形体一般包括工程建筑物、机器设备及其他与工程有关的自然或人工对象。在工程变形监测中,最具有代表性的变形体主要有大坝、桥梁、矿区地表、高层建筑物、边坡、公路、铁路、隧道和基坑等。通常,变形体用一定数量的有代表性的位于变形体上的离散点(又称监测点或目标点,或观测点)来代表。监测点的空间位置变化可以用来描述变形体的变形。监测点要求与建筑物牢固地连在一起,以保证它与建筑物一起变化。监测点的位置和数量,要能够全面反映建筑物变形的情况,并要顾及到观测的方便。

变形监测(或变形观测)就是利用测量方法或专用仪器,对变形体的变形现象进行监视观测的工作,其任务是确定在各种载荷和外力作用下,变形体的形状、大小和位置变化的空间和时间特征。

建筑物变形的主要表现形式有水平位移、垂直位移、倾斜、扭转、裂缝和坍塌等。

二、变形监测的内容和作用

建筑物变形监测的内容,应根据变形体的性质和地基情况及监测的目的而定,应有明确的针对性,既要有重点,又要作全面考虑,以便能正确地反映变形体的变化情况,达到监测变形体、了解其变形规律的目的。

变形监测的内容主要有垂直位移、水平位移、倾斜、扭转、挠度和裂缝等。垂直位移(也称沉降)是指建筑物在铅垂方向上的位置变化;水平位移是指建筑物在平面上的位置变化,它可分到某些特定方向;倾斜通常是指高大建筑物顶部相对于底部的水平位移;扭转是指高大建筑物顶部相对于底部的旋转变形;挠度是指建筑物在水平方向或竖直方向上的弯曲,例如桥的梁在中间会产生向下弯曲,高大建筑物会产生侧向弯曲;当建筑物的变形足够大而其整体性受到破坏时,就会产生裂缝,甚至垮塌。

建筑物变形监测的作用主要表现在以下两方面。

（1）保障工程施工和运营安全。监测各种工程建筑物、机器设备及与工程有关的地质构造的变形，及时发现异常变化，对其稳定性、安全性做出科学合理的判断，以便采取工程措施及时处置，达到防止事故发生的目的。

（2）进行科学评估与决策。积累监测分析资料，能够更好地解释变形的机理，验证变形的假设，为研究灾害预报的理论和方法服务，同时可检验工程设计的理论是否正确，设计是否合理，建设质量是否达标，以便为以后修改设计、制定设计规范基础。

三、变形监测的精度和频率

通常，变形监测比其他测量工作的精度要求高，通常要求≤1 mm。如果变形监测精度要求过高，则使测量工作难度和费用过高；而精度过低又会使测量误差与变形值接近，难以得出正确结论。因此，变形监测的精度取决于变形的大小、速率、仪器和方法所能达到的实际精度及变形监测目的。

如果变形监测是为了使变形值不超过建筑物允许变形值，则变形监测误差应小于建筑物允许变形值的 $1/20 \sim 1/10$；如果目的是为了研究变形的规律，则变形监测精度应尽可能高些，因为精度的高低会影响观测成果的可靠性。

变形监测的频率取决于变形大小、速度及监测目的，且与工程的类型、规模、监测点数量及观测一次所需的时间有关。在工程建设初期，变形量大、速度变化快，因此，观测频率应高一些；随着建筑物趋向稳定，可以适当减少观测次数，但仍应坚持长期观测，以便能及时发现异常变化。

变形观测的周期（即第一次观测时间、最后一次观测时间及观测总次数等）以能够系统反映建筑物变形过程为原则，并综合考虑单位时间内变形量的大小、变形特征、观测精度要求及外界因素的影响情况等。第一周期（次）的观测具有重要意义，应特别重视其观测质量，通常是各周期与第一周期的观测值进行比较得到建筑物变形量。第一周期和最后一个周期的观测应独立进行两次，并分别取两次成果的中数作为变形监测的初始值和最终值。一个观测周期的观测应在较短时间内完成。不同周期观测时应尽量利用相同的观测网形、观测路线、观测方法、测量仪器及设备。对于较高精度要求的变形监测，甚至应固定观测人员、选择最佳观测时段，在相同的环境和条件下观测。

四、变形监测的特点

与一般的测量工作相比，变形监测具有以下特点：

1. 观测精度要求高

由于变形观测的结果直接关系到建筑物的安全，影响对变形原因和变形规律的正确分析，和其他测量工作相比，变形观测必须具有很高的精度。典型的变形观测精度要求是毫米级，有的甚至是亚毫米。

2. 需要重复观测

建筑物由于各种原因产生的变形都有个时间效应。计算其变形量最简单、最基本的方法是计算建筑物上同一点在不同时间的坐标差和高程差。这就要求变形观测必须依一定的时间周期进行重复观测,时间跨度大。重复观测的周期取决于观测的目的、预计的变形量的大小和速率。

3. 要求采用严密的数据处理方法

建筑物的变形一般都较小,有时甚至与观测精度处在同一个数量级;同时,大量重复观测使原始数据增多。要从不同时期的大量数据中,精确确定变形信息,必须采用严密的数据处理方法。

五、变形监测的基本方法

变形监测方法可分为四类。

第一类:常规大地测量方法,包括几何水准测量、三角高程测量、三角(边)测量、导线测量、交会法等。这类方法的测量精度高、应用灵活,适用于不同变形体和不同的工作环境,但野外工作量大,不易实现自动和连续监测。

第二类:摄影测量方法,包括近景摄影测量。它可以同时测量许多点子,作大面积的复测,尤其适用于动态式的变形体观测,外业简单,但精度较低。

第三类:专门测量方法,或称物理仪器法,包括各种准直测量(激光准直系统具有代表性)、倾斜仪观测、流体静力水准测量系统及应变计测量等。用专门测量手段的最大优点是容易实现连续自动监测及遥测,且相对精度高,但测量范围不大,提供的是局部变形的信息。

第四类:空间测量技术,包括甚长基线干涉测量(VLBI)、卫星激光测距、全球定位系统(GPS)等。空间测量技术先进,可以提供大范围的变形信息,是研究地壳形变及地表下沉等全球性变形的主要手段。

工程建筑物变形观测的具体方法,要根据建筑物的性质、使用情况、观测精度、周围的环境以及对观测的要求来选定。在实际工作中,设计变形观测方案时应综合考虑各种测量方法的应用,互相取长补短。

六、变形监测系统

建筑物变形观测的实质是定期地对建筑物的有关几何量进行测量,并从中整理、分析出变形规律。其基本原理是在建筑物上选择一定数量的有代表性的点,通过对这些点的重复观测来求出几何量的变化。

变形观测的测量点可分为基准点、工作点和观测点三类。

在建筑物变形监测过程中,位于变形影响区域外、能够长时间保持稳定不动的点位,可作为建筑物是否发生变形的参考点,称为变形监测的基准点。基准点的数目一般不少于三个,通常布设在远离变形区域,或在变形影响区域内深埋至基岩。

对于一些特大型工程,基准点距离变形监测点较远,无法直接利用基准点对监测点进行观测,所以还要在监测点附近相对稳定的地方,设立一些可以用来直接对监测点进行观测的控制点作为工作基点。由于工作基点也有一定的变形,因此,应根据基准点定期进行检测。

位于建筑物上的能准确反映建筑物变形,并作为照准标志的点,称为"观测点"。

一般地,由基准点、工作点、观测点构成的观测系统叫作"变形监测系统"。

第二节　沉降观测

一、沉降观测的意义

在工业与民用建筑中,为了掌握建筑物的沉降情况,及时发现对建筑物不利的下沉现象,以便采取措施,保证建筑物安全使用,同时也为今后合理的设计提供资料,因此,在建筑物施工过程中和投入使用后,必须进行沉降观测。

下列建筑物和构筑物应进行系统的沉降观测:高层建筑物,重要厂房的柱基及主要设备基础,连续性生产和受震动较大的设备基础,工业炉(如炼钢的高炉等),高大的构筑物(如水塔、烟囱等),人工加固的地基,回填土,地下水位较高或大孔性土地基的建筑物等。

二、高程基准点和沉降观测点的设置

1. 水准点的布设

建筑物的沉降观测是依据埋设在建筑物附近的水准点进行的,为了相互校核并防止由于某个水准点的高程变动造成差错,一般至少埋设三个水准点。它们埋在建筑物或构筑物基础压力影响范围以外,锻锤、轧钢机、铁路、公路等震动影响范围以外,离开地下管道至少5 m多埋设深度,至少要在冰冻线及地下水位变化范围以下0.5 m。水准点离开观测点不要太远(不应大于100 m),以便提高沉降观测的精度。

2. 沉降观测点

观测点的数目和位置应能全面正确反映建筑物沉降的情况,这与建筑物的大小、荷重等基础形式和地质条件等有关。一般来说,在民用建筑中,沿房屋的周围每隔6~12 m设立一点。另外,在房屋转角及沉降缝两侧也应布设观测点。当房屋宽度大于15 m时,还应在房屋内部纵轴线上和楼梯间布置观测点。在工业厂房中,除承重墙及厂房转角处设立观测点外,在最容易沉降变形的地方,如设备基础、柱子基础、伸缩缝两旁、基础形式改变处,地质条件改变处等也应设立观测点。高大圆形烟囱、水塔或配煤罐等,可在其周围或轴线上布置观测点,如图11-1所示。

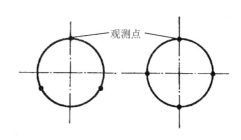

图11-1　观测点

观测点的标志形式,如图 11-2 和图 11-3 所示。图 11-2 为墙上观测点,图 11-3 为钢筋混凝土柱上的观测点,为基础上的观测点。

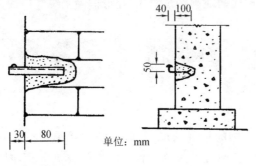
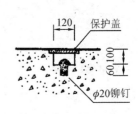

单位: mm

图 11-2 墙上观测点标志　　　　图 11-3 基础上观测点标志

三、沉降观测的时间

一般在增加较大荷重之后(如浇灌基础,回填土,安装柱子和厂房屋架,砌筑砖墙,设备安装,设备运转,烟囱高度每增加 15 m 左右等)要进行沉降观测。施工中,如果中途停工时间较长,应在停工时和复工前进行观测。当基础附近地面荷重突然增加,周围大量积水暴雨及地震后,或周围大量挖方等,均应观测。竣工后要按沉降量的大小,定期进行观测。开始可隔 1~2 个月观测一次,以每次沉降量在 5~10 mm 以内为限度,否则要增加观测次数。以后,随着沉降量的减小,可逐渐延长观测周期,直至沉降稳定为止。

四、沉降监测

沉降观测实质上是根据水准点用精密水准仪定期进行水准测量,测出建筑物上观测点的高程,从而计算其下沉量。

水准点是测量观测点沉降量的高程控制点,应经常检测水准点高程有无变动。测定时一般应用 DS1 级水准仪往返观测。对于连续生产的设备基础和动力设备基础,高层钢筋混凝土框架结构及地基土质不均匀区的重要建筑物,往返观测水准点间的高差,其较差不应超过 $\sqrt{n}$ mm(n 为测站数)。观测应在成像清晰稳定的时间内进行,同时应尽量在不转站的情况下测出各观测点的高程,以便保证精度。前后视观测最好用同一根水准尺,水准尺离仪器的距离不应超过 50 m,并用皮尺丈量,使之大致相等。测完观测点后,必须再次后视水准尺,先后两次后视读数之差不应超过 1 mm。对一般厂房的基础或构筑物,往返观测水准点的高差较差不应超过 $2\sqrt{n}$ mm,同一后视点先后两次后视读数之差不应超过 2 mm。

沉降监测精度等级及主要技术见表 11-1 和表 11-2。

表 11 - 1 垂直位移监测网的主要技术要求

等级	相邻基准点高差中误差/mm	每站高差中误差/mm	往返较差、附合或环线闭合差/mm	检测已测高差较差/mm	使用仪器、观测方法及要求
一等	0.3	0.07	$0.15\sqrt{n}$	$0.2\sqrt{n}$	DS05 型仪器,视线长度≤15 m,前后视距差≤0.3 m,视距累计差≤1.5 m,宜按国家一等水准测量的技术要求施测
二等	0.5	0.13	$0.30\sqrt{n}$	$0.5\sqrt{n}$	DS05 型仪器,宜按国家一等水准测量的技术要求施测
三等	1.0	0.30	$0.60\sqrt{n}$	$0.8\sqrt{n}$	DS05 或 DS1 型仪器,宜按国家二等水准测量的技术要求施测
四等	2.0	0.70	$1.40\sqrt{n}$	$2.0\sqrt{n}$	DS05 或 DS1 型仪器,宜按国家三等水准测量的技术要求施测

注:n 为测段的测站数。

表 11 - 2 变形点垂直位移观测的精度要求和观测方法

等级	高程中误差/mm	相邻点高差中误差/mm	观测方法	往返较差、附合或环线闭合差/mm
一等	0.3	0.15	除按国家一等水准测量的技术要求施测外,尚需设双转点,视线≤15 m,前后视距差≤0.3 m,视距累计差≤1.5 m	≤$0.15\sqrt{n}$
二等	0.5	030	按国家一等水准测量的技术要求施测	≤$0.30\sqrt{n}$
三等	1.0	0.50	按国家二等水准测量的技术要求施测	≤$0.60\sqrt{n}$
四等	2.0	1.00	按国家三等水准测量的技术要求施测	≤$1.40\sqrt{n}$

注:n 为测段的测站数

由于变形观测是多周期的重复观测,且精度要求较高,为了避免误差的影响,尚需注意以下各点:

(1)设置固定的测站与转点,使每次观测在固定的位置上进行。

(2)人员固定,以减少人差的影响。

(3)使用固定的仪器和水准尺,以减少仪器误差的影响。

五、沉降监测技术设计

在接到建筑物沉降监测任务后,应该到相关部门收集有关的资料,包括建筑物设计图纸、地勘报告、基础平面布置图等,并进行以下内容的沉降监测技术设计:工程概括、沉降监测的任务和目的等;沉降监测的技术依据;沉降监测的方法设计;沉降监测的仪器和精度设计;沉降监测的周期设计;沉降监测的数据处理方法设计;沉降监测结束后应提交

的成果资料。

六、沉降监测的周期

当确定沉降监测的周期时,应考虑以下方面的因素。

(1)开始时期。在基础完工后或地下室砌完后开始观测,大型、高层建筑可在基础垫层或基础底部完成后开始观测;第一次观测应在监测点稳固后进行,之后每施工二层或三层观测一次直至结构封顶。

(2)中间时期。观测次数与间隔时间应视地基与加荷情况而定,民用高层建筑可每加高 1~3 层观测一次,工业建筑可按回填基坑、安装柱子和房架、砌筑墙体、设备安装等不同施工阶段分别进行观测;若建筑施工均匀增高,应至少在增加荷载的 25%、50%、75% 和 100% 时各测一次。

(3)暂停时期。施工过程若暂时停工,在停工时及重新开工时应各观测一次;停工期间可每隔 2~3 个月观测一次。

(4)收尾时期。在楼房内外墙施工和装修期间,应每个月观测一次,当建筑物沉降速率在 100 天内小于 0.01~0.04 mm/d 时,可以认为该建筑物基础已经处于稳定阶段,此时可以停止监测。

此外,基准点也应每一个月复测一次,以保证基准点的稳定性。

七、成果整理

每次观测结束后,应检查记录中的数据和计算是否准确,各项误差是否在允许限度内,把各次观测点的高程列入成果表中,并计算再次观测之间的沉降量和累积沉降量,同时注明观测日期和荷重情况。为了更清楚地反应沉降、荷重、时间三者的关系,可绘制沉降—荷重—时间关系曲线图,如图 11-4 所示。

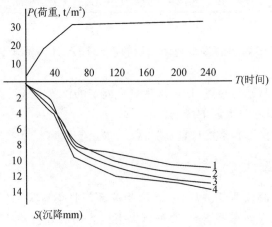

图 11-4　建筑物沉降-荷重-时间关系曲线

八、沉降观测的注意事项

（1）在施工期间，经常遇到的是沉降观测点被毁，为此一方面可以适当地加密沉降观测点，对重要的位置如建筑物的四角可布置双点；另一方面观测人员应经常注意观测点变动情况，如有损坏及时设置新的观测点。

（2）建筑物的沉降量一般应随着荷重的加大及时间的延长而增加，但有时却出现回升现象，这时需要具体分析回升现象的原因。

（3）建筑物的沉降观测是一项较长期的系统的观测工作，为了保证获得资料的正确性，应尽可能地固定观测人员，固定所用的水准仪和水准尺，按规定日期、方式及路线从固定的水准点出发进行观测。

第三节　水平位移观测

工程建筑物平面位置随时间而发生的移动称为水平移动，简称位移。水平位移监测应测定在平面位置上随时间变化的位移量和位移速度。通常位移可能产生在任意方向上，但有时只要求测定在某方向上的位移量，例如，水库大坝要求测定在水压力方向上的位移量。位移观测的方法有很多，可根据工程建筑物的类型、结构特点和具体的观测要求选用。水平位移计算时，按每周期计算监测点的坐标值，再以相邻两周期的坐标差作为该监测点的水平位移。

一、水平位移监测的一般规定

（1）水平位移监测应根据建筑的特点和施测要求做好监测方案和技术准备工作，并取得委托方及有关人员的配合。

（2）位移监测点的标志应牢固，位置应选在建筑物墙角、柱基及裂缝两边，或管线的中间部位，对于护坡工程可按坡面成排布置。每次水平位移变形监测应利用相同的观测方法、精度、仪器、设备、观测人员及基本相同的外界条件。

（3）应设置平面基准点，并满足下列规定：基准点不少于 3 个，便于检核。

（4）建筑物地滑坡监测点宜设置在滑坡边界、滑动量较大、滑动速度较快的轴线方向和滑坡前沿区等部位，监测点埋设深度不应小于 1 m；水坝监测点宜沿坝轴线布设，相对于工作基点的坐标中误差：中型混凝土坝不应超过 1 mm，小型混凝土坝不应超过 2 mm；中型土石坝不应超过 3 mm，小型土石坝不应超过 5 mm。

二、水平位移监测的技术设计与精度

建筑物水平位移监测的技术设计内容主要包括工程概括、水平位移监测的任务和目的等；水平位移监测的技术依据；水平位移监测的方法、仪器及精度；水平位移监测的精度设计；水平位移监测的周期设计；水平位移监测的数据处理方法设计；水平位移监测结束后应提交的成果资料。水平位移监测的精度规定见表 11 - 3。

表 11-3　水平位移监测的精度等级及要求

变形监测等级	水平位移监测点位中误差/mm	适用范围
一等	1.5	变形特别敏感的高层建筑、工业建筑、高耸构筑物、重要古建筑、精密工程设施等
二等	3.0	变形比较敏感的高层建筑、高耸构筑物、古建筑、重要工程设施和重要建筑场地的滑坡监测等
三等	6.0	一般性的高层建筑、工业建筑、高耸构筑物、滑坡检测等
四等	12.0	观测精度要求较低的建筑物、构筑物和滑坡监测等

三、水平位移监测方法

水平位移观测的平面位置是依据水平位移监测网，或称平面控制网。根据建筑物的结构形式、已有设备和具体条件，可采用三角网、导线网、边角网、三边网和视准线等形式。在采用视准线时，为能发现端点是否产生位移，还应在两端分别建立检核点。

为了方便，水平位移监测网通常都采用独立坐标系统。例如大坝、桥梁等往往以它的轴线方向作为 x 轴，而 y 坐标的变化，即是它的侧向位移。为使各控制点的精度一致，都采用一次布网。

监测网的精度，应能满足变形点观测精度的要求。在设计监测网时，要根据变形点的观测精度，预估对监测网的精度要求，并选择适宜的观测等级和方法。水平位移监测网的等级和主要技术要求见表 11-4。

表 11-4　水平位移监测网的主要技术要求

等级	相邻基准点的点位中误差/mm	平均边长/m	测角中误差/″	最弱边相对中误差	作业要求
一等	1.5	<300	0.7	≤1/250 000	按国家一等三角要求施测
		<150	1.0	≤1/120 000	按国家二等三角要求施测
二等	3.0	<300	1.0	≤1/120 000	按国家二等三角要求施测
		<150	1.8	≤1/70 000	按国家三等三角要求施测
三等	6.0	<350	1.8	≤1/70 000	按国家三等三角要求施测
		<200	2.5	≤1/40 000	按国家四等三角要求施测
四等	12.0	<400	2.5	≤1/40 000	按国家四等三角要求施测

变形点的水平位移观测有多种方法，最常用的有测角交会、后方交会、极坐标法、导线法、视准线法、引张线法等，宜根据条件，选用适当的方法。

1. 测角前方交会

通常,当监测点多且不便于安置仪器时,多采用测角前方交会法。当监测点少且便于安置仪器时,多采用测角后方交会法。如图 11-5 所示,A、B 为平面基准点,P 为变形点,由于 A、B 的坐标为已知,在观测了水平角 α、β 后,即可依下式求算 P 点的坐标。

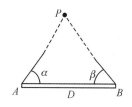

图 11-5 测角前方交会法示意

$$\left.\begin{array}{l} x_p = \dfrac{x_A \cot\beta + x_B \cot\alpha - y_A + y_B}{\cot\alpha + \cot\beta} \\[3mm] y_p = \dfrac{y_A \cot\beta + y_B \cot\alpha + x_A - x_B}{\cot\alpha + \cot\beta} \end{array}\right\} \quad (11-1)$$

点位中误差 m_p 的估算公式为

$$m_p = \frac{m''_\beta D}{\rho'' \sin^2(\alpha+\beta)} \sqrt{\sin^2\alpha + \sin^2\beta} \quad (11-2)$$

式中,m''_β 为测角中误差;D 为两已知点间的距离;ρ'' 为 206 265″。

采用这种方法时,交会角宜在 60°至 120°之间,以保证交会精度。

2. 极坐标法

在全站仪出现以后,这种方法用得比较广泛,只要在变形点上可以安置反光镜,且与基准点通视即可。如图 11-6 所示,A、B 为基准点,其坐标已知,P 为变形点,当测出 α 及 D 以后,即可据以求出 P 点的坐标,由于计算方法简单,不再进行说明。

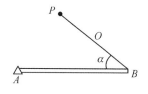

图 11-6 极坐标法示意

点位中误差的估算公式为

$$m_p = \sqrt{m_D^2 + \left(\frac{m_\alpha}{\rho}D\right)^2} \quad (11-3)$$

3. 导线法

当相邻的变形点间可以通视,且在变形点上可以安置仪器进行测角、测距时,可采用这种方法。通过各次观测所得的坐标值进行比较,便可得出点位位移的大小和方向。这种方法多用于非直线型建筑物的水平位移观测,如对弧形拱坝和曲线桥的水平位移观测。

4. 视准线法

这种方法适用于变形方向为已知的线形建(构)筑物,是水坝、桥梁等常用的方法。如图 11-7 所示,视准线的两个端点 A、B 为基准点,变形点 1、2、3…,等布设在 AB 的连线上,其偏差不宜超过 2 cm。变形点相对于视准线偏移量的变化,即是建(构)筑物在垂

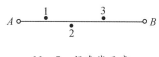

11-7 视准线示意

直于视准点方向上的位移。量测偏移量的设备为活动觇牌,其构造如图 11-8 所示。觇牌图案可以左右移动,移动量可在刻划上读出。当图案中心与竖轴中心重合时,其读数应为零,这一位置称为零位。

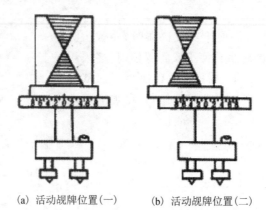

(a) 活动觇牌位置(一)　　(b) 活动觇牌位置(二)

图 11-8　活动觇牌示意组图

观测时在视准线的一端架设经纬仪,照准另一端的观测标志,这时的视线称为视准线。将活动觇牌安置在变形点上,左右移动觇牌的图案,直至图案中心位于视准线上,这时的读数即为变形点相对视准线的偏移量。不同周期所得偏移量的变化,即为其变形值。与此法类似的还有激光准直法,就是用激光光束代替经纬仪的视准线。

5. 引张线法

引张线法的工作原理与视准线法类似,但要求在无风及没有干扰的条件下工作,所以在大坝廊道里进行水平位移观测采用较多。所不同的,是在两个端点间引张一根直径为 0.8 mm 至 1 mm 的钢丝,以代替视准线。采用这种方法的两个端点应基本等高,上面要安置控制引张线位置的"V"形槽及施加拉力的设备。中间各变形点与端点基本等高,在上面与引张线垂直的方向上水平安置刻划尺;以读出引张线在刻划尺上的读数。不同周期观测时尺上读数的变化,即为变形点与引张线垂直方向上的位移值。

四、水平位移监测成果整理

1. 水平位移监测数据处理

每周期水平位移变形监测结束后,应对获得的观测数据及时进行处理,计算水平位移变形量。一般而言,水平位移监测的数据处理包括水平位移外业数据观测数据的检核及其精度评定、本周期水平位移监测计算、各周期水平位移监测成果的汇总整理、工作基点和监测点的稳定性分析及各监测点水平位移曲线图绘制等。

2. 水平位移监测的成果整理和应提交的成果资料

水平位移外业观测和内业计算结束后,应将各周期水平位移成果数据进行汇总,并绘制各监测点的水平位移曲线图。

建筑物的水平位移监测工作全部完成后,应提交以下的成果资料和图标:工程平面布置图及其基准点、工作基点分布图;水平位移监测点编号及其点位分布图;水平位移监测各周期成果汇总表;各监测点水平位移变形过程曲线图;水平位移监测的技术总结报告等。

第四节　建筑物的倾斜监测

　　监测是各种高层建筑物变形测量的主要内容之一,它分为相对于水平面的倾斜测量和相当于垂直面的倾斜测量两类。

　　一些高耸建(构)筑物,如电视塔、烟囱、高桥墩、高层楼房等,往往会发生倾斜。倾斜度用顶部的水平位移值 K 与高度 h 之比表示,即

$$i = \frac{K}{h} \qquad (11-4)$$

　　一般倾斜度用测定的 K 及 h 求算,如果确信建筑物是刚性的,也可以通过测定基础不同部位的高程变化来间接求算。

　　高度 h 可用悬吊钢尺测出,也可用三角高程法测出。

　　顶部点的水平位移值,可用前方交会及建立垂准线的方法测出。

　　1. 前方交会法

　　对烟囱等进行倾斜变形监测时,应测定其顶部几何中心的水平位移,如图 11-9 所示。P、Q 分别为烟囱底部、顶部的中心位置,A、B 为两基准点,并使 AQ、BQ 方向大致垂直。监测方法如下:

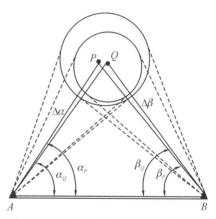

　　(1) 在 A 点安置仪器,观测烟囱底部相切两方向并取平均值得 α_P,同法观测顶部得 α_Q。

　　(2) 在 B 点安置仪器,同样观测烟囱底、顶部后得到 β_P、β_Q。

　　(3) 计算烟囱偏移量。先计算 $\Delta_\alpha = \alpha_Q - \alpha_P$,$\Delta\beta = \beta_Q - \beta_P$,则可计算出垂直于 AP、BP 方向的偏移量 e_A、e_B 及烟囱偏移量 e:

图 11-9　前方交会法倾斜监测示意

$$e_A = \frac{\Delta\alpha}{\rho}(D_A + R), \quad e_B = \frac{\Delta\beta}{\rho}(D_B + R)$$

$$e = \sqrt{e_A^2 + e_B^2}$$

式中,R 为烟囱底部半径(可量出底部周长后求得);D_A、D_B 分别为沿 AP、BP 方向量出到烟囱外的距离。

　　2. 垂准线法

　　垂准线的建立,可以利用悬吊垂球,也可以利用铅垂仪(或称垂准仪)。利用垂球时,是在高处的某点,如墙角、建筑物的几何中心处悬挂垂球,垂球线的长度应使垂球尖端刚刚不与底部接触,用尺子量出垂球尖至高处该点在底部的理论投影位置的距离,即为高处该点的水平位移值。

铅垂仪的构造如图 11-10 所示,当仪器整平后,即形成一条铅垂视线。如果在目镜处加装一个激光器,则形成一条铅垂的可见光束,称为激光铅垂线。观测时,在低部安置仪器,而在顶部量取相应点的偏移距离。

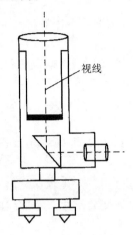

图 11-10　光学铅垂仪示意

第五节　挠度监测

所谓挠度,是指建(构)筑物或其构件在水平方向或竖直方向上的弯曲值。例如,桥的梁部在中间会产生向下弯曲,高耸建筑物会产生侧向弯曲。

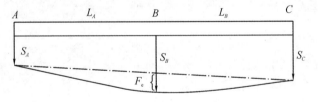

图 11-11　挠度观测示意

图 11-11 所示的是对梁进行挠度观测的例子。在梁的两端及中部设置三个变形观测点 A、B 及 C,定期对这三个点进行沉降观测,即可依下式计算各期相对于首期的挠度值:

$$F_e = (s_B - s_A) - \frac{L_A}{L_A + L_B}(s_C - s_A) \tag{11-5}$$

式中,L_A、L_B 为观测点间的距离;S_A、S_B、S_C 为观测点的沉降量。

沉降观测的方法可用水准测量,如果由于结构或其他原因,无法采用水准测量时,也可采用三角高程的方法。

桥梁在动荷载(如列车行驶在桥上)作用下会产生弹性挠度,即列车通过后,立即恢复原状,这就要求在挠度最大时测定其变形值。为能测得其瞬时值,可在地面架设测距仪,用三角高程法观测,也可利用近景摄影测量法测定。

对高耸建(构)筑物竖直方向的挠度观测,是测定在不同高度上的几何中心或棱边等特殊点相对于底部几何中心或相应点的水平位移,并将这些点在其扭曲方向的铅垂面上的投影绘成曲线,就是挠度曲线。水平位移的观测方法,可采用测角前方交会法、极坐标法或垂线法。

第六节　测绘新技术在建筑物变形监测中的应用

今天计算机技术、无线电通信技术、空间技术及地球科学等各种先进技术已从各自独立发展进入相互集成融合的阶段。特别在大范围灾害监测方面,将逐渐形成大时间尺度以遥感为主,配合中长距离的 GPS 监测,小时间尺度监测以实时自动监测手段为主。形成从天上到地面、从面到点,各种监测技术优势互补的立体监测网络,技术集成为分析和研究各种灾变信息之间的相互关系提供技术支撑,是未来监测发展的必然趋势。加拿大 New Brunswick 大学研究开发的 DIMONS 系统已经在美国加州 Diamond Valley 水库大坝监测中应用,在对水库三个坝的监测中,集成 5 台 GPS 和 8 台 TCA 测量机器人,实现对坝体上 228 棱镜监测点的自动测量。因此,现代变形测量技术未来的发展将体现在数据获取的高精度、自动化,监测设备多层次的集成化,变形数据分析的专业化、信息化,监测信息共享的网络化。

随着现代测绘技术的发展,建筑物变形监测方法已由传统的测量技术发展到全自动测量、数字摄影测量、GPS 测量等多种方法相结合,实现快速、全面、准确获取建筑物变形数据的目的。通过科学分析并妥善处理外业测量成果中的主要问题,使降观测结果和变形规律更加真实、可靠,为建筑物设计、施工、管理和防灾减灾提供科学的依据。

(1)测量机器人。也称全自动跟踪全站仪。它为建筑物变形的自动监测提供了一个很好的手段,实现了一定范围内的无人值守、全天候、全方位的自动监测。使用这种技术可以达到亚毫米级精度。

(2)摄影测量技术。利用摄影测量的方法进行建筑物变形监测,通过内业量测和数据处理得到变形体的二维或者三维坐标,比较不同时刻相同目标点的位移情况。通过对摄影测量的像片转换成数字影像或直接用 CCD 像机获得变形体的数字影像,再利用数字影像处理技术和数字影像匹配技术获得同名像点的坐标,进而获得变形点的坐标,这种处理方式将在变形监测处理中发挥越来越大的作用。

(3)全球定位系统(GPS)测量技术。在建筑物变形监测方面,应用 GPS 测量不仅具有精度高、速度快、操作便捷等特点,而且利用 GPS 和计算机技术、数据通讯技术及数据处理与分析技术进行集成,可实现从数据采集、传输、管理到变形分析及预报的自动化,达到远程网络实时监控的目的。目前,GPS 用于变形监测测量平面位置精度为 $1 \sim 2$ mm,高程精度可在 $2 \sim 3$ mm,在变形监测领域 GPS 正朝着一机多天线技术和伪卫星定位技术的方向发展。

（4）合成孔径雷达干涉测量（Interferometric Synthetic Aperture Radar，InSAR）是一种新型的极具潜力的空间对地观测技术。InSAR 技术使用星载雷达信号的相位信息提取地球表面三维信息，能全天候地获取大面积地面精确三维信息。目前，在 InSAR 基础上扩展的差分干涉技术（D - INSAR，Differential InSAR）和 GPS/InSAR 集成技术，已在研究地震变形、火山运动、冰川漂移、城市沉降、山体滑坡、大坝监测等方面表现出极好的前景。

（5）三维激光扫描技术。该技术是 20 世纪 90 年代中期激光应用研究领域的又一项重大突破。通过高精度、高密集对监测对象进行立体空间面状扫描，获取监测体的整体数据，通过定期或周期对监测体的扫描数据对比分析，做出对检测对象的正确评估。

复习思考题

（1）变形监测的特点有哪些？

（2）变形监测的点位有哪几种？

（3）垂直位移监测包含哪些内容？

（4）什么是建筑物变形监测的基准点、工作基点和监测点？

（5）建筑物变形精度如何确定？

（6）什么是建筑物变形的频率？变形监测频率的确定与哪些因素有关？

参考文献

[1] 杨正尧. 测量学（第二版）[M]. 北京：化学工业出版社，2005.

[2] 党星海，郭宗河，郑加柱. 工程测量[M]. 北京：人民交通出版社，2006.

[3] 王侬，过静珺. 现代普通测量学（第二版）[M]. 北京：清华大学出版社，2009.

[4] 李天文，龙永清，李庚泽. 工程测量学[M]. 北京：科学出版社，2011.

[5] 李永树. 工程测量学[M]. 北京：中国铁道出版社，2011.

[6] 赵同龙. 测量学[M]. 北京：中国建筑工业出版社，2010.

[7] 潘正风，程效军，成枢，等. 数字地形测量学（第二版）[M]. 武汉：武汉大学出版社，2019.

[8] 章书寿，陈福山，周国树. 测量学教程（第四版）[M]. 北京：测绘出版社，2011.

[9] 覃辉，唐平英，余代俊. 土木工程测量[M]. 上海：同济大学出版社，2004.

[10] 顾孝烈，鲍峰，程效军. 测量学[M]. 上海：同济大学出版社，2006.

[11] 刘星，吴斌. 工程测量学[M]. 重庆：重庆大学出版社，2011.

[12] 胡伍生，潘庆林. 土木工程测量学[M]. 5版. 南京：东南大学出版社，2016.

[13] 陈久强，刘文生. 土木工程测量（第二版）[M]. 北京：北京大学出版社，2012.

[14] 胡圣武，肖本林. 误差理论与测量平差[M]. 北京：测绘出版社，2019.

[15] 华南理工大学测量教研室. 建筑工程测量[M]. 3版. 广州：华南理工大学出版社，2005.

[16] 侯建国，王腾军. 变形监测理论与应用[M]. 北京：测绘出版社，2008.

[17] 过静珺，饶运刚. 土木工程测量（第三版）[M]. 武汉：武汉理工大学出版社，2010.

[18] 胡圣武. 地图学[M]. 北京：清华大学出版社，2010.

[19] 胡圣武，肖本林. 地图学基本原理与应用[M]. 北京：测绘出版社，2014.

[20] 金芳芳，张丹，朱兆军，等. 土木工程测量[M]. 北京：中国建筑出版社，2018

[21] 覃辉，马德富，熊友谊. 测量学[M]. 北京：中国建筑工业出版社，2007.

[22] 李朝奎，李爱国，王唤良，等. 工程测量学[M]. 长沙：中南大学出版社，2009.

[23] 杨鹏源，叶凤芬. 工程测量[M]. 北京：化学工业出版社，2012.

[24] 蒋晨光. 高等测量学[M]. 北京：化学工业出版社，2011.

[25] 孔达，吕忠刚. 工程测量[M]. 北京：中国水利出版社，2011.

[26] 伊廷华，袁永博. 测量学知识要点及实例分析[M]. 北京：中国建筑工业出版社，2012.

[27] 翟翊，赵夫来，郝向阳，等. 现代测量学[M]. 北京：测绘出版社，2008.

[28] 史玉峰. 测量学[M]. 北京：中国林业出版社，2012.

[29] 石长宏，徐成. 工程测量[M]. 北京：人民交通出版社，2012.

[30] 王波，王修山. 土木工程测量[M]. 北京：机械工业出版社，2018.

[31] 覃辉，马超，朱茂栋. 土木工程测量（第五版）[M]. 上海：同济大学出版社，2019.

[32] 岑敏仪，许曦，杨正尧. 土木工程测量 [M]. 2版. 北京：高等教育出版社，2015.

[33] 刘玉梅，常乐，姚敬，等. 土木工程测量（第二版）[M]. 北京：化学工业出版社，2016.

[34] 韦宏鹄. 土木工程测量[M]. 西安：西安交通大学出版社，2015.

[35] 张凤兰，郭丰伦，范效来. 土木工程测量 [M]. 2版. 北京：机械工业出版社，2017.

[36] 高伟，韩兴辉，肖鸾. 土木工程测量[M]. 北京：中国建材工业出版社，2017.

[37] 黄显彬. 土木工程测量[M]. 北京：中国建筑工业出版社，2017.

[38] 张豪. 土木工程测量[M]. 北京：中国建筑工业出版社，2019.

[39] 马飞虎. 土木工程测量[M]. 长沙：中国大学出版社，2016.